世纪英才高等职业教育课改系列规划教材（计算机类）

网页设计综合应用技术

苏 智　张新华　主 编
程永恒　卢向往　副主编

人民邮电出版社

北 京

图书在版编目（CIP）数据

网页设计综合应用技术 / 苏智，张新华主编. -- 北京：人民邮电出版社，2011.10
世纪英才高等职业教育课改系列规划教材. 计算机类
ISBN 978-7-115-26107-6

Ⅰ. ①网… Ⅱ. ①苏… ②张… Ⅲ. ①网页制作工具－高等职业教育－教材 Ⅳ. ①TP393.092

中国版本图书馆CIP数据核字(2011)第173543号

内 容 提 要

本书根据高等职业教学的培养目标及课程的综合性、交叉性等特点，以建设一个小型动态网站为任务导向，精心设置了 7 个知识点模块和 1 个实训模块。每个模块又分解成若干典型工作任务，以任务驱动的方式让读者通过完成若干个工作任务及扩展练习，从而掌握网站的基本流程和建设规范。

本书可以作为高职高专计算机专业、数字艺术类专业以及电子商务类专业学生的教材使用，也可供网站设计和开发人员参考和使用。

世纪英才高等职业教育课改系列规划教材（计算机类）

网页设计综合应用技术

◆ 主　　编　苏　智　张新华
　　副 主 编　程永恒　卢向往
　　责任编辑　丁金炎
　　执行编辑　郝彩红　严世圣

◆ 人民邮电出版社出版发行　　北京市崇文区夕照寺街 14 号
　　邮编　100061　　电子邮件　315@ptpress.com.cn
　　网址　http://www.ptpress.com.cn
　　北京艺辉印刷有限公司印刷

◆ 开本：787×1092　1/16
　　印张：16.25
　　字数：405 千字　　　　　　　　2011 年 10 月第 1 版
　　印数：1 – 3 000 册　　　　　　2011 年 10 月北京第 1 次印刷

ISBN 978-7-115-26107-6

定价：32.00 元

读者服务热线：**(010)67132746**　印装质量热线：**(010)67129223**
反盗版热线：**(010)67171154**
广告经营许可证：京崇工商广字第 0021 号

随着计算机网络及信息传播技术的发展，网页设计与制作成为网络时代的一项重要技能。网页是网络技术与艺术设计的结合，其设计与制作具有综合性和交叉性。

本书主要采用基于工作过程导向的课程开发方法，以建设一个小型动态网站为任务导向，包含网站规划设计、构建网站的实现环境、网站首页设计、二级页面设计、ASP 动态页面设计、后台管理功能设计、网站的发布与推广、个人网站的设计与制作 8 个模块。每个模块分解成若干典型工作任务，组成以任务驱动的、任务目标明确的教学任务和单元。模块一介绍了网站整体规划的流程和内容、网页艺术设计的理解；模块二介绍了网站设计的几种技术路线、Windows 平台上安装和配置 IIS 的方法、Access 数据库基础知识；模块三介绍了利用 Photoshop 软件绘制图形、编辑处理图片素材及合成首页效果图的方法，Dreamweaver 软件中本地站点的建立及站点管理知识，Flash 软件制作网页 banner 广告条的技巧；模块四介绍了 DIV+CSS 网页布局方法、Dreamweaver 中表格使用的技巧、模板的创建及使用、利用行为和 JavaScript 添加特效等；模块五介绍了连接数据库以及在 Dreamweaver 中制作动态网页的常规步骤和方法；模块六介绍了如何利用 Dreamweaver 开发一个基本的网站后台管理系统，实现管理员对网站资讯的添加、修改和删除功能；模块七介绍了网站发布软件 CuteFTP 的应用以及在互联网上进行网站推广的方法；模块八为实训项目，介绍了个人网站的设计制作流程和实现方法。

本书由武汉软件工程职业学院的苏智、张新华担任主编，武汉软件工程职业学院的程永恒、河南建筑职业技术学院的卢向往担任副主编。其中，模块一、二、五、六、七由苏智编写；模块三由张新华编写；模块四由程永恒编写；模块八由江平、苏智编写。另外，尹江山、胡明、骆昌日、卢向往也参加了本书编写工作。全书由苏智统稿。在本书的编写过程中，得到了武汉软件工程职业学院、河南建筑职业技术学院的支持和帮助，深圳新宝兰工贸公司给予了技术支持，在此一并表示感谢。

由于编者水平有限，书中错误和不足之处在所难免，恳请广大读者批评指正。

编　者

模块一　网站规划设计 ·········· 1

工作任务一　网站整体规划 ·········· 1

工作任务二　网页的艺术设计 ·········· 6

小结 ·········· 22

思考与练习 ·········· 22

模块二　构建网站的实现环境 ·········· 23

工作任务一　Microsoft IIS 的安装 ·········· 23

工作任务二　Web 站点虚拟目录的创建 ·········· 25

工作任务三　网站数据库设计 ·········· 29

小结 ·········· 37

思考与练习 ·········· 37

模块三　网站首页设计 ·········· 38

工作任务一　素材图片的编辑和图形绘制 ·········· 38

工作任务二　图像合成 ·········· 52

工作任务三　图像切片 ·········· 59

工作任务四　建立 Dreamweaver 站点 ·········· 67

工作任务五　Flash banner 的制作 ·········· 76

小结 ·········· 86

思考与练习 ·········· 86

模块四　二级页面设计 ·········· 92

工作任务一　DIV+CSS 技术的应用 ·········· 92

工作任务二　表格的使用 ·········· 126

工作任务三　插入其他对象 ·········· 136

工作任务四　创建及使用模板与库 ·········· 150

工作任务五　创建网页超级链接 ·········· 159

小结 ·········· 168

　　思考与练习 ·· 169

模块五　ASP 动态页面设计 ··· 173
　　工作任务一　创建 ASP 数据库连接 ······································ 173
　　工作任务二　资讯列表显示页的制作 ······································ 177
　　工作任务三　资讯详细信息显示页的制作 ·································· 182
　　工作任务四　资讯信息查询功能的实现 ···································· 184
　　小结 ··· 194
　　思考与练习 ·· 194

模块六　后台管理功能设计 ··· 197
　　工作任务一　管理员登录页面的制作 ······································ 197
　　工作任务二　资讯管理列表页面的制作 ···································· 200
　　工作任务三　资讯添加页面的制作 ··· 204
　　工作任务四　资讯修改页面的制作 ··· 209
　　工作任务五　资讯删除页面的制作 ··· 214
　　小结 ··· 217
　　思考与练习 ·· 217

模块七　网站的发布与推广 ··· 218
　　工作任务一　网站的发布 ·· 218
　　工作任务二　网站的推广 ·· 221
　　小结 ··· 223
　　思考与练习 ·· 223

模块八　实训——个人网站的设计与制作 ······················ 224
　　工作任务一　网站规划 ·· 224
　　工作任务二　应用 Photoshop 编辑、处理素材 ························· 225
　　工作任务三　设计制作网页 Logo、banner ······························ 225

Contents

工作任务四　建立站点 ……………………………………… 227

工作任务五　使用 DIV 技术构造网页模板 ……………… 228

工作任务六　创建 CSS 样式表文件 ……………………… 231

工作任务七　通过模板制作静态网页 …………………… 239

工作任务八　制作留言本 ………………………………… 240

工作任务九　网站测试 …………………………………… 251

小结 ………………………………………………………… 251

参考文献 ………………………………………………… 252

模块一　网站规划设计

【学习目标】

（1）了解网站的有关基本概念。

（2）了解规划与建设一个小型网站的基本步骤和基本的技术实现方法。

（3）了解网页设计所需的美学原理。

（4）掌握网页色彩设计的一般原则。

（5）掌握版式设计的基础知识。

网站是企业在互联网上介绍产品和服务、展现企业形象和文化的重要窗口。网站的创建是一个系统工程，建站前的网站规划对于一个网站的成功有着极为重要的作用。做好一个网站规划的过程，就如"量体裁衣"，对网站建设起到计划和指导的作用，对网站的内容和维护起到定位作用。

工作任务一　网站整体规划

【任务概述】

本工作任务要求以网站规划与建设的总体框架为线索，重点了解在每个不同的阶段需要解决的问题。

【核心知识】

网站的规划是对网站功能、结构、内容、网站建设中的技术、网站规模、投入费用等方面的总体规划。有了详细的规划，可以避免在网站建设中出现过多问题，使网站建设能顺利进行。

网站的规划方案应以网站规划书的形式体现。撰写网站规划书应该力求科学、认真、实事求是，尽可能涵盖网站规划中的各个方面。

一、建设网站前的市场分析

在网站规划阶段，一般要进行前期调查和市场分析，而前期信息收集是前期规划中最为关键的一步。

对于中小型企业网站的建设，可以事先掌握企业自身条件、公司概况，收集整理、更新公司 VI 系统资料（如公司徽标等），同时还应收集公司简介、形象图片、联系电话和地址等公司介绍性资料，获取公司主营业务或产品的相关文字描述及图片、包装样品等公司业务资料。在此基础上还要了解相关行业的市场情况及特点，分析市场主要竞争者及其网络情况，了解其展示的内容、针对的访问对象等，进一步明确企业在产品方面的突出优点、客户服务等竞争优势和目标市场，清楚自身的优点和不足，从而做到"扬长避短"。

二、建设网站目的及功能定位

随着互联网技术的飞速发展，目前中小型企业网站的类型有很多种。可以根据企业的产品、销售渠道和销售对象、企业内部网（Intranet）的建设等情况，明确网站是产品宣传型、网上营销型、客户服务型、电子商务型还是综合型。

对于个人网站的建设，不可能像综合网站那样做得内容大而全。所以个人网站的建设目标不要太高，题材"宁缺勿滥"，必须要找准一个自己最感兴趣的内容，选择的题材应结合本身的特点和优势，定位要小，内容要精，做深、做透，办出自己的特色。常见的个人网站有信息文章、网络教程、博客日记、资源下载和个人宣传介绍等形式，没有其他类型网站的诸多限制和要求，可以充分展示个性空间。

三、网站技术解决方案

根据网站的功能定位，可以将网站的内容分为静态内容和动态内容两个部分。其中，静态内容是指网站内容中相对不变的部分，它的主要作用是维持整个网站的风格和整体结构，给访问者一个熟悉的浏览环境；网站的动态内容是经常更新的内容，一般来说，新闻、评论、论坛、发布的各种信息等都属于动态内容。

从技术角度讲，网站的内容可以模糊地分为通过前台技术和后台技术来呈现。

前台技术是用于显示层的技术，或者是面向浏览者的技术，主要进行 Web 前端架构及静态页面制作。其中，静态网页不包含任何服务器端脚本，代码都是在放置到 Web 服务器前由网页设计人员编写的，文件扩展名是.htm 或.html。目前应用于前台的技术主要包括以下几种。

（1）HTML

HTML（Hyper Text Markup Language,超文本标记语言）是利用标记（tag）来描述网页的字体、大小、颜色及页面布局的语言,使用任何的文本剪辑器都可以对它进行编辑。HTML与 VB、C++等编程语言有着本质的区别,使用一些网页编辑软件（如 Dreamweaver）可快速地生成 HTML 代码。

（2）ECMAScript

ECMAScript 技术是由 ECMA（European Computer Manufactures Association Internation，欧洲计算机制造商协会）制定的标准化脚本语言，它往往被称为 JavaScript 或 JScript，但实际上后两者是 ECMA-262 标准的扩展。

JavaScript 是一种脚本语言，通过嵌入或整合在标准 HTML 中实现，也就是说 JavaScript 的程序直接加入在 HTML 文档里，当浏览器读取到 HTML 文件中的 JavaScript 程序，就立即解释并执行有关的操作，无需编译器。利用 JavaScript 技术可以制作动态按钮、滚动字幕等网页特效。

（3）XHTML

XHTML（Extensible Hyper Text Markup Language，可扩展的超文本标记语言） 是由 HTML 语言发展起来的一种标记语言。XHTML 实际上是 HTML 4 的后续版本，在 W3C 网页标准化体系中，XHTML 属于网页的结构技术。

（4）CSS

CSS（Cascading Style Sheets，层叠样式表）是一种数据表文件，在该数据表中存储了网页结构语言的各种样式，以及显示方式等内容，并通过表的 ID、标签以及类等选择器供XHTML 调用。利用 CSS 技术，可以有效地对页面的布局、字体、颜色、背景和其他效果实现更加精密的控制。对相应的代码做一些简单的修改，就可以改变统一页面的不同部分，或者改变不同页数网页的外观和格式。在 W3C 网页标准化体系中，CSS 属于网页的表现技术。

（5）切片技术

切片技术是应用于网页图形处理的一种技术，可将整张图片切割为几张小图片，并输出一个网页，图片会作为网页表格或层中的内容。切片技术的出现，提高了平面设计转换为网页设计的效率。目前，可以使用切片技术的图像处理软件有 Photoshop、Fireworks、Illustrator 和 Coreldraw 等。

（6）后台技术

后台技术是面向网站数据管理的技术，主要用于开发动态网页。动态网页与静态网页之间的区别在于：动态网页中的动态内容通常存放在网站后台的数据库里，通过运行 ASP 等语言编写的服务器端程序，自动生成网页再送往浏览器。这样做有利于浏览者的互动，内容的更新也更方便。动态网页与静态网页文件扩展名不同，对于动态网页来说，其文件扩展名不再是.htm 或.html，而是与所使用的 Web 应用开发技术有关。例如，使用 ASP 技术时网页文件扩展名是.asp，使用 ASP.Net 技术时网页文件扩展名是.aspx 等。目前交互式动态网页实现技术主要有 ASP、PHP、JSP 和 ASP.Net 等。

（7）ASP

ASP（Active Server Page，动态服务器页面）是 Microsoft 开发的动态网页技术标准，它类似于 HTML、Script 与 CGI 的结合体，但是其运行效率却比 CGI 更高，程序编制比 HTML 更方便、灵活，程序安全及保密性也比 Script 好。

PHP（Personal Home Page）是一种跨平台服务器解释执行的脚本语言，与 ASP 类似，它也是基于服务器端用于产生动态网页而且可嵌入 HTML 中的脚本程序语言。ASP 虽然功能强大，但是只能在微软的服务器软件平台上运行，而大量使用 UNIX/Linux 的用户要制作动态网站则首选 PHP 技术。PHP 用 C 语言编写，可运行于 UNIX/Linux 和 Windows 9x/NT/2000/2003 下。

（8）JSP

JSP 是 Java Server Pages 技术的缩写，是由 Java 语言的创造者 Sun 公司提出，多家公司参与制订的动态网页技术标准。它通过在传统的 HTML 网页“.htm”、“.html”中加入 Java 代码和 JSP 标记，最后生成后缀名为“.jsp”的 JSP 网页文件。

ASP.Net 是建立在微软新一代.Net 平台架构上，利用普通语言运行时(Common Language Runtime) 在服务器后端为用户提供建立强大的企业级 Web 应用服务的编程框架。ASP.Net 拥有更好的语言支持，一整套新的控件，基于 XML 的组件以及更好的用户身份验证。ASP.Net 代码不完全向后兼容 ASP。目前 ASP.Net 的开发语言有 C#、Visual Basic.Net 等。

另外，考虑一个网站技术解决方案时，切忌一切求新，盲目采用最先进的技术，要综合考虑建站实力。首先确定是采用自建服务器，还是租用虚拟主机；另外还要考虑网站安全性措施，即防黑、防病毒方案，如果采用虚拟主机，则可由专业公司解决；最后还要选择操作系统，用 Windows 还是 UNIX、Linux，选择动态程序及相应数据库，分析投入成本、功能、开发、稳定性和安全性等。

四、网站内容及实现方式

网站内容是网站吸引浏览者最重要的因素，无内容或不实用的信息不会吸引访客。企业发布到网站上的信息内容一定要直观明了、逻辑合理、引导清晰。

（1）根据网站的目的确定网站的结构导航

一般企业型网站应包括公司简介、企业动态、产品介绍、客户服务、联系方式、在线留言等基本内容。另外也要考虑更多内容，如常见问题、营销网络、招贤纳士、在线论坛、英文版面等。

（2）根据网站的目的及内容确定网站整合功能

如 FLASH 引导页、会员系统、网上购物系统、在线支付、问卷调查系统、在线支付、信息搜索查询系统、流量统计系统等。

（3）确定网站的结构导航中的每个频道的子栏目

如公司简介中可以包括总裁致词、发展历程、企业文化、核心优势、生产基地、科技研发、合作伙伴、主要客户、客户评价等；客户服务可以包括服务热线、服务宗旨、服务项目等。

（4）确定网站内容的实现方式

如产品中心使用动态程序数据库还是静态页面；营销网络是采用列表方式还是地图展示。

总之，对网站内容的设计，应尽量周密细致，可以建立网站结构图，将网站结构的层次可视化，从而精确地反映网站中的元素如何分组和联系。

网站的结构可以分为网站的物理结构和逻辑结构。网站的物理结构体现为网站在服务器上的目录结构。通常，物理结构不应十分复杂，层次也不应太多，应根据网站文件的功能、地位和大致的逻辑结构来建立树状的目录结构。为了建立一个清晰简明的目录结构，特提出以下建议。

① 不要将所有文件都存放在根目录下，这样会造成文件管理混乱。

② 按栏目内容建立子目录。

③ 在每个主栏目目录下都建立独立的 images 目录。

④ 目录的层次不要太深，一般在 3 层以内。

⑤ 不要使用中文目录。

⑥ 不要使用过长的目录名。

⑦ 尽量使用意义明确的目录名。

网站的逻辑结构是指页面之间相互链接的拓扑结构。一般的链接结构有以下几种方式。

（1）树状链接结构

树状链接结构是一种一对一的形式，类似物理目录结构。首页链接指向一级页面，一级页面链接指向二级页面。浏览这样的链接结构时，一级级进入，一级级退出。其优点是条理清晰，访问者明确知道自己在什么位置，不会迷路；其缺点是浏览效率低，一个栏目下的子页面到另一个栏目下的子页面，必须绕经首页。

（2）星状链接结构

这种结构是一种一对多的形式。每个页面相互之间都建立有链接。这种链接结构的优点是浏览方便，随时可以到达自己喜欢的页面。其缺点是链接太多，页面之间的层次结构不清晰，容易使浏览者迷路，搞不清自己在什么位置。

（3）混合链接结构

这种方式就是将以上两种结构混合起来。为了浏览者既可以快速方便地到达目标页面，又可以清楚的知道自己的位置，可在首页和一级页面之间采用星状链接结构，在一级和二级页面之间采用树状链接结构，如图 1-1 所示。

网站的逻辑链接结构的设计，在实际的网页制作中是非常重要的一环。采用什么样的链接结构直接影响到版面的布局。随着网站竞争的日趋激烈，对链接的要求已经不仅局限于可以快速方便地浏览，应更加注重其个性化和相关性。如何尽可能留住浏览者，是网站设计者必须考虑的问题。

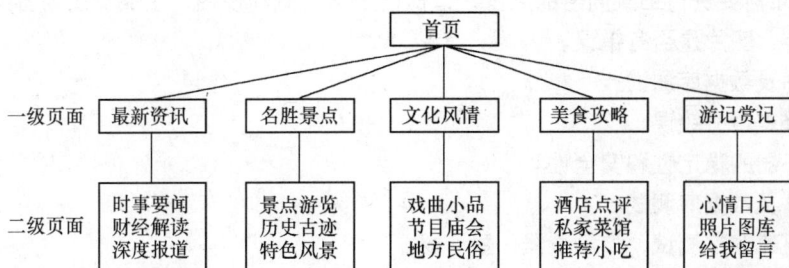

图 1-1   混合链接结构

五、网页设计

网页设计一般要注重美学，讲究与企业整体形象一致，要符合企业 CI 规范。根据站点目标和用户对象去设计网页版面，注意网页色彩、图片的应用，保持网页的整体一致性。在新技术的采用上要考虑主要目标访问群体的分布地域、年龄阶段、网络速度和阅读习惯等。

网页制作涉及的工具比较多，首先是网页制作工具，目前大多数是所见即所得的编辑工具，其中的优秀者就是 Dreamweaver。另外还有图片编辑工具，如 Photoshop、Fireworks；动画制作工具，如 Flash、Cool 3d、Gif Animator 等；网页特效工具，如"有声有色"等。这些软件可以根据需要灵活应用。

六、申请域名和网站备案

域名是企业在因特网上的网络地址。企业的网址被称为"网络商标"，一个与企业名称和形象相符的域名，是企业进行网络营销的前提。

域名可分为不同级别，包括顶级域名、二级域名等。顶级域名又分为两类：一是国家顶级域名，目前 200 多个国家都按照 ISO 3166 国家代码分配了顶级域名，例如中国是 cn，美国是 us，日本是 jp 等；二是国际顶级域名，例如表示工商企业的.com，表示网络提供商的.net，表示非营利组织的.org 等。二级域名是指顶级域名之下的域名。

我国在国际互联网络信息中心（Inter NIC） 正式注册并运行的顶级域名是 CN。在顶级域名之下，我国的二级域名又分为类别域名和行政区域名。类别域名共 6 个， 包括用于科研机构的 ac、用于工商金融企业的 com、用于教育机构的 edu、用于政府部门的 gov、用于互联网络信息中心和运行中心的 net、用于非营利组织的 org。而行政区域名有 34 个，分别对应于我国各省、自治区和直辖市。

域名申请的流程与方式比较简单，可以通过域名注册商提供的服务注册得到。另外，根据中华人民共和国信息产业部第十二次部务会议审议通过的《非经营性互联网信息服务备案管理办法》精神，在中华人民共和国境内提供非经营性互联网信息服务，应当到国家信息产业部提交网站的相关信息，办理 ICP 备案，得到网站备案号，对于没有备案的网站将予以罚款或关闭。网站备案号通常会放在页面的页脚区。

七、网站测试

网站发布前要进行细致周密的测试，以保证正常浏览和使用，主要测试内容如下。

① 文字、图片是否有错误。

② 程序及数据库测试。

③ 链接是否有错误。

④ 服务器的稳定性和安全性。

⑤ 程序及数据库测试。

⑥ 网页兼容性测试，如浏览器、显示器。

⑦ 根据需要的其他测试。

八、网站发布与推广

企业建设网站是为了宣传和提高商业机会，因此，必须让尽可能多的人能够浏览到企业网站。在网站做好之后，要不断地进行宣传，提高网站的访问率和知名度。推广的方法有很多，例如到搜索引擎上注册、与别的网站交换链接、加入广告链接、被大型信息平台收录等。

九、网站维护

网站要注意经常维护，更新内容，保持内容的时效性，只有不断地给它补充新的内容，才能够吸引浏览者。

十、网站建设日程表

各项规划任务的开始、完成时间，负责人等。

十一、费用明细

费用明细指各项事宜所需费用清单。一般网站建设的费用与功能要求是成正比的。

以上为网站规划书中应该体现的主要内容，根据不同的需求和建站目的，内容也会增加或减少。在建设网站之初一定要进行细致的规划，才能达到预期的目的。

工作任务二　网页的艺术设计

【任务概述】

本工作任务要求运用基本的美学原理，鉴赏网络上的优秀网页，掌握网页的构成及版式布局和色彩的运用技巧。

【核心知识】

网页设计要根据网页元素组成的特点，运用美学的观念进行构造规划。这样的网页才能表达出网站的内涵，吸引浏览者的视线。网页设计是技术和艺术相结合的设计。网页中的多媒体元素如文本、背景、按钮、图标、图像、表格、颜色、导航工具、背景音乐、动态影像等内容的组织必须合乎逻辑，其形式必须遵循美学的基本规则。它在传达信息的同时，也产生感官上的美感和精神上的享受。美学是网页设计的客观要求。

一、网页版式设计的艺术原则

网页的版式设计是在有限的屏幕空间上，将视听多媒体元素进行有机的排列组合，是一种具有个人风格和艺术特色的视听传达方式。大多数网站页面都包括页面标题、网站 Logo、导航栏、主内容区和页脚区等，不同主题的网站对网页内容的安排也会有所不同，但是网页的设计和平面设计有许多相近之处，特别讲究编排和布局。

1．网页版式的基本类型

网页版式主要有骨骼型、满版型、分割型、中轴型、曲线型、倾斜型、对称型、焦点型、三角型和自由型 10 种。

（1）骨骼型

骨骼型版式即类似于人体的骨骼结构。整体分为上中下，内容部分又分为两三栏，或几种分栏方式结合使用，其优点是既理性、条理，又活泼而富有弹性。这种版式在网络上属于最为常见的版式，所容纳的信息量是最大的，而且给人以和谐、理性的美感，如图 1-2 所示。

图 1-2 骨骼型版式

（2）满版型

满版型版式的页面以图像充满整版，主要以图像为诉求点，也可将部分文字压置于图像之上，视觉传达效果直观而强烈。随着宽带的普及，这种版式在网页设计中的应用越来越多，如图 1-3 所示。

图1-3 满版型版式

（3）分割型

分割型版式把整个页面分成上下或左右两部分，分别安排图片和文案。两个部分形成对比，图片部分感性而具有活力，文案部分则理性而平静。可以通过调整图片和文字所占的面积，来调节对比的强弱，如图1-4所示。

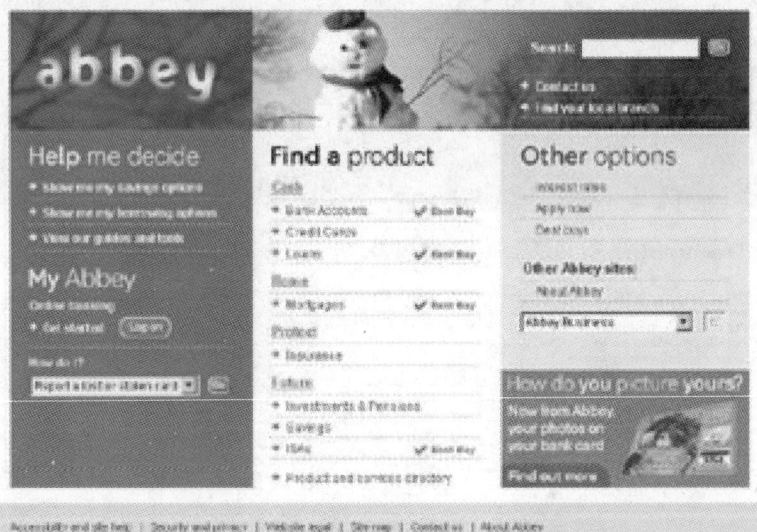

图1-4 分割型版式

（4）中轴型

中轴型版式是沿浏览器窗口的中轴将图片或文字作水平或垂直方向的排列。水平排列的页面给人稳定、平静、含蓄的感觉；垂直排列的页面给人以舒畅的感觉。采用这种版式设计的网页比较适合作网站的首页。中轴型的网页往往会使人们的视觉中心集中在网页的中心，有利于突出重点内容，有很好的视觉导向作用，如图1-5所示。

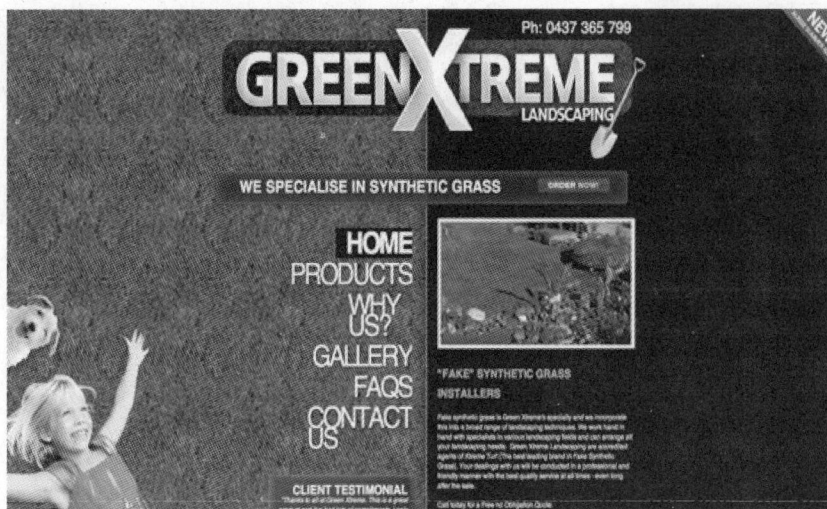

图 1-5 中轴型版式

（5）曲线型

曲线型版式将图片、文字在页面上作曲线的分割或编排，产生韵律与节奏。采用曲线型版式设计可以形成流畅、潇洒、活泼的设计风格，突出网站的个性和魅力，如图 1-6 所示。

图 1-6 曲线型版式

（6）倾斜型

倾斜型版式将页面的主体形象、多幅图片或文字作倾斜编排，人们的视线便会沿斜线方向移动，产生强烈的动荡、不稳定的态势，引人注目，有很强的视觉诉求力，如图 1-7 所示。

图 1-7　倾斜型版式

（7）对称型

对称型版式的页面给人稳定、严谨、庄重、理性的感受。对称分为绝对对称和相对对称。一般采用相对对称的手法，以避免呆板。左右对称的页面版式比较常见。四角型也是对称型的一种，是在页面四角安排相应的视觉元素。四个角是页面的边界点，重要性不可低估。在四个角安排的任何内容都能产生安定感。控制好页面的 4 个角，也就控制了页面的空间。越是凌乱的页面，越要注意对 4 个角的控制，如图 1-8 所示。

（8）焦点型

焦点型的网页版式通过对视线的诱导，使页面具有强烈的视觉效果。焦点型分 3 种情况。

① 中心式：以对比强烈的图片或文字置于页面的视觉中心。

② 向心式：视觉元素引导浏览者视线向页面中心聚拢，就形成了一个向心的版式。向心版式是集中的、稳定的，是一种传统的手法。

③ 离心式：视觉元素引导浏览者视线向外辐射，则形成一个离心的网页版式。离心版式是外向的、活泼的，更具现代感，应用时应注意避免凌乱，如图 1-9 所示。

图 1-8　对称型版式

图 1-9　焦点型版式

2．网页版式的设计原则

借鉴吸收平面设计与网页设计相关的 4 项原则（反差、重复、排列和分类）可使网页更加整洁漂亮。

（1）反差原则

好的反差效果设计可以给浏览者极好的第一印象。如果浏览者的眼睛没有焦点，注意力就会在相同尺寸的元素和排版界面中迷失。网页设计时需要设计出很明显的突出视觉元素来引导浏览者。通常可以通过选择图片、颜色和字体等来形成良好的反差效果。

① 图片反差

通过在很多小元素后面展示一个大尺寸的插图，用一张大图片和很少的颜色来制造一个视觉焦点，如图 1-10、图 1-11 所示。

图 1-10　图片反差原则的应用 1

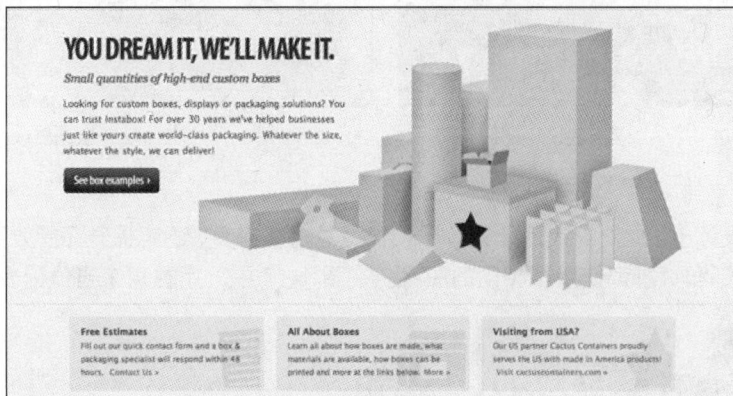

图 1-11　图片反差原则的应用 2

② 颜色反差

恰到好处地使用少量颜色，是网页中另一种制造视觉反差的有效方法。可以在网页的头部和文本拷贝中使用不同的颜色，也可以在一张图片或插图的颜色里面应用反差效果。大片的蓝色和小片黄色之间的颜色反差，如图 1-12 所示。图 1-13 所示为绿色和灰白色文字颜色搭配。

图 1-12　颜色反差原则的应用 1

图 1-13　颜色反差原则的应用 2

③ 字体反差

要通过字体产生反差效果，就应该避免使用两个很相似的字体外观和大小。很相似的字体会造成混淆，并让设计变得模糊。把字体大小设置得不一样就会有反差效果，或者把字体最细和最粗的版本拼合到一起也同样有效。同样地，将两种外形差别明显的字体排在一块，就会带来强烈的视觉冲击效果。如图 1-14 所示，标语的大小、笔画以及页面上的洒水效果、少量蓝色的使用都会让人注目。图 1-15 中右边的手写体"We are your imageDJ"与"Royalty Free images"等的字体和色彩的对比，突出了主题文字，并带有人文的艺术美感。

图 1-14　字体反差原则的应用 1

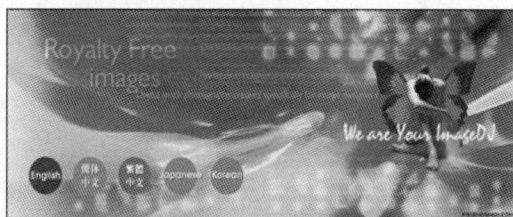

图 1-15　字体反差原则的应用 2

（2）重复原则

在 Web 设计中，重复的设计元素可以使页面显得很连贯，还能提升品牌效果。如图 1-16 所示，网页头部和页脚都使用了相同的图案。在图 1-17 中，用香蕉来当作列表前面的图标。

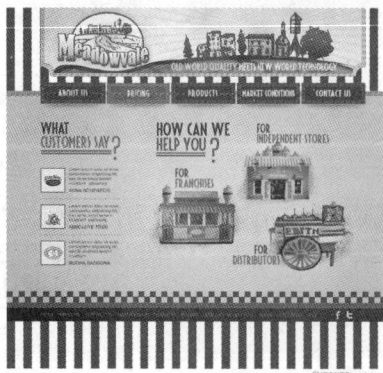

图 1-16　重复原则的应用 1

图 1-17　重复原则的应用 2

（3）排列原则

随着时代发展，专业人士主张在设计网页时使用格栏。这么做可以让页面显得干净，也可以提供一个很好的设计框架。

如图 1-18 所示，版面排列很连贯也很引人注目，其主要内容整齐地排在左边，尽管有些大级别的头部破坏了这个规则并排到了左侧边栏里面，但对留空的大量使用和字体反差大小的使用都非常不错。

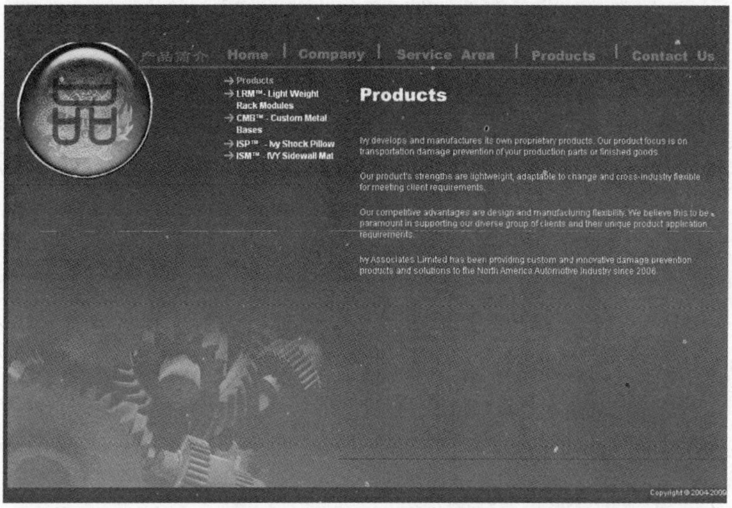

图 1-18　排列原则的应用

（4）分类原则

只有在将相关元素分组，将无关元素分开的时候才会用到这个原则。绝对不能将所有东西都分到同一块文本块中，这就是为什么使用头部标签和适当的留空非常重要。

如图 1-19 所示，网站将内容整齐地组织到 3 个分类下，这些内容的定义既清晰又整洁。

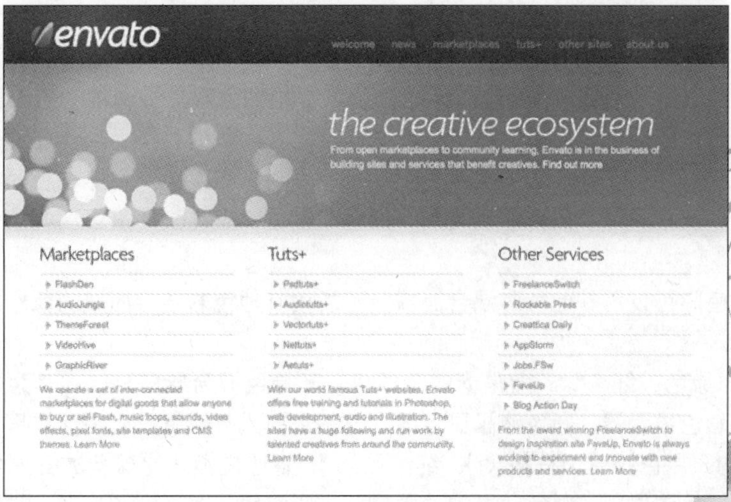

图 1-19　分类原则的应用

3. 网页页面的尺寸

设计页面时，还要合理地设置页面尺寸，使网页一定要在不同分辨率下都能正常的显示。

标准网页设计一般不能出现横向滚动条，这是由网页美观、易用性等多方面决定的。一般来讲，在 IE 浏览器默认状态下，在 800 px×600 px 的屏幕显示模式，窗口内能看到的部分为 778px×435px；而在 1024 px×768 px 的屏幕显示模式下，不同版本的 IE 浏览器的屏幕大小也不同，这会造成网页显示的效果不同，如表 1-1 所示。

表 1-1 　　　　　　　　　　　　　　　　　　显示尺寸

IE 浏览器版本	屏幕宽度	屏幕高度
IE 7.0（菜单栏显示状态）	1003px	569px
IE 7.0（菜单栏隐藏状态）	1003px	620px
IE 8.0（菜单栏显示状态）	1003px	626px
IE 8.0（菜单栏隐藏状态）	1003px	598px

从表 1-1 可看到，为了避免页面出现水平滚动条，网页的宽度要设置正确。具体设计时，一般为了考虑内容居中和方便计算，大多采用双数，800 px 分辨率的网页宽度一般设定为 760 px 左右，1024 px 分辨率的网页宽度一般设定为 990px 左右。

二、网页色彩的运用

色彩是艺术表现的要素之一。在网页设计中，要根据和谐、均衡和重点突出的原则，根据色彩对人们心理的影响，将不同的色彩合理地进行组合搭配，从而构成美丽的页面，更好地表达出网站的内涵，吸引浏览者的视线。

1．色彩基础

色彩可分为非彩色和彩色两大类。非彩色指白色、黑色和各种深浅不同的灰色。它们可以排成一个系列，由白色渐渐到浅灰，再到中灰，再到深灰，直到黑色，叫做白黑系列。彩色是指黑白系列以外的各种颜色。

彩色有 3 种特性，即色相、饱和度、明度。

① 色相：是颜色的基本特征，反映颜色的基本面貌，用于区别颜色的种类，比如紫色、绿色、黄色等都代表了不同的色相。

② 饱和度：也叫纯度，指颜色的鲜浊程度。鲜艳的色彩其饱和度一般都比较高，这样的颜色比较刺眼，所以饱和度高的色彩一般都不会用在网页的背景上。

③ 明度：色彩的明暗程度，也称"亮度"。明度对饱和度会产生影响。明度降低，饱和度也随之降低，反之亦然。如白色明度高，黑色明度低；黄色是明度最高的色彩，紫色是明度最低的色彩。

大多数的色彩可以用其他色彩混合而成，不能用其他色彩混合而成的色彩成称原色。原色有两个系统。

① 光的三原色：红、绿、蓝是光的三原色，三原色混合成白光，称之为加色法原理。彩色电视机、彩色显示器、彩色液晶显示器、三基色日光灯管就是应用该原理设计制作的。

② 颜料的三原色：黄（柠檬黄）、红（品红）、青（湖蓝）是颜料的三原色，三色混合成为黑色，是减色法原理。彩色印刷的油墨调配，彩色照片的原理及生产，彩色打印机设计以及实际应用都是以黄、红、青为三原色。

将三原色红、绿、蓝等量两两混合，可得到黄、品、青；如果改变其中任意一种原色光的比例可得到自然界中的任意颜色，就可以得到一个色彩环，如图 1-20 所示。在 24 色色环中，根据位置的不同，颜色间可构成 4 种关系，如图 1-21 所示。

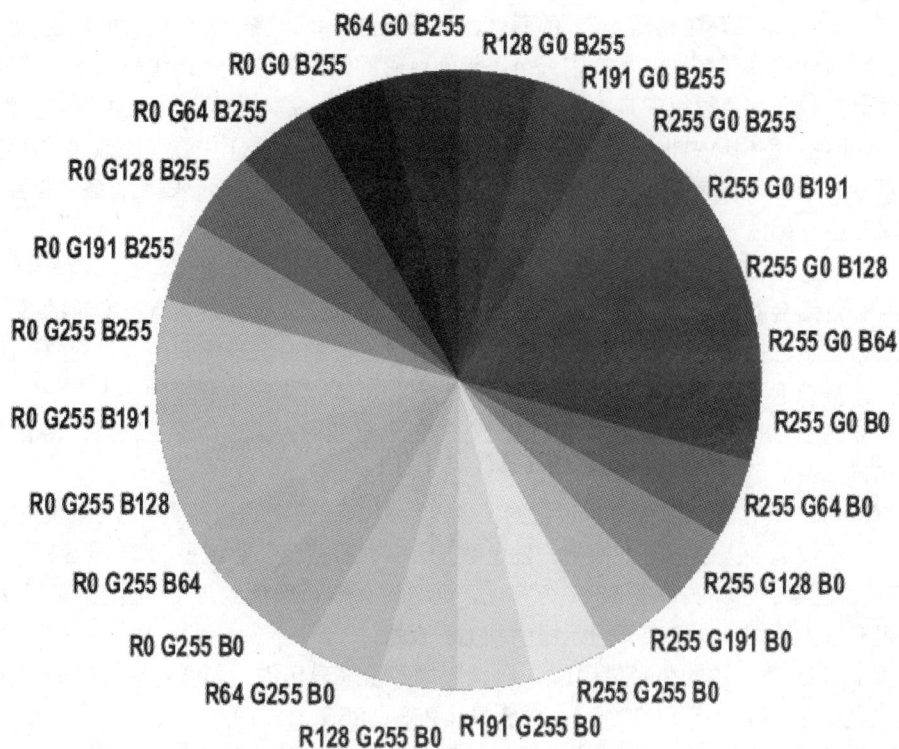

图 1-20 24 色彩环

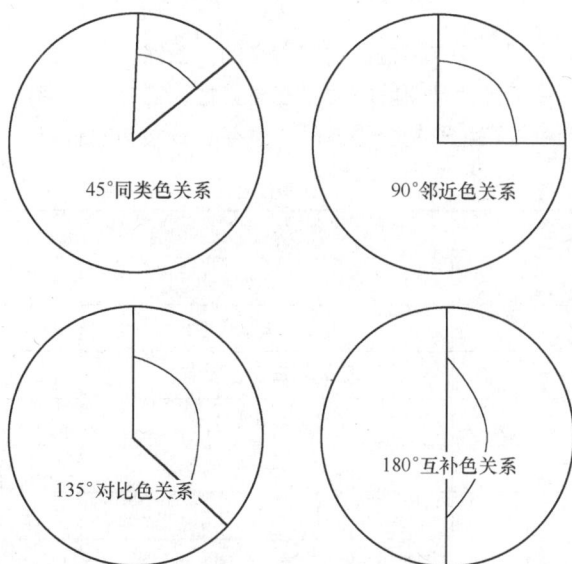

图 1-21 色彩间的关系

① 同类色：色相环中相距 45° 的两色，为同类色关系，属于弱对比效果的色组，如红

色类的朱红、大红、玫瑰红都主要包含红色色素,称同类色。其他如黄色类中的柠檬黄、中铬黄、土黄,蓝色类的普蓝、钴蓝、湖蓝、群青等都属同类色关系。同类色能起到色调调和、统一,又有微妙变化的作用。

② 邻近色:色相环中相距 90° 的两色,为邻近色关系,属于对比效果的色组,如柠檬黄两边的土黄和粉绿就是柠檬黄的临近色,相间色彩的倾向近似,色调统一和谐、感情特性一致。邻近色较同类色显得安定、稳重,同时又不失活力,是一种恰到好处的配色类型。

③ 对比色:色相环中相距 135° 的两色,为对比色关系,属于中强对比效果的色组,如红色和蓝绿、红色和黄绿、蓝色和橙黄、蓝色和橙红等。对比色色相感鲜明,各色相互排斥,既活泼又旺盛。配色时,可以通过处理主色与次色的关系达到和谐。

④ 互补色:色相环中彼此相距 180° 的两色,为互补色关系,如红与绿、黄与紫、橙与青等。互补色组合的色组是对比最强的色组,使人的视觉产生刺激性,有不安定的感觉。配色时一般通过主色相与次色相的面积大小,或者分散形态的方法来缓和过于激烈的对比。

2. 计算机色彩

显示器的色彩是由 RGB(红、绿、蓝)3 种色光合成的,通过调整三原色,调出其他的色彩。这样产生的色彩称为真彩色。

计算机用二进制表示颜色。16 位色的发色总数是 65536 色,也就是 2^{16};24 位色被称为真彩色,它可以达到人眼分辨的极限,发色数是 1677 万多色,也就是 2^{24}。但 32 位色就并非是 2^{32} 的发色数,它其实也是 1677 万多色,再增加 256 阶颜色的灰度。颜色在不同显示器上的效果有很大不同,这取决于显示器的种类和设置。

网页 HTML 语言中的色彩是用这 3 种色彩的数值来表示的。如红色是(255、0、0),十六进制的表示方法为(FF0000);白色是(255、255、255),十六进制的表示方法为(FFFFFF);黑色是(0、0、0),十六进制的表示方法为(000000)。十六进制颜色值为 6 位数字,前两位定义红色,中间两位定义绿色,后两位定义蓝色。

3. 色彩感觉

色彩在人们的生活中都是有丰富的感情和含义的。虽然色彩引起的复杂感情是因人而异的,但由于人类生理构造和生活环境等方面存在着共性,因此对大多数人来说,无论是单一色,或者是几色的混合色,在色彩的心理方面,也存在着共同的感情,如表 1-2 所示。

表 1-2　　　　　　　　　　色彩的含义

色彩	表 示 意 义	运 用 效 果
红	自由、血、火、胜利	刺激、兴奋、强烈煽动效果
橙	阳光、火、美食	活泼、愉快、有朝气
黄	阳光、黄金、收获	华丽、富丽堂皇
绿	和平、春天、青年	友善、舒适
蓝	天空、海洋、信念	冷静、智慧、开阔
紫	忏悔、女性	神秘感、女性化
白	贞洁、光明	纯洁、清爽
灰	质朴、阴天	普通、平易
黑	夜、高雅、死亡	气魄、高贵、男性化

4．网页色彩的搭配

设计网页时应充分应用色彩的一些特性，使网页具有深刻的艺术内涵，从而提升主页的文化品位。比如购物类网站、电子商务网站、儿童类网站等，用以体现商品的琳琅满目，儿童类网站的活泼、温馨等效果，可以用黄/橙色等鲜亮的、暖色的颜色，让人感觉绚丽多姿、生气勃勃。一些高科技、游戏类网站，可以应用绿色、蓝色、蓝紫色等冷色系列，主要呈现宁静、清凉、高雅的氛围或表达严肃、稳重的效果。如果企业有 CIS（企业形象识别系统），可以按照其中的 VI 进行色彩应用。

一般来说，一个网站的标准色彩不超过 3 种。标准色彩要用于网站的标志、标题、主菜单和主色块，给人以整体统一的感觉。适合于网页标准色的颜色有蓝色、黄/橙色、黑/灰/白色 3 大系列。通常有以下几种固定搭配。

① 蓝白橙——蓝为主调，白底，蓝标题栏，橙色按钮或图标做点缀。

② 绿白兰——绿为主调，白底，绿标题栏，兰色或橙色按钮或图标做点缀。

③ 橙白红——橙为主调，白底，橙标题栏，暗红或桔红色按钮或图标做点缀。

④ 暗红黑——暗红主调，黑或灰底，暗红标题栏，文字内容背景为浅灰色。

网页中应恰当应用对比色调，即把色性完全相反的色彩搭配在同一个空间里，如红与绿、黄与紫、橙与蓝等。这种色彩的搭配，可以产生强烈的视觉效果，给人亮丽、鲜艳、喜庆的感觉。当然，对比色调如果用得不好，会适得其反，产生俗气、刺眼的不良效果。这就要把握"大调和，小对比"这个重要原则，即总体的色调应该是统一和谐的，局部的地方可以有一些小的强烈变化。

在实践中可以用以下几种方法搭配网页色彩。

① 用一种色彩。这里是指先选定一种色彩，然后调整透明度或者饱和度，这样的页面看起来色彩统一，有层次感。

② 用两种色彩。先选定一种色彩，然后选择它的对比色。

③ 用一个色系。例如淡蓝，淡黄，淡绿；或者土黄，土灰，土蓝。

④ 用一种彩色和消色相搭配，黑、白、灰、金、银是消色，可以放心的与各种色彩进行搭配。

在网页配色中，还要切记一些误区。

① 不要将所有颜色都用到，尽量控制在 3～5 种色彩以内。要有一种主色贯穿其中，主色可能不是面积最大的颜色，而是最重要、最能揭示和反映主题的颜色。

② 背景和前文的对比尽量要大（绝对不要用花纹复杂的图案作背景），以便突出主要文字内容。

网页底色（背景色）的深、浅，借用摄影中的一个术语，就是"高调"和"低调"。底色浅的称为高调；底色深的称为低调。底色深，文字的颜色就要浅，以深色的背景衬托浅色的内容（文字或图片）；反之，底色淡，文字的颜色就要深些，以浅色的背景衬托深色的内容（文字或图片）。这种深浅的变化在色彩学中称为"明度变化"。有些网页，底色是黑的，但文字也选用了较深的色彩，由于色彩的明度比较接近，浏览者在阅览时，眼睛就会感觉很吃力，影响了阅读效果。

三、网站的文字

在每一个网站中，如导航、标题、内文、广告等很多部分都不能缺少文字，因此，文字具有双重使命，它既是信息传递的载体，又是页面艺术设计的重要元素。目前常见的中文字体有二三十种，常见的英文字体有近百种，网络上还有很多专用英文艺术字体下载。因此，在设计的过程中要针对不同需要，选择不同字体、字号、内文编排和版式设计等。

中文网页中一般信息性的正文文字都使用宋体，字号普遍使用 12px 和 14px，保证浏览者最好的阅读感受。因为宋体的通用性较强，一般的操作系统、浏览器都有这个字体，并且几乎所有的汉字都可以显示。

很多时候为了突出个性，体现站点的特有风格和加强艺术效果，可以根据网站所表达的内涵，在不同的位置选择更加贴切的字体，还可将字体稍作变化来制作标志等，如搜狐的标志字体为类似汉鼎古印体的字体，百度是类似综艺体的字体。需要注意的是，为了使浏览效果不发生变化，特殊字体的标志、标题、菜单等应使用图片的形式来制作，如图 1-22 所示。

图 1-22　网页文字的艺术

总之，从美学的艺术角度入手，结合使用方便的要求，从内容决定形式，把握设计原则，突出自己的设计特点，使信息的表达统一到网站综合形象的整体里面去，才能做出更富于美感的网页来，就会给浏览者留下深刻而独特的印象。

四、网站 Logo 设计基础

Logo，译为标志、厂标、标志图等。网站的 Logo，就是网站的标志图案，是网站给人的第一印象，最重要的就是表达网站的理念、便于人们识别，广泛用于网站标志、网站之间的连接、宣传等。因此，网站 Logo 的设计要追求简洁，以符号化的视觉艺术形象把网站的形象和理念表达出来。

1. 网站 Logo 设计的美学原则

构成网站 Logo 要素的各部分，一般都具有一种共通性与差异性，这个差异性又称为独特性，或叫做变化。在网站 Logo 设计中要将多样性提炼为一个主要表现体，精确把握对象的多样统一并突出支配性要素，是设计网站 Logo 必备的技术因素。

网站 Logo 设计极为强调统一的原则。统一并不是反复某一种设计原理，应该是将其他的任何设计原理（如主导性、从属性、相互关系、均衡、比例、反复、反衬、律动、对称、对比、借用、调和、变异等），更高、更概括、更综合地应用于设计。

网站 Logo 设计还应注重对事物张力的把握，在浓缩了文化、背景、对象、理念及各种设计原理的基础上，实现对象最强烈的视觉体现。

2. 网站 Logo 的表现形式

作为具有传媒特性的 Logo，为了在最有效的空间内实现视觉识别功能，一般通过特示图案及特示文字的组合，达到增强美感的目的。

网站 Logo 表现的组合方式一般分为特示图案、特示文字、合成字体等。

（1）特示图案

特示图案属于表象符号。图案本身易被区分、记忆，通过隐寓、联想、概括、抽象等绘画表现方法表现被标识体。图 1-23 所示为苹果公司的 Logo。

图 1-23　特示图案 Logo

（2）特示文字

特示文字属于表意符号。在沟通与传播活动中，反复使用的被标识体的名称或是其产品名，用一种文字形态加以统一，含义明确、直接，与被标识体的联系密切，易于被理解、认知，对所表达的理念也具有说明的作用。但因为文字本身的相似性易模糊受众对标识本身的记忆，所以特示文字一般作为特示图案的补充，要求选择的字体应与整体风格一致。

完整的 Logo 设计，尤其是有中国特色的 Logo 设计。在国际化的要求下，一般都应考虑至少有中英文双语的形式，要考虑中英文字的比例、搭配；一般要有图案中文、图案英文、图案中英文及单独的图案、中文、英文的组合形式，有的还要考虑繁体、其他特定语言版本等；另外还要兼顾标识或文字展开后的应用是否美观，这一点对背景等的制作十分必要，有利于追求符号扩张的效果，如图 1-24 所示。

图 1-24　特示文字 Logo

（3）合成文字

合成文字是一种表象、表意的综合，指文字与图案结合的设计，兼具文字与图案的属性。但它们都会导致相关属性的影响力弱化，为了不同的对象取向，制作偏图案或偏文字的Logo，会在表达时产生较大的差异。在网站Logo的设计中，大量地采用了合成文字的设计方式。

3. 网站Logo的设计手法

网站Logo的设计手法主要有表象性手法、表征性手法、借喻性手法、标识性手法、卡通化手法、几何形构成手法等。

表象性手法采用与标志对象直接关联而具典型特征的形象。这种手法直接、明确、一目了然，易于迅速理解和记忆。如表现出版业以书的形象，表现铁路运输业以火车头的形象，表现银行业以钱币的形象为标志图形等。

表征性手法采用与标志内容有某种意义上的联系的事物图形、文字、符号、色彩等，以比喻、形容等方式象征标志对象的抽象内涵。如用交叉的斧头象征工农联盟，用挺拔的幼苗象征少年儿童的茁壮成长等。象征性标志往往采用已被社会约定俗成的关联物作为有效代表物，如用鸽子象征和平，用雄狮、雄鹰象征英勇，用日、月象征永恒，用松鹤象征长寿，用白色象征纯洁，用绿色象征生命等。这种手法有一定内涵，适应社会心理，为人们喜闻乐见。

借喻性手法采用与标志含义相近似或具有寓意性的形象，以影射、暗示、示意的方式表现标志的内容和特点。如用伞的形象暗示防潮湿，用玻璃杯的形象暗示易破碎，用箭头形象示意方向等。

标识性手法是用标志、文字、字头字母的表音符号来设计Logo的；卡通化手法通过夸张、幽默的卡通图像来设计Logo；几何形构成法是用点、线、面、方、圆、多边形或三维空间等几何图形来设计Logo的。标识性手法、卡通化手法和几何形构成法是最常用的网站Logo设计手法。当然，设计时往往是以一种手法为主，几种手法交错使用。

4. 网站Logo的设计技巧

网站Logo的设计技巧很多，概括说来要注意以下几点。

① 保持视觉平衡、讲究线条的流畅，使整体形状美观。

② 用反差、对比或边框等强调主题。

③ 选择恰当的字体。

④ 注意留白，给人想象空间。

⑤ 运用色彩。

a. 基色要相对稳定。

b. 强调色彩的形式感，如重色块、线条的组合。

c. 强调色彩的记忆感和感情规律：比如黄色代表富丽、明快；橙红给人温暖、热烈感；蓝色、紫色、绿色使人凉爽、沉静；茶色、熟褐色令人联想到浓郁的香味等。

d. 合理使用色彩的对比关系，色彩的对比能产生强烈的视觉效果，而色彩的调和则构成空间层次。

e. 重视色彩的注目性，如表1-3、表1-4所示。

表1-3　　　　　　　　注目程度高的配色

顺序	1	2	3	4	5	6	7	8	9	10
底色	黑	黄	黑	紫	紫	蓝	绿	白	黄	黄
图形色	黄	黑	白	黄	白	白	白	黑	绿	蓝

表1-4　　　　　　　　注目程度低的配色

顺序	1	2	3	4	5	6	7	8	9	10
底色	黄	白	红	红	黑	紫	灰	红	绿	黑
图形色	白	黄	绿	蓝	紫	黑	黑	紫	红	蓝

5. 网站 Logo 案例赏析

① 新浪的 Logo 底色是白色，文字"sina"和"新浪网"是黑色。其中，"i"字母上的点用了表象性手法处理成一只眼睛，而这又使整个字母 I 像一个小火炬，这样，既向人们传达了"世界在你眼中"的理念，激发人们对网络世界的好奇，又使人们容易记住新浪网的域名。其 Logo 如图 1-25 所示。

图 1-25　网站 Logo 案例赏析 1

② 搜狐的 Logo 比较特别，主要由两部分组成：一是文字，中英文名称，字体选择较古典；二是小狐狸图标，蛮机灵的样子。搜狐网站随各个页面的色调不同而放置不同色彩的 Logo，但 Logo 的基本内容不变。搜狐的理念是"出门找地图，上网找搜狐"。

③ Yahoo 的 Logo（中文站）很简单。英中文站名，红字白底。英文 Yahoo 字母间的排列和组合很讲究动态效果。

④ 网易的 Logo 使用了 3 种颜色，即红（网易）、黑（NETEAS-www.163.com）、白（底色）。网易两字用了篆书，体现了古典意味，如图 1-26 所示。

图 1-26　网站 Logo 案例赏析 2

⑤ 在腾讯网新的品牌标识中，由绿、黄、红 3 色轨迹线环绕的小企鹅标识构成了品牌标识的主体，也是品牌标识中最为醒目的部分。

⑥ Castle Print：一个打印机品牌，该 Logo 利用减色模型，直截了当地体现了企业的业务性质、打印行业背景，同时通过色彩的混合塑造出一个与其品牌相符的城堡（Castle）形象。

⑦ Elara Systems：是一个动画和动态模型工作室，必然要求 2D 和 3D 的结合，柔软弯曲的字体配上 3D 的字母"e"（即首字母）是很好的创意。

⑧ Ta Jevi：一个娱乐网站，Logo 的每一部分都闪烁着欢乐感。箭头组成的笑脸传递出了这样的信息——欢乐无止境。跳跃的色彩和超酷的手写字更突出了该网站的娱乐价值，如图 1-27 所示。

图 1-27　网站 Logo 案例赏析 3

⑨ Friends in Places：这是一个交友网站，看似纷繁复杂的箭头构成了一幅世界地图，表现了互联网时代网络社交的全球性和广泛性，企业的品牌价值由此得到体现。

⑩ AdMagik：品红色部分突出了公司的名称"magic"（魔术），而灰色字体暗示了该公司的身份，也是 Logo 的重点所在，即"ad"（广告）。最后，在字母"j"和"i"上作图，使之成为兔子的形象（兔子在西方是魔术的象征），再一次强调了企业点石成金的业务能力。

小　结

本模块主要介绍了网站建设的规划、网站建设的步骤、网站的技术实现、网站的视觉形象等方面的内容。通过完成工作任务，应掌握网站规划建设的基本框架，了解网页设计的基础知识，提高网页美感的艺术设计技巧。

思考与练习

（1）网站的规划与建设分为哪些阶段？
（2）网站的结构设计包括哪些内容？
（3）请举例说明网页常见版式类型。
（4）请举例说明网站 Logo 的表现形式及设计手法。

模块二 构建网站的实现环境

【学习目标】

（1）了解网站设计的几种技术路线。

（2）了解 Access 数据库知识。

（3）掌握在 Windows 平台上安装 IIS 的方法。

（4）掌握虚拟目录的作用和建立虚拟目录的方法。

（5）掌握 Access 数据库、数据表的建立方法。

纵观各类网站，尽管形式、内容和规模千差万别，但基本的组件却很相似。一个网站至少包括计算机、网络接入设备、操作系统、WWW 服务器、页面信息、数据库系统、安全系统等配置。使用不同的 Web 开发技术创建动态网页，实现信息搜索查询、在线留言等功能时，所用的应用程序、数据库系统、服务器软件也是各不相同的。一个网站设计主要有如下几种技术路线。

① Windows 2000 / 9x / XP ＋ ASP-IIS + SQLServer / Access

② Windows / Linux ＋ JSP ＋ Tomcat / Resin / JSWDK ＋ SQLServer / Access / MySQL

③ Linux + PHP + Apache + MySQL

④ Windows NT + IIS + .NET Framework + C# / VB.Net / Perl /Python + SQLServer

工作任务一 Microsoft IIS 的安装

【任务概述】

本工作任务要求在 Windows XP 平台上安装 IIS 5.1 作为服务器软件。

【核心知识】

一、Windows XP 系统安装 IIS

IIS（Internet Information Services，互联网信息服务），是由微软公司提供的基于运行 Microsoft Windows 的互联网基本服务。最初是 Windows NT 版本的可选包，随后内置在 Windows 2000、Windows XP Professional 和 Windows Server 2003 一起发行，但在普遍使用的 Windows XP Home 版本上并没有 IIS。要安装 IIS，可以事先准备系统安装盘或根据系统版本下载 IIS 5.1 安装包。

安装 IIS 的步骤如下。

① 在"控制面板"中，双击"添加/删除程序"，打开对话框，如图 2-1 所示。

② 选择"添加/删除 Windows 组件"，打开"Windows 组件向导"窗口，如图 2-2 所示。

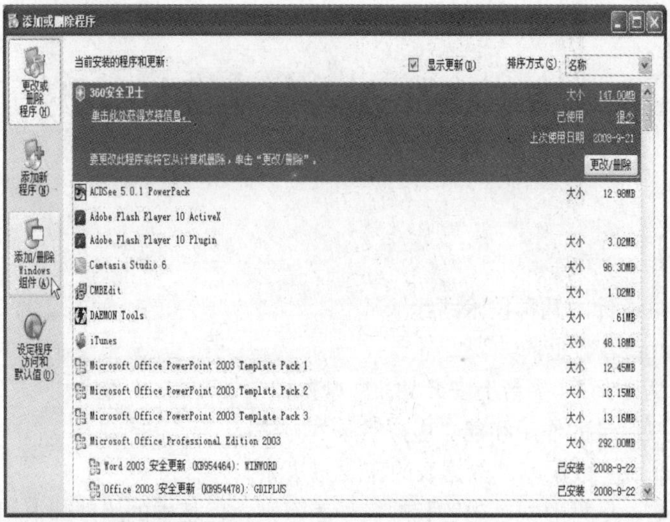

图 2-1　"添加/删除程序"对话框

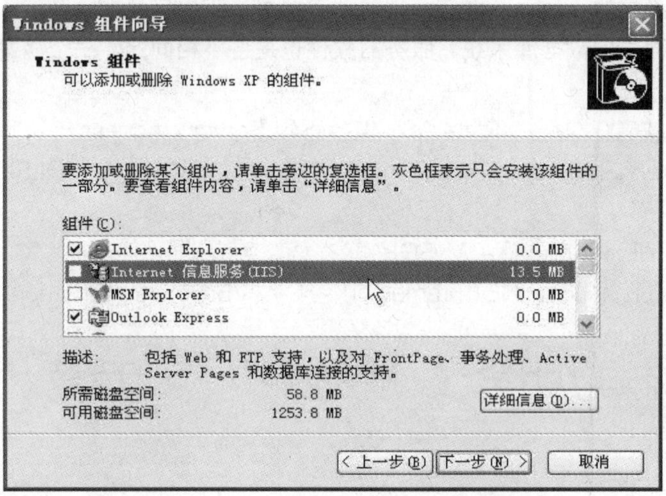

图 2-2　"Windows 组件向导"窗口

③ 勾选"Internet 信息服务（IIS）"，单击"详细信息"，进入"Internet 信息服务（IIS）"子组件窗口，选取相关的组件。

④ 回到"Internet 信息服务（IIS）"组件安装窗口，单击"下一步"按钮。

⑤ 安装过程中会自动从系统光盘上找到相应的程序。否则，单击"浏览"按钮，选择 IIS 安装包的位置（一般会出现 3 次）。

⑥ 安装成功后提示完成"Internet 信息服务（IIS）"组件安装。

二、Windows 7 系统安装 IIS

Windows 7 旗舰版自带有 IIS，只需配置好就可以使用了。

① 执行"开始→控制面板→程序和功能→打开或关闭 Windows 功能"菜单命令，打开"Windows 功能"对话框，如图 2-3 所示。

② 展开"Internet 信息服务"下拉菜单，选择安装，如图 2-4 所示。

图 2-3 "Windows 功能"对话框

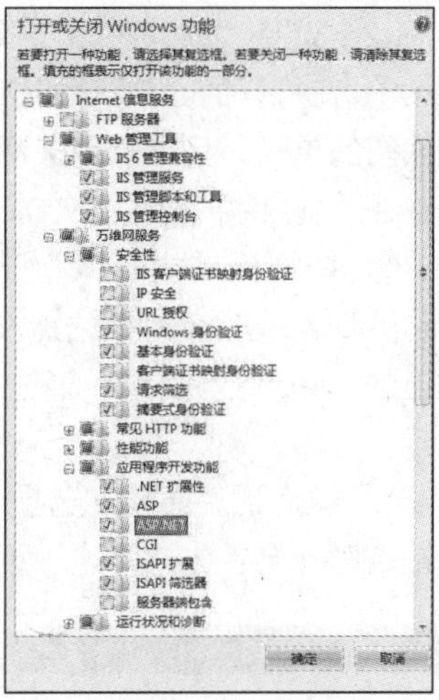

图 2-4 "Internet 信息服务"下拉菜单

提示：VS2005 中，如果要调试站点的话，必须有"Windows 身份验证"。"摘要式身份验证"是使用 Windows 域控制器对请求访问 Web 服务器上内容的用户进行身份认证；"基本身份验证"是要求用户提供有效的用户名和密码才能访问内容。要调试 ASP.net 就要安装 IIS，以支持 ASP.net 的组件。

工作任务二 Web 站点虚拟目录的创建

【任务概述】

本工作任务要求在 Windows XP 系统中配置 IIS，并建立一个虚拟目录。

【核心知识】

一、Windows XP 系统配置 IIS

（1）执行"开始"→"程序"→"管理工具"→"Internet 服务管理器"菜单命令，打开"Internet 信息服务"窗口，在此窗口的右窗格显示了站点的状态，共有"运行"、"停止"和"暂停"3 种状态，可以方便地通过 ▶ ■ ‖ 按钮来控制站点的状态，如图 2-5 所示。

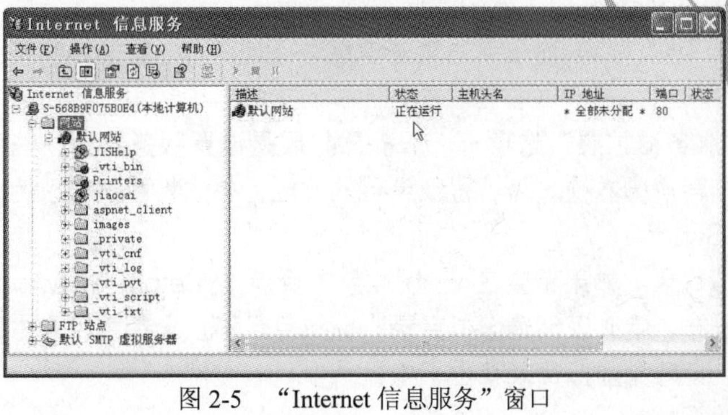

图 2-5 "Internet 信息服务"窗口

（2）选择"默认网站"，单击鼠标右键，打开快捷菜单，选择"属性"命令。

① 在打开的"默认网站属性"对话框中选择"网站"选项卡，设置 IP 地址。如果是没有联网的单机，只是想用来调试网站，可以设置 IP 为 127.0.0.1，这个 IP 地址指向本机，可以在 IE 地址栏中输入 127.0.0.1 或 localhost 来打开站点。

② 切换到"主目录"选项卡，设置站点文件夹路径。默认 Web 站点的根目录为 \Inetpub\wwwroot，把站点文件夹放到这个根目录即可，当然，也可以根据实际情况选择自己的 Web 服务目录。通过"浏览"按钮，可以将具体的目录指定为本地路径，如图 2-6 所示。

③ 切换到"文档"选项卡，添加站点首页文件名，作为站点的启动文档。当浏览者访问站点时，会首先打开这一页面，如图 2-7 所示。

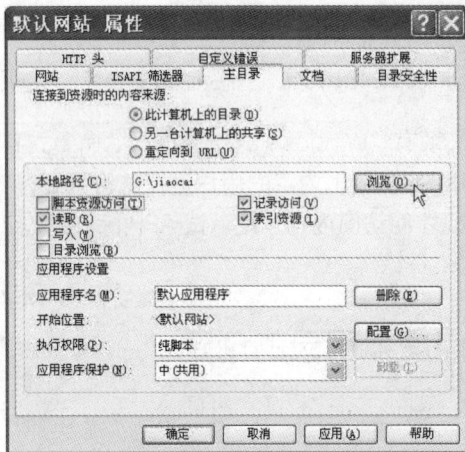

图 2-6 "默认网站"属性面板

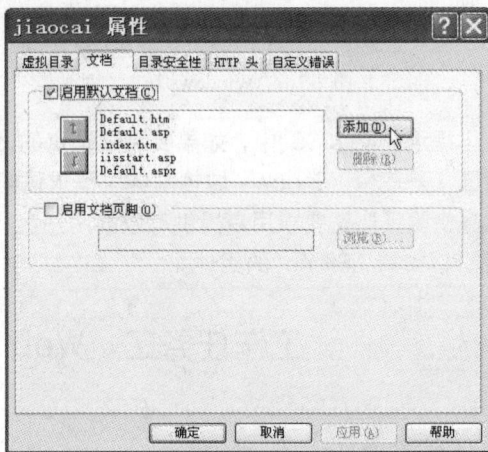

图 2-7 "默认网站"文档选项卡

④ 设置站点的目录安全性。

a. 匿名访问和验证控制功能。在这里可以选择是否允许匿名访问 Web 站点，只有允许匿名访问，才可以让浏览者直接访问该目录的内容，否则在访问 Web 站点时将要求浏览者输入用户名和密码。

默认站点的匿名访问默认设置为允许，而默认管理站点则不允许匿名访问。

b. IP 地址及域名限制功能。利用这个功能，可以通过 IP 地址或域名来限制访问 Web 站点。默认 Web 站点默认设置为没有限制，而默认管理站点的默认设置是只允许 127.0.0.1 的 IP 地址，也就是本机访问。

c. 安全通信。可以对 Web 站点的某些信息进行加密。在网站内容安全性要求很高时将用到这个功能。

⑤ 切换到"服务器扩展"选项卡。服务器扩展是设置服务器的一些重要选项，这里要改变的是性能项和客户脚本项。为了得到最佳的性能，将"性能"项改为少于 100，而"客户脚本"设为 VBScript。

（3）建立虚拟目录。如果希望在 Web 站点主目录（\Inetpub\wwwroot 文件夹）以外的其他目录中进行发布，就必须创建虚拟目录。虚拟目录不包含在主目录中，但用客户浏览器浏览虚拟目录时，会感觉虚拟目录就位于主目录中。

建立虚拟目录的步骤如下所示。

① 选择"默认网站",单击鼠标右键,打开快捷菜单,选择"新建→虚拟目录"命令,如图 2-8 所示。

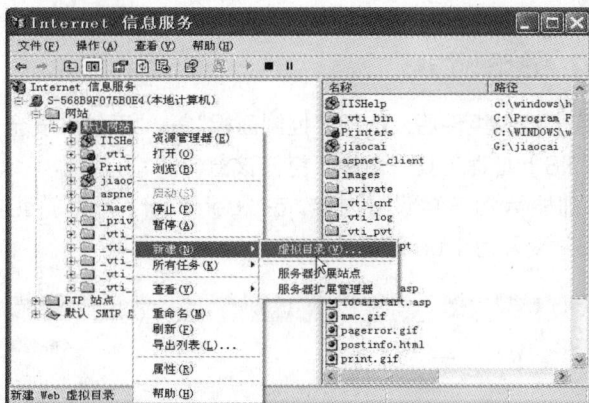

图 2-8　"Internet 信息服务"窗口

② 在创建过程中,要给虚拟目录起一个别名,Web 浏览器直接访问此别名。别名通常要比目录的路径名简短,让访问者一目了然,如图 2-9 所示。

③ 指定网站在计算机上的物理路径,如图 2-10 所示。

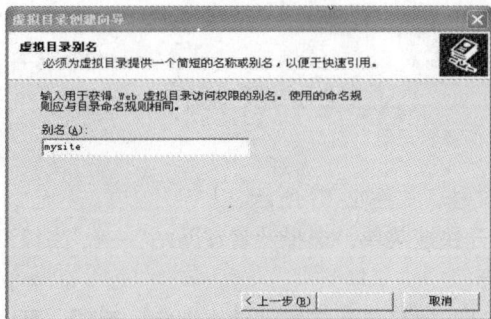

图 2-9　虚拟目录的名称

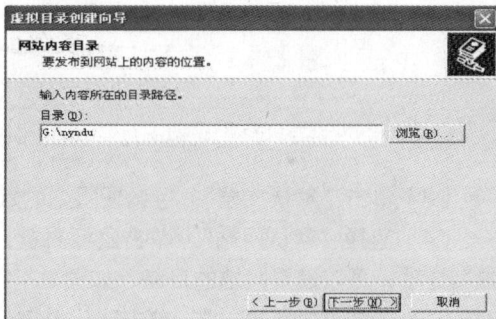

图 2-10　虚拟目录的路径

④ 最后设置访问权限即可,如图 2-11 所示。

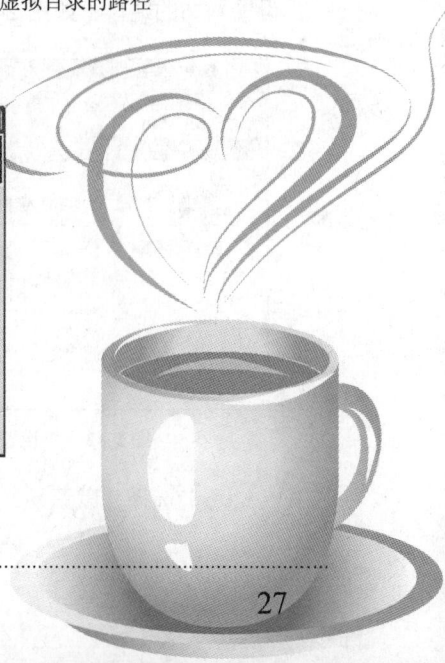

图 2-11　虚拟目录的访问权限

提示：使用虚拟目录相对比较安全，因为用户不知道文件实际上位于服务器的什么位置，甚至不能确定文件是否真的存在于该服务器上，所以无法使用这些信息来对站点进行破坏。使用别名可以更方便地移动站点中的目录，一旦要更改目录的 URL，只需更改别名与目录实际位置的映射即可。

二、Windows 7 系统配置 IIS

（1）IIS7 在安装了相应组件后，选择"控制面板"→"系统和安全"→"管理工具"→"Internet 信息服务（IIS）管理工具"命令，打开该窗口。

（2）双击 ASP，即显示 ASP 的设置内容，在"Behavior（行为）"组中将"Enable Parent Paths（启用父路径）"设置为 True 即可，如图 2-12 所示。

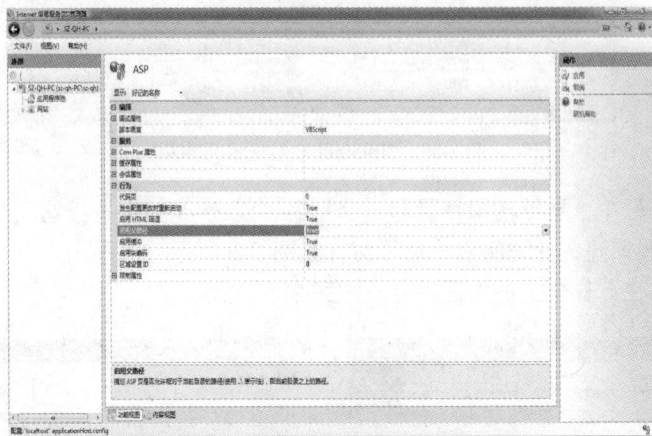

图 2-12　"Internet 信息服务管理器"窗口

（3）单击"默认文档"，可设置网站的默认文档，如图 2-13 所示。

（4）选择"默认网站"，单击鼠标右键，打开快捷菜单，选择"管理网站"→"高级设置"选项，可以设置网站的目录，如图 2-14 所示。

（5）选择"默认网站"，单击鼠标右键，打开快捷菜单，选择"编辑绑定"选项，可以设置网站的端口，如图 2-15 所示。

图 2-13　"设置默认文档"窗口

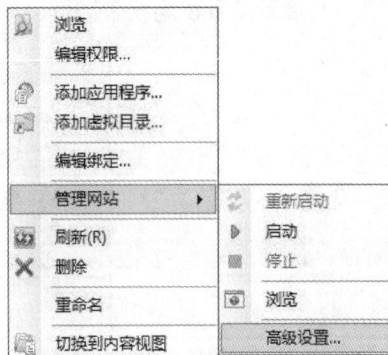

图 2-14　"管理网站"下拉菜单

（6）选择"默认网站"，单击鼠标右键，打开快捷菜单，选择"添加虚拟目录"选项，可以新建虚拟目录，如图 2-16 所示。

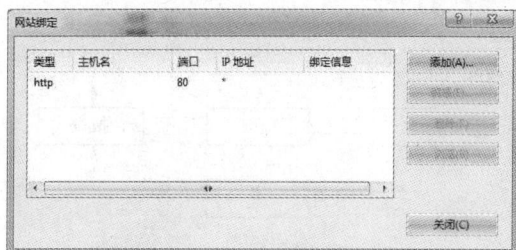

图 2-15 "网站绑定"对话框

图 2-16 "添加虚拟目录"对话框

工作任务三 网站数据库设计

【任务概述】

本工作任务要求创建一个 Access 数据库，建立两个数据表，一个数据表存储管理员登录账号和密码，另一个数据表存储网站发布的相关资讯信息，如资讯标题、来源、发布时间、详细内容等。

【核心知识】

数据库是存放数据的"仓库"。数据库系统是一种计算机化的数据保存系统，它以特有的数据存储方式将相关的数据内容整合在一起。目前比较流行的数据库系统有 Oracle、SyBase、Microsoft SQL Server、Access 等。

在建设网站时，一般的虚拟主机用户或者是小站点用户都使用 Access 来开发简单的 Web 应用程序，并利用 ASP 技术在 Internet Information Services 运行，比较复杂的 Web 应用程序则使用 PHP/MySQL 或者 ASP/Microsoft SQL Server。

一、Access 2003 内部结构

Access 2003 是一个功能强大、方便灵活的关系型数据库管理系统。进入 Access 2003，打开一个示例数据库，可以看到在这个界面的"对象"栏中，包含有 Access 2003 的 7 个对象，如图 2-17 所示。

一个 Access 数据库中可以包含表、查询、窗体、报表、宏、模块以及数据访问页，使用单一的*.mdb 文件管理所有的信息。这种针对数据库集成的最优化文件结构，不仅包括数据本身，也包括了它的支持对象。Access 2003 中各对象的关系如图 2-18 所示。

（1）表

表是 Access 2003 中所有其他对象的基础，因为表存储了其他对象用来在 Access 2003 中执行任务和活动的数据。每个表由若干记录组成，每条记录都对应于一个实体，同一个表中的所有记

录都具有相同的字段定义，每个字段存储着对应于实体的不同属性的数据信息，如图2-19所示。

图 2-17　Access 数据库窗口

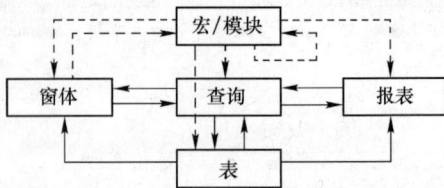

图 2-18　Access 2003 中各对象的关系

图 2-19　数据表对象视图

表的建立包括两部分：一部分是表的结构建立，另一部分是表的数据建立。

数据库的每个对象都有两个视图：一个是设计视图，另一个是数据表对象视图。表的设计视图，可通过表设计器观察，它同时也是建立表结构的工具，如图 2-20 所示。

图 2-20　数据表设计视图

每个表都必须有主关键字，其值能唯一标识一条记录的字段，以使记录唯一（记录不能重复，它与实体一一对应）。表可以建立索引，以加速数据查询。

具有复杂结构的数据无法用一个表表示，可用多表表示。表与表之间可建立关联。

每一个字段都包含某一类型的信息，如数据类型有文本、数字、日期、货币、OLE 对象（声音、图像）、超链接等。

应当注意，Access 数据库只是数据库各个部分（表、查询、报表、模块、宏和指向 Web HTML 文档的数据访问页面）的一个完整的容器，而表是存储相关数据的实际容器。

（2）查询

数据库的主要目的是存储和提取信息，在输入数据后，信息可以立即从数据库中获取，也可以在以后再获取这些信息。查询成为了数据库操作的一个重要内容。

Access 2003 提供了 3 种查询方式。

① 交叉数据表查询。查询数据不仅要在数据表中找到特定的字段、记录，有时还需要对数据表进行统计、摘要。如求和、计数、求平均值等，这样就需要交叉数据表查询方式，如图 2-21、图 2-22 所示。

图 2-21 数据查询 1

图 2-22 数据查询 2

② 动作查询。动作查询，也称为操作查询，可以应用一个动作同时修改多个记录，或者对数据表进行统一修改。动作查询有 4 种，即生成表、删除、添加和更新。

③ 参数查询。参数即条件，参数查询是选择查询的一种，指从一张或多张表中查询那些符合条件的数据信息，并可以为它们设置查询条件。

（3）窗体

窗体向用户提供一个交互式的图形界面，用于进行数据的输入、显示及应用程序的执行控制。在窗体中可以运行宏和模块，以实现更加复杂的功能。在窗体中也可以进行打印，如图 2-23 所示。

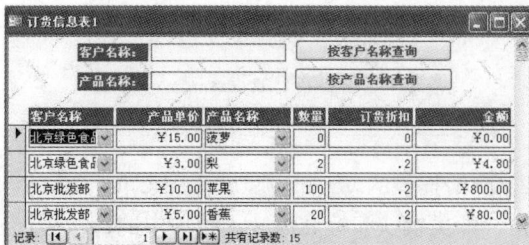

图 2-23 窗体

（4）报表

报表用来将选定的数据信息进行格式化显示和打印。报表可以基于某一数据表，也可以基于某一查询结果，这个查询结果可以是在多个表之间的关系查询结果集。报表在打印之前可以预览。另外，报表也可以进行计算，如求和、求平均值等。在报表中还可以加入图表，如图2-24所示。

图 2-24　报表

（5）宏

宏是若干个操作的集合，用来简化一些经常性的操作。用户可以设计一个宏来控制一系列的操作，当执行这个宏时，就会按这个宏的定义依次执行相应的操作。宏可以用来打开并执行查询、打开表、打开窗体、打印、显示报表、修改数据及统计信息、修改记录、修改数据表中的数据、插入记录、删除记录、关闭数据库等操作，也可以运行另一个宏或模块。

宏没有具体的实际显示，只有一系列的操作，所以宏只能显示它本身的设计视图，如图2-25所示。

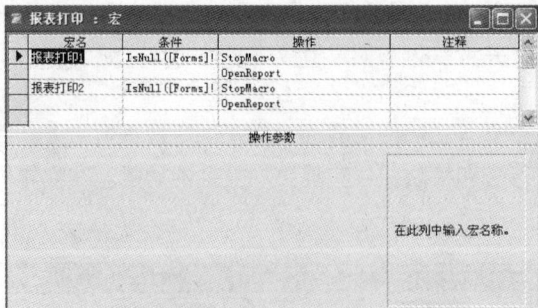

图 2-25　Access 宏

（6）模块

模块是用 Access 2003 所提供的 VBA（Visual Basic for Application）语言编写的程序段。模块有两种基本类型，即类模块和标准模块。模块中的每一个过程都可以是一个函数过程或一个子程序。模块可以与报表、窗体等对象结合使用，以建立完整的应用程序。VBA 语言是 VB 的一个子集，如图 2-26 所示。

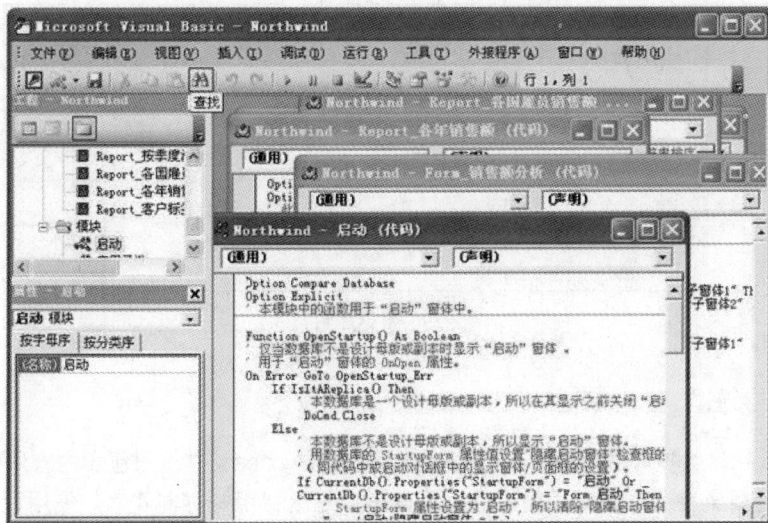

图 2-26　Access 模块

二、新建数据库

在 Access 中新建一个数据库有两种方法：一种方法是先创建一个空数据库，然后根据需要再创建具体的对象；另一种方法是根据 Access 中提供的向导，使用其提供的数据库模板创建数据库。第一种创建数据库的方法如下。

（1）在 Access 主窗口中，选择"文件→新建"命令，在主窗体右侧将出现 "新建文件"任务窗格，如图 2-27 所示。

（2）在"新建文件"选项区中单击"空数据库"选项，弹出 "文件新建数据库"对话框，如图 2-28 所示。

图 2-27　"新建文件"任务窗格

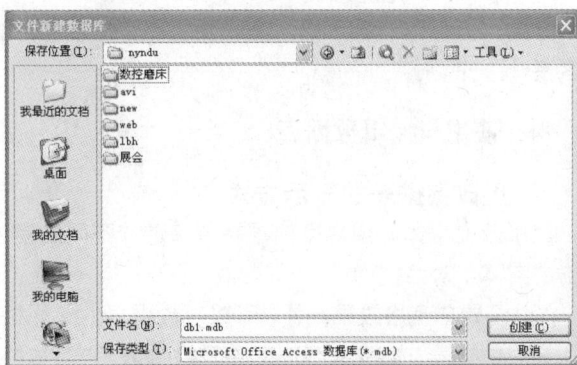

图 2-28　"文件新建数据库"对话框

（3）在该对话框中的"保存位置"下拉列表框中选择一个保存文件的位置，在"文件名"文本框中输入数据库名，然后单击"创建"按钮，即可在相应文件夹下创建一个数据库，如图 2-29 所示。

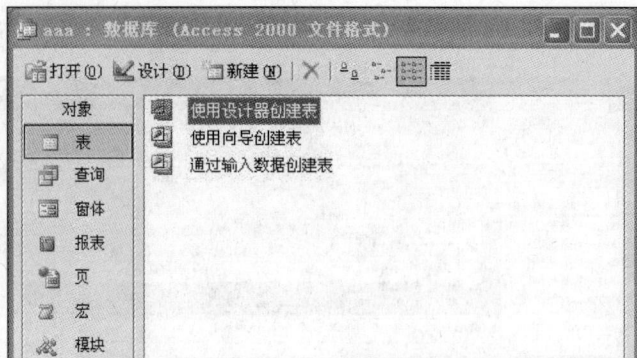

图 2-29　数据库窗口

三、表的创建

表是 Access 数据库的基础，是信息的载体。在 Access 中，创建表的方法有 3 种：一是使用设计器创建表；二是通过输入数据创建表；三是利用向导创建表。使用设计器创建表的方法如下。

（1）在数据库窗口中双击"使用设计器创建表"，弹出表设计器窗口，如图 2-30 所示。

（2）在"字段名称"列的第一行中输入字段的名字，然后按回车键，此时在其后的"数据类型"列中会显示出一个下拉列表框，单击下三角按钮，在弹出的下拉列表中选择数据类型。

（3）在"字段属性"区域的"常规"选项卡中，可以设置字段的大小、格式和规则等。

（4）设置完成后，选择"文件→保存"命

图 2-30　表设计器窗口

令，弹出"另存为"对话框，在"表名称"文本框中输入表名，单击"确定"按钮即完成了表的设计工作。

四、使用与编辑数据表

1．更改数据表的显示方式

（1）改变字体。用户可根据需要来选择不同的字体。选择"格式"→"字体"命令，将弹出"字体"对话框。

（2）设置单元格效果。用户可以对数据表的单元格效果进行设置。其操作方法为选择"格式"→"数据表"命令，弹出"设置数据表格式"对话框，如图 2-31 所示。

2．修改数据表中的数据

（1）插入新数据。当向一个空表或者向已有数据的表增加新的数据时，都要使用插入新记录的功能，如图 2-32 所示。

（2）修改数据。在数据表视图中，用户可以方便地修改已有的数据记录，注意保存。

（3）替换数据。如果想把数据表中的某个数据替换为另一个数据，可在数据表视图中选中要替换的字段内容，然后选择"编辑"→"替换"命令，弹出"查找和替换"对话框，如图 2-33 所示。

图 2-31　"设置数据表格式"对话框

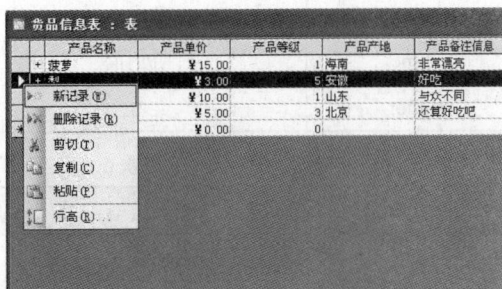

图 2-32　插入新记录

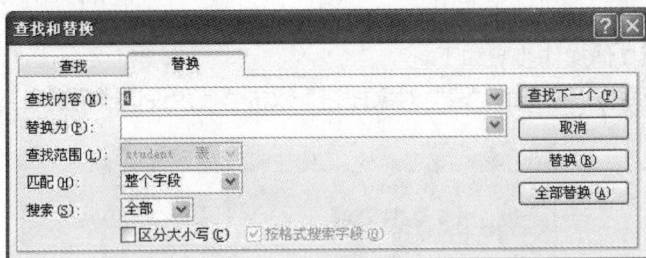

图 2-33　"查找和替换"对话框

（4）复制、移动数据。利用剪贴板功能可以很方便地进行复制、移动数据等功能。

（5）删除记录。可以利用"编辑"→"删除"进行删除操作，也可用快捷键方式完成该操作。

【操作过程】

一、创建数据库

（1）启动 Access 程序。

（2）选择"文件→新建"命令，在主窗体右侧将出现 "新建文件"任务窗格。

（3）在"新建文件"选项区中单击"空数据库"选项，弹出"文件新建数据库"对话框。

（4）在该对话框的"文件名"文本框中输入数据库名，在"保存位置"下拉列表框中选择一个保存文件的位置（选择虚拟目录的物理路径）。然后单击"创建"按钮，即可在相应文件夹下创建一个数据库。

二、创建数据表

该数据库 News 包括网站新闻信息表 News 和网站管理员信息表 admin，其中的字段名称和数据类型如表 2-1 和表 2-2 所示。

表 2-1   表 News 中的字段名和数据类型

字段名称	数据类型	说　明
ID	自动编号	资讯的编号
title	文本	资讯的标题，设置字段长度为 50
content	备注	资讯正文详细内容
vtime	日期/时间	资讯发表时间，设置默认值为 Now()
author	文本	添加资讯的作者，设置字段长度为 50

表 2-2   表 admin 中的字段名和数据类型

字段名称	数据类型	说　明
ID	自动编号	主键
username	文本	用户名
password	文本	用户密码

创建数据表的具体操作步骤如下。

（1）单击数据库窗口左侧的"表"对象按钮，双击"使用设计器创建表"，如图 2-34 所示。

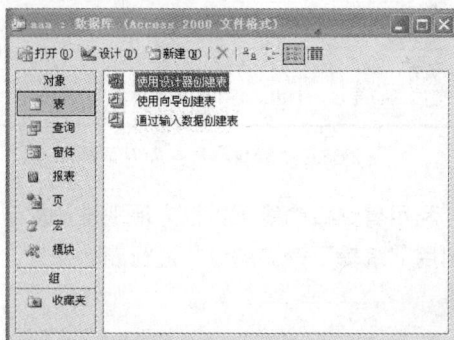

图 2-34　数据库窗口

（2）在打开的表设计器窗口中输入字段名称并设置数据类型，如图 2-35 所示。

（3）将光标放置在 ID 字段中，单击鼠标右键，在弹出的菜单中选择"主键"命令，将其设置为主键，如图 2-36 所示。

图 2-35　数据表设计视图

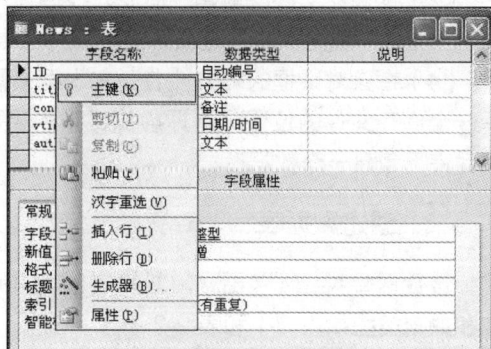

图 2-36　设置主键

（4）选择菜单中的"文件"→"保存"命令，弹出"另存为"对话框，输入"news"，如图 2-37 所示。

（5）单击"确定"按钮，保存表。

（6）返回数据库窗口，双击"使用设计器创建表"，弹出表设计器窗口。在窗口中输入表 admin 中的字段名和数据类型，并将 ID 设置为主键，如图 2-38 所示。

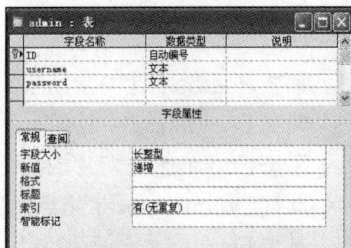

图 2-37 保存数据表　　　　　　　　　　　　　图 2-38 表设计视图

（7）选择 ■（保存），弹出"另存为"对话框，输入"admin"，单击"确定"按钮，保存表。

（8）返回数据库窗口，双击"admin 数据表"，如图 2-39 所示。

（9）在打开的"admin：表"窗口中，在记录行位置输入管理员的账号和密码后保存，如图 2-40 所示。

图 2-39 数据库窗口　　　　　　　　　　　　图 2-40 输入表数据

小　结

本模块主要有 Microsoft IIS 的安装、Web 站点虚拟目录的创建、Access 网站数据库设计 3 个工作任务，主要讲解了本地计算机中 Windows XP 和 Windows 7 系统的 IIS 安装及配置，Access 网站数据库的创建、表的创建与维护的基本知识。通过完成这 3 个任务，可以构建一个中小型网站的后台功能。

思考与练习

（1）请说明 Microsoft IIS 中 Web 站点虚拟目录的作用及属性的设置。

（2）Access 数据库中数据表的创建方法有哪些？

模块三 网站首页设计

【学习目标】

（1）掌握 Photoshop 中常用工具的使用，能进行图片的编辑和图像的绘制。

（2）掌握 Photoshop 中路径、图层、蒙版技术，能对图像进行合成处理。

（3）了解 Photoshop 切片的技巧。

（4）掌握 Dreamweaver 站点的建立、管理和维护。

（5）掌握 Flash 基本动画的制作。

首页作为网站的初始页面，其设计效果至关重要。Photoshop 作为专业的图像处理软件之一，经常用于网页的设计，不仅可以对素材图片进行编辑和绘制，还能够对图像进行合成处理。另外，为提高网页的传输速度，必须对网页图像切片。在页面的制作过程中，还会利用 Flash 制作动画，提高网页的生动性，为页面注入新的生机。

工作任务一 素材图片的编辑和图形绘制

【任务概述】

图像主要来自于照片或者使用软件进行绘制，但是对于这些图像而言，一般必须进行编辑和修改操作。本工作任务要求使用 Photoshop 软件对给定的素材进行相应的处理，然后根据实际页面的需要绘制图形，相关效果如图 3-1 所示。

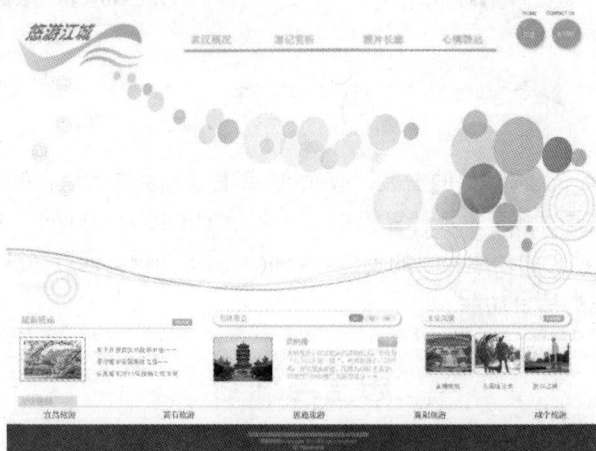

图 3-1 效果图

【核心知识】

Photoshop 在图形处理软件中应用十分广泛，要掌握软件的操作，必须了解其相关概念，熟悉工具箱的使用及菜单的相关操作。

一、图像的调整

在图像处理的过程中，经常需要调整图像的大小，以适应打印输出的需要。

1. 图像大小的调整

通过菜单"图像"→"图像大小"命令，完成图像的调整操作。

① 像素大小：用于设置图像的宽度和高度的像素值。

② 文档大小：用于设置图像的宽度和高度以及分辨率。

③ 缩放样式：调整图像大小时，将按比例显示缩放效果。

④ 约束比例：可以约束图像宽度和高度的比例。

⑤ 重定图像像素：在改变尺寸和分辨率的同时，图像的像素也随之改变，如图 3-2 所示。

2. 调整画布的尺寸

画布是指绘制和编辑图像的工作区域，调整画布尺寸的大小，可以在图像四周增加空白区域，或者切掉不需要的图像边缘，如图 3-3 所示。

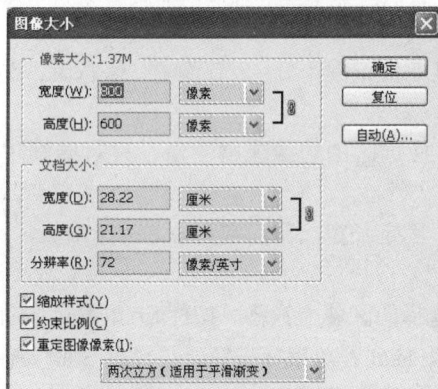

图 3-2　"图像大小"对话框　　　　图 3-3　"画布大小"对话框

二、切割类工具的使用

利用裁剪工具，可以删除不需要的部分，以调整图像的整体构图，也可以裁切特定的区域，另外，利用裁剪工具可以完全改变图像样式。使用裁剪工具后，在图像上拖动，会显示边框，边框中显示小的锚点，变暗的部分则为被裁剪掉的区域。切割工具属性栏如图 3-4 所示。

图 3-4　切割工具属性栏

裁剪工具属性栏的主要参数如下。

① 宽度和高度：裁切图像之前，如果预先设置宽度和高度，就可以得到固定大小的图像。

② 分辨率：设置目标图像的分辨率。

③ 前面的图像：单击该按钮后，就会按照原图像的长宽比例进行裁切。

④ 清除：单击该按钮后，可以删除宽度和高度文本框中输入的数值。

三、选区的操作

1．选区的创建

（1）创建简单规则选区有 3 种方法，即矩形选框工具创建矩形选区、椭圆选框工具创建椭圆选区和单行选框工具或单列选框工具创建单行或单列选区。矩形选框工具属性栏如图 3-5 所示。

图 3-5　矩形选框工具属性栏

属性栏主要参数如下。

① 新选区图标：单击该按钮，在图像窗口中创建选区时，每次只能创建一个新选区。

② 添加到选区图标：单击该按钮，在图像窗口中创建选区时，将在原选区的基础上增加新的选区。

③ 从选区中减去图标：单击该按钮，在图像窗口中创建选区时，加一个在原有选区中减去与新选区相交的部分。

④ 与选区交叉图标：单击该按钮，在图像窗口中创建选区时，将在原有选区和新建选区相交的部分生成最终选区。

⑤ 羽化：可以使选区边缘得到柔和的效果，其取值范围为 0 ~ 250 像素，值越大，选区的边缘越朦胧。

⑥ 消除锯齿：消除不规则轮廓边缘的锯齿，使选区的边缘变得平滑，只对椭圆工具有效。

⑦ 样式：用于设置选区的样式，主要有正常、固定长宽比和固定大小 3 个选项。

使用技巧如下。

① 使用矩形选框工具或椭圆选框工具，在要选择的区域上拖移。按住 Shift 键时拖动可将选框限制为方形或圆形（要使选区形状受到约束，应先释放鼠标按钮，再释放 Shift 键）。

② 要从选框的中心拖动它，应在开始拖动之后按住 Alt 键（Windows）或 Option 键（Mac OS）。

（2）不规则选区工具的使用。在用 Photoshop 编辑或处理图像时，经常需要用到一些不规则的选区，创建复杂不规则选区，主要有应用魔棒工具选择颜色相近的图像、应用套索工具随意创建选区、应用色彩范围选择色彩相近的图像等方法。

① 套索工具。应用套索工具可以定义任意形状的选区，主要包括套索工具、多边形套索工具和磁性套索工具。套索工具可以定义任意形状的选区；多边形套索工具主要创建多边形选区；磁性套索工具则是根据颜色的反差来选择图像的边缘。套索工具属性栏如图 3-6 所示。

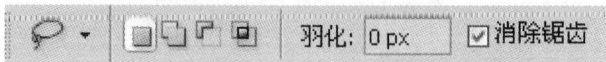

图 3-6　套索工具属性栏

使用技巧如下。

a. 运用套索工具创建选区时，可在按住 Alt 键的同时单击鼠标左键，此时鼠标的单击点将与上一个单击点以直线相连。

b. 在运用套索工具选区图像时，如果按住 Delete，则可以使曲线逐渐变直，直到最后删除当前选区。

② 魔棒工具。应用魔棒工具，可以根据一定的颜色范围来创建颜色相同或相近的选区，魔棒工具属性栏如图 3-7 所示。

图 3-7　魔棒工具属性栏

该工具属性栏中的主要选项含义如下。

a. 容差：在其右侧的文本框中可以设置 0～255 的数值，它主要用于确定选择范围的容差，默认值为 32。设置的数值越小，选取的颜色范围越近似，选取范围也就越小。

b. 连续：选中该复选框，表示只能选中鼠标单击处邻近区域中相同的像素；取消选中该复选框，则能够选择符合像素要求的所有区域。

c. 对所有图层取样：选中该复选框，将在所有可见图层中应用魔棒工具；取消选中，则魔棒工具只能选取当前图层中颜色相近的区域。

③ 色彩范围。"色彩范围"命令用于选择颜色相似的像素，该命令是从整幅图像中选取与某颜色相似的像素，而不仅仅是选择与单击处颜色相近的区域，单击"选择→色彩范围"命令，对话框如图 3-8 所示。

"色彩范围"对话框主要参数如下。

① 选择：在下拉列表中选择需要的颜色，一般情况下选择的都是能够在图像中直接显示的颜色。

② 颜色容差：只有在选择"取样颜色"模式下有效，该功能可以达到柔化选区边缘的目的，主要是在选定的颜色范围内再次调整，参数越大，选择的相似颜色越多，选区也会越大。

图 3-8　"色彩范围"对话框

③ 吸管工具：设置选区后，可以使用这些工具在选区中添加或删除需要的颜色范围。

④ 反相：将选区与蒙版区域互换。

⑤ 选择范围：主要是用白色和黑色表现预览的图像；图像，则是通过原图像颜色表现预览画面。

⑥ 选区预览：主要是通过原图像的颜色表现预览画面。

2. 选区的编辑

在创建选区后，为了达到满意的效果，仅仅使用特殊工具很难处理复杂的图像，这时就需要对创建的选区进行相应的编辑，如移动选区的位置、对选区进行变换等操作。

① 移动选区：要移动选区，只需要将鼠标指针移至创建的选区内，单击鼠标左键并拖曳，即可移动选区的位置。

② 取消选区：在图像窗口中创建选区时，对图像所做的一切操作都被限定在选区中，所以当不需要选区时，应取消所创建的选区，方法如下。

　　a. 单击"选择→取消选择"命令。

　　b. 按 Ctrl+D 组合键。

　　c. 选取工具箱中的选框工具或套索工具,在图像窗口中单击鼠标左键。

　　d. 在图像窗口中的任意位置单击鼠标右键,弹出快捷菜单,选择"取消选区"选项。

　　③ 羽化选区:对选区进行羽化处理,可以柔化选区边缘,产生渐变过渡的效果。

　　④ 修改选区:单击"选择→修改"命令,在弹出的子菜单中提供了 4 个修改命令,分别为边界、平滑、扩展和收缩。其中,扩展可以将当前选区均匀向外扩展 1~100 像素;边界相当于对选区进行相减操作,扩展后的选区减去收缩后的选区,最后得到环状的选区;收缩与扩展命令功能相反;平滑可使选区边缘变得较为连续和平滑。

　　⑤ 变换选区:在对选区进行变换时,仅仅是对创建的选区进行变换,不会影响选区中的图像,执行"选择→变换选区"命令,可对创建的选区进行放大、缩小、旋转、倾斜等变换操作。

四、图层面板的应用

1. 图层的基本概念

　　图层是图像信息的平台,是构成图像的重要组成单位,在一个图层上作图不会影响其他图层。图层面板由图层、图层混合模式、不透明度、提供锁定功能的部分以及快捷图标构成,如图 3-9 所示。

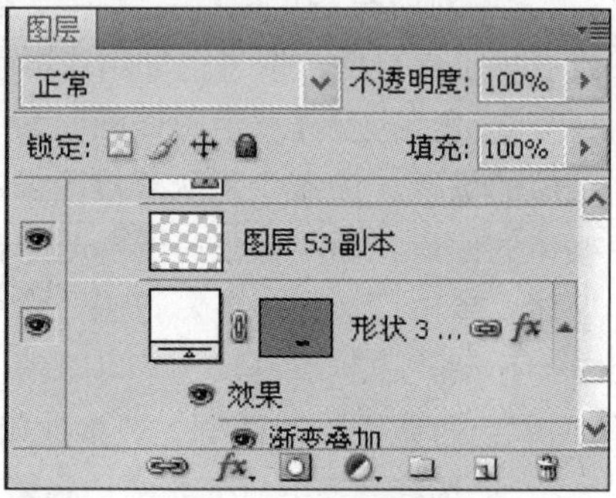

　　图层面板的主要参数如下。

　　① 混合模式:用于为图层设置特殊的混合模式。

　　② 不透明度:设置图层的总体不透明度。

　　③ 锁定图标:主要包括锁定透明像素、锁定位置、锁定图像像素和锁定全部。

图 3-9　图层面板

　　④ 填充:设置图层内部的不透明程度。

　　⑤ 指示图层可视性图标:在画面上显示或隐藏图层。

　　⑥ 图标🔗:显示图层与其他图层的链接情况,在选择两个或两个以上的图层时才能使用。

　　⑦ 图标𝑓𝑥:在选定图层上设置新样式。

　　⑧ 图标◻:在选定图层上添加图层蒙版。

　　⑨ 图标⬤:制作能调整颜色和色调的调整图层。

　　⑩ 图标▭:可以按照不同种类生成图层组。

　　⑪ 图标⬛:创建新图层。

　　⑫ 图标🗑:删除选定图层。

2. 图层的类型

　　① 普通图层:指用一般方法建立的图层,可通过"图层→新建→背景图层"命令,将当前工作图层转换为背景图层。

　　② 背景图层:图层的右侧有一个锁形图标,是一种不透明的图层,用于图像的背景,叠放于图层的最下方,不能对其应用任何类型的混合模式,双击背景图层,弹出"新建图层"对话框,进行相应的设置后,即可将背景图层转换为普通图层。

③ 文字图层：使用文字工具后建立的图层。

④ 蒙版图层：通过蒙版，可调整图层相应图像的透明程度。

3．图层的操作

① 新建图层：可通过快捷键、菜单命令以及按钮方式创建新的图层。

② 显示或隐藏图层：图层面板中的"指示图层可视性"图标，不仅可指示图层的可视性，也可用于显示图层或隐藏图层的切换操作。按住 Alt 键的同时，单击当前工作图层名称前面的"指示图层可视性"图标，可显示/隐藏除当前工作图层以外的其他所有图层。

③ 复制和删除图层：可通过菜单和按钮完成对应的操作。

④ 锁定和链接图层：图层被锁定后，将限制图层编辑的内容和范围，使它在编辑其他图层时不会受到影响；链接图层主要用于同时对多个图层进行移动或变换。

⑤ 对齐与分布图层：对齐图层是指将各链接图层或选择多个图层沿直线排列；分布图层是指将各链接图层或选择多个图层沿直线分布，使用时需要选择 3 个或 3 个以上的图层，可通过图层菜单完成。

⑥ 移动与合并图层：可使用工具箱中的移动工具 ，在图像窗口中单击鼠标左键并拖曳，即可移动图层；合并图层则主要是为了减少文件所占用的空间，将不必要分开的图层整合在一起。

⑦ 图层叠放顺序：图层的叠放顺序直接影响到图像的显示效果，位于上面的图层将遮盖其下面的图层。

五、文字的应用

1．文字工具的使用

文字的输入主要是通过文字工具 T 来实现的，文字工具组中有横排文字工具、直排文字工具、横排文字蒙版工具和直排文字蒙版工具。输入文字时，在需要输入文字的图像位置单击鼠标左键，若出现闪烁的图标，即可输入文字，选择"提交所有当前编辑"按钮" ✔ "或者按 Enter 键，结束输入。文字工具的工具属性栏如图 3-10 所示。

图 3-10　文字工具属性栏

文字工具属性栏的主要参数如下。

① 更改文字方向 ：可更改文字的排列方向。

② 设置字体系列：单击其右侧的下拉按钮，在弹出的字体类型中选择所需要的字体，即可更改所选择的文字的字体类型。

③ 设置字体大小 ：用于设置文字的大小。

④ 设置文字颜色 ：单击该图标，弹出"拾色器"对话框，在该对话框中选择所需要的颜色。

⑤ 设置文字的变形 ：主要用于设置文字的变形效果，如图 3-11 所示。

⑥ 字符面板 ：主要用于调整行距、字符的字距、基线偏移等，如图 3-12 所示。

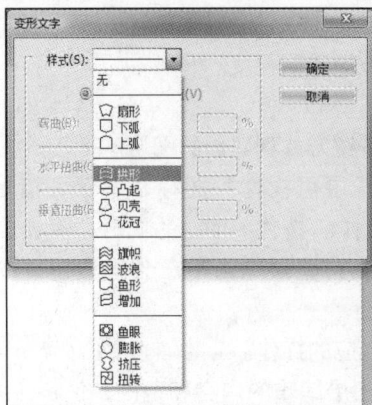

图 3-11　"变形文字"对话框

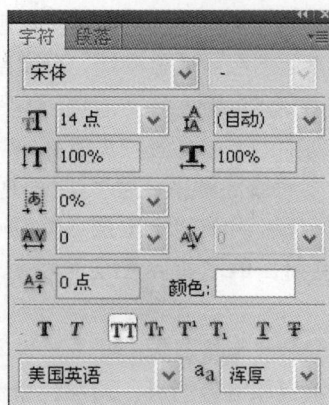

图 3-12　字符面板

2．特殊文字的操作

在设计时，往往需要输入特殊文字，可以采用下述方法来实现。

（1）变形文字的输入

① 使用文字工具，输入对应的文字，按 Enter 键，确定文字的输入。

② 选中文字图层，单击菜单"图层→栅格化→文字"命令。

③ 按 Ctrl+T 组合键，单击鼠标右键，对文字进行处理，可获得各种形状的文字效果。

（2）文字工具中的变形工具

① 使用文字工具，输入文字。

② 选择文字工具属性栏中的图标 ，调整文字的形状，按 Enter 键，确定文字的输入。

（3）路径文字的制作

① 单击路径工具的自由钢笔工具，绘制路径。

② 选择文字工具，在路径处输入对应的文字，按 Enter 键，确定文字的输入。

六、画笔工具的使用

Photoshop 的画笔工具主要用于绘画和修饰，其属性栏如图 3-13 所示。

图 3-13　画笔工具属性栏

画笔工具属性栏主要参数如下。

① 画笔：单击其右侧的下拉按钮，可以选择预设的画笔。

② 模式：单击其右侧的下拉按钮，可以选择不同的混合模式，以丰富绘图效果。

③ 不透明度：用于设置绘制图像的不透明度。

④ 流量：用于定义绘图时，笔墨的浓度。

⑤ 图标 ：可使画笔具有喷涂功能。

其中，单击画笔类型的下拉按钮后，弹出画笔面板，可调整画笔的大小及硬度，单击面板中的图标 ，能够导入画笔的样式及创建新的画笔样式。画笔面板如图 3-14 所示。

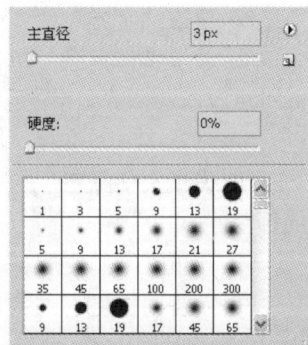

图 3-14　画笔面板

七、路径

钢笔工具在 Photoshop 中的应用非常广泛，小到基本几何形状的绘制，大到复杂曲线的绘制。路径是指通过钢笔工具绘制出来的线段或曲线，它是矢量式的线条，可为其填充颜色、描边或转换为选区等。

1．路径面板

单击菜单"窗口"→"路径"命令，可调出路径面板，如图 3-15 所示。

路径面板主要参数如下。

① 图标 ⊙：以当前的前景色填充被路径包围的区域。

② 图标：⊙：可以按当前选择的绘图工具和前景色沿路径描边处理。

③ 图标 □：将当前创建的路径作为选区载入。

④ 图标 ：将选区生成为路径。

⑤ 图标 ：新建路径。

⑥ 图标 ：删除路径。

图 3-15　路径面板

2．钢笔工具

单击工具箱中的钢笔工具 ，钢笔工具主要包括钢笔工具和自由钢笔工具。其中，自由钢笔工具可以绘制任意形状的曲线。钢笔工具的属性栏如图 3-16 所示。

图 3-16　钢笔工具属性栏

钢笔工具属性栏主要参数如下。

① 形状图层 ：单击该按钮，在绘制路径时，将建立一个形状图层，图像的颜色默认为前景色。

② 路径 ：单击该按钮时，只产生一个工作路径。

③ 填充像素 ：单击该按钮时，绘制出一个由前景色填充的形状，不会产生工作路径和形状图层，该按钮对钢笔工具无效。

④ 自动添加/删除：选中该按钮后，可在原路径的基础上增加新的路径。

⑤ 图标 ：单击该按钮，可在原路径的基础上增加新的路径。

⑥ 图标 ：单击该按钮，可在原路径中减去与新路径相交的部分。

⑦ 图标 ：单击该按钮，新的路径与原来的路径相交的部分成为最终的路径。

⑧ 图标 ：单击该按钮，在原路径的基础上增加新的路径，然后再减去新旧相交的部分，形成最终的路径。

使用钢笔工具绘制路径时，其操作方法如下。

① 在某点单击鼠标左键，将绘制该点与上一点之间的连接直线。

② 在某点单击鼠标左键并拖曳，将绘制该点与上一点之间的曲线。

③ 移动光标至路径的非锚点处，鼠标指针为 ，可增加锚点。

④ 移动光标至路径的中间锚点时，鼠标指针为 ，可删除锚点。

⑤ 在绘制路径，起始点与终点重合时，鼠标指针为 🔥，单击鼠标左键，即可绘制封闭路径。

⑥ 绘制曲线时，将鼠标放置在锚点处，按住 Alt 键，可调整曲线的形状。

3．路径选择工具

单击工具箱中的路径选择工具 🔍，不仅可以选择路径，还可以移动所选择的路径。路径选择工具主要包括直接选择工具 ▷ 和路径选择工具 ▶。其中，直接选择工具可显示路径上的所有锚点，路径选择工具则选择整个路径。

【操作过程】

一、新建文件

（1）打开 Photoshop 软件，单击"文件"→"新建"命令，输入名称"网站首页图"，设置宽为 972px、高为 717px、分辨率为 72px、颜色模式为 RGB、背景内容为透明，如图 3-17 所示。

（2）选中图层 1，单击"右键→图层属性"命令，弹出"图层属性"对话框，修改名称为"背景"，如图 3-18 所示。

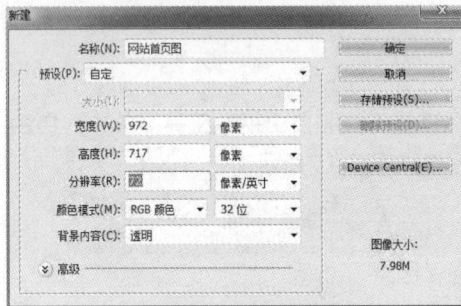

图 3-17 "新建"对话框   图 3-18 "图层属性"对话框

（3）选中"背景"图层，双击工具箱中的图标 🔲，单击"设置前景色"，弹出"拾色器"对话框，设置前景色 RGB 为"255、255、255"，单击"确定"按钮；单击工具箱中的图标 🎨 后，将鼠标移动到软件的工作区，再次单击鼠标，"背景"图层填充为白色，如图 3-19 所示。

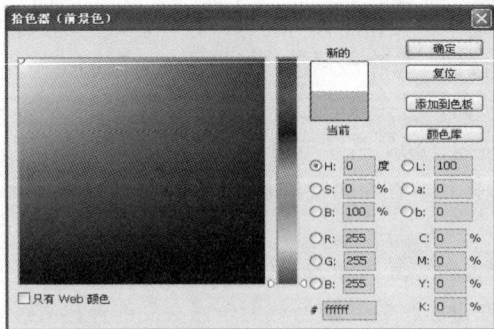

图 3-19 拾色器对话框

（4）单击菜单"视图"→"新建参考线"命令，在背景图层绘制一些参考线，如图 3-20 所示。

（5）单击图层菜单中的图标 🔲，新建组，并分别将它们更名为"导航区"、"信息区"、

"页脚区"，其效果如图 3-21 所示。

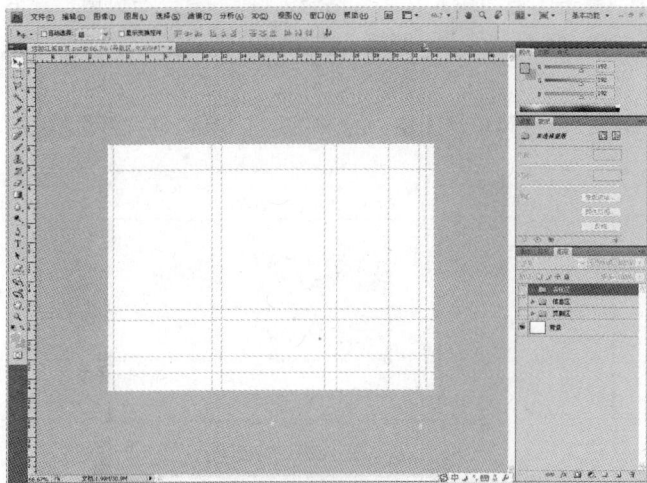

图 3-20 参考线的绘制

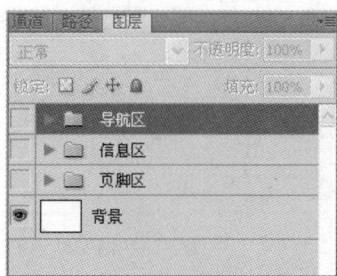

图 3-21 新建组

二、绘制网站标志

（1）打开导航区组，单击图层菜单中的 ，新建图层并将它命名为 Logo。

（2）单击工具箱中的图标 ，选择钢笔工具属性栏中的图标 ，移动光标到图像窗口，单击鼠标左键，确定起始点，移动光标至另一位置，单击鼠标左键并拖曳，绘制出曲线并调整曲线的形态；若曲线的形态需要再次调整时，选择路径选择工具，单击路径，显示路径中的所有锚点，单击钢笔工具，在路径的锚点处，按住 Alt 键调整曲线的形态。依照上述方法，绘制路径的其他部分，如图 3-22 所示。

（3）单击工具箱中的路径选择工具 ，将鼠标移动到绘制好的路径上并单击鼠标左键，选中路径，然后按 Ctrl+Enter 组合键，将路径转化为选区。

（4）选择工具箱中的渐变工具 ，单击渐变工具属性栏中的 ，弹出渐变编辑器，设置渐变工具中的色块 RGB 值为"229、241、191"、"194、221、106"、"132、209、63"，单击"确定"按钮。在选区处，将鼠标从最左侧拖动到最右侧，如图 3-23 所示。

图 3-22 路径图

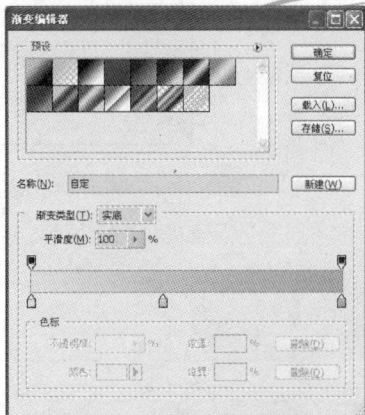

图 3-23 渐变编辑器对话框

（5）依据上述方法，创建的图形如图 3-24 所示。

（6）单击工具箱中的文字工具 **T**，单击图像，输入文字"悠游江城"，设置参数为：方正水柱简体，30 点，浑厚，RGB 为"182、104、117"，加粗；选择"编辑→变形→倾斜"命令变形。

（7）选中"Logo"图层和文字图层，单击菜单"图层→合并图层"命令，完成网站标志的制作，效果如图 3-25 所示。

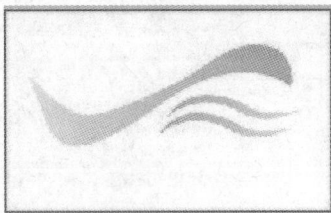

图 3-24　网站标志的图形　　　　　　　　　图 3-25　Logo 图

三、绘制导航区其他部分

（1）在导航区组中，新建图层"导航条"，设置前景色为"165、219、108"，单击工具箱中的图标，选择其属性栏中的填充像素图标，绘制绿色矩形框。

（2）单击工具箱中的文字工具，输入文字"武汉概况　游记赏析　照片长廊　心情驿站"。设置字体为宋体，大小为 17.15 点，浑厚，颜色 RGB 的值为"165、219、108"。

（3）选择文字图层，单击图层菜单中的图标 **fx.** 添加图层样式，选择外发光，调整参数。如图 3-26 所示。

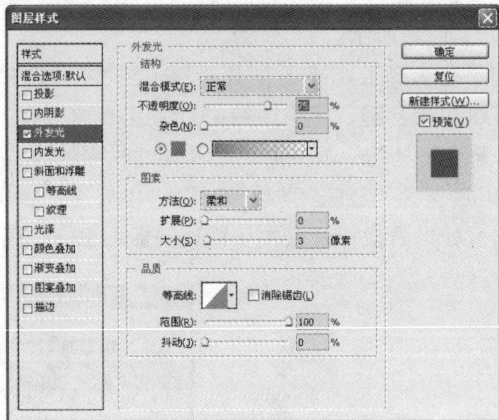

图 3-26　图层样式参数

（4）主导航条效果如图 3-27 所示。

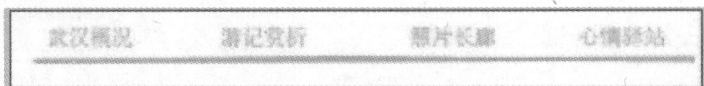

图 3-27　主导航条效果图

（5）新建图层"图形 1"选择矩形工具中的椭圆工具，选择填充像素，按住 Shift 键绘制椭圆，并添加文字"log"；重复上述操作，完成图层"图形 2"及文字图层"enter"。

（6）单击文字工具，输入文字"HOME　CONTACT US"。

（7）导航条最终效果如图 3-28 所示。

图 3-28　导航条效果图

四、绘制页面主体的装饰图案

打开"信息区"组，新建工作组"最新资讯"、"名胜景点"、"文化风情"和"友情链接"，完成如下操作。

1．泡泡的制作

（1）新建图层"泡泡"，设置前景色 RGB 为"196、222、109"，选择画笔工具，设置画笔大小为 87 点，流量为 80%，如图 3-29 所示。

图 3-29　画笔参数设置图

（2）将鼠标移动到工作区中，单击鼠标左键，出现一个圆即为泡泡。

（3）调整前景色，修改画笔大小、不透明度及流量，绘制其他泡泡。

2．绘制同心圆环

（1）设置前景色 RGB 为"235、243、197"，选择工具箱矩形选框工具中的椭圆工具，绘制椭圆选区，单击菜单"编辑"→"描边"命令，参数设置如图 3-30 所示。

（2）单击菜单"选择"→"修改"→"收缩"命令，参数设置为 15，描边处理；重复以上操作，完成 3 个环的制作。按 Ctrl+D 组合键，取消选区。最终效果如图 3-31 所示。

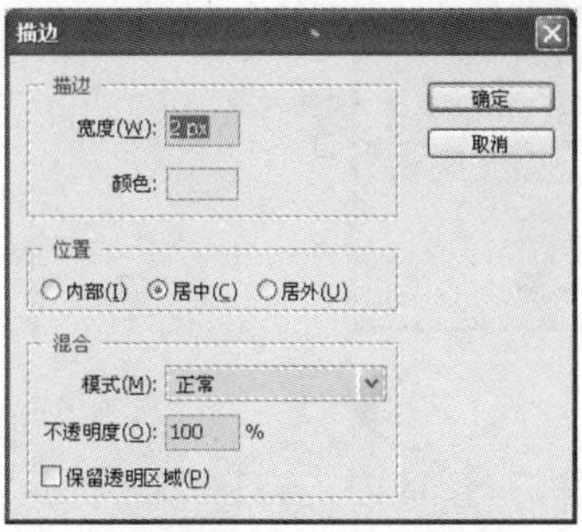

图 3-30　描边参数

图 3-31　泡泡效果图

3．"最新资讯"模块的制作

（1）新建图层，并将它命名为"圆角矩形框"。单击工具箱矩形选框工具中的椭圆选框工具，选择属性栏中的，半径为 10px，设置前景色的 RGB 为"202、202、202"，绘制圆角路径，按 Ctrl+Enter 组合键，将路径载入选区。

49

（2）新建图层，并将它命名为"图标"，设置前景色的 RGB 为"182、182、182"，选择矩形工具，单击填充像素，绘制矩形。

（3）单击文字工具，输入文字"MORE"，设置参数为：华文仿宋、8 点、白色。

（4）选择"图标"图层和新建的文字图层，合并两个图层。

（5）输入文字"最新资讯"，设置参数为：新宋体、14 点、RGB 为"92、183、17"。

（6）新建图层"矩形"，选择工具箱矩形选框工具，绘制矩形选区，设置前景色为"165、165、165"，单击菜单"编辑"→"描边"命令，像素大小为 1px，然后确定，按键盘上的 Ctrl+D 组合键。

（7）打开素材"梅花"，将图像移动到相应的图层，并通过移动工具，调整位置，然后按 Ctrl+T 组合键，变换大小，按 Enter 键。

（8）输入文字"关于开展武汉市旅游市场……"。

（9）最新资讯组的效果如图 3-32 所示。

图 3-32　最新资讯组效果图

4."名胜景点"模块的制作

（1）新建图层，并将它命名为"圆角矩形框"。单击工具箱矩形选框工具中的椭圆选框工具 ，选择属性栏中的 ，半径为 10px，设置前景色的 RGB 为"202、202、202"，绘制圆角路径，按 Ctrl+Enter 组合键，将路径载入选区，单击菜单"编辑"→"描边"命令；选中该图层，选择图层菜单的图标 ，设置图层样式，其中，混合模式的颜色 RGB 为"127、127、127"，如图 3-33 所示。

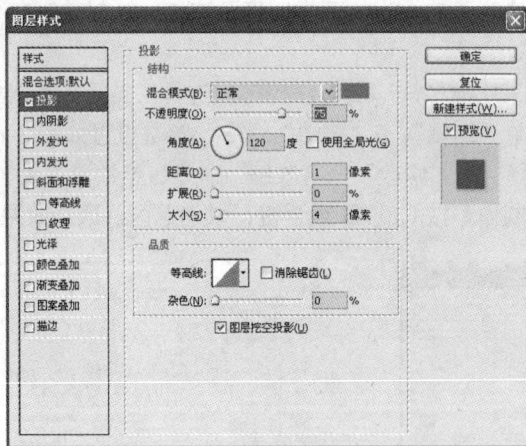

图 3-33　图层样式参数

（2）新建图层，并将它命名为"01 图标"，设置前景色的 RGB 为"131、204、71"，选择矩形工具，单击填充像素，绘制矩形；设置前景色的 RGB 为"242、242、242"，选择矩形工具，单击填充像素，绘制其他矩形。

（3）单击文字工具，分别输入文字图层"01"、"02"、"03"，字体的参数如图 3-34 所示。

图 3-34　字体参数图

（4）单击文字工具，输入文字"名胜景点"，字体为"宋体"、大小为 11.43 点，颜色 RGB 的值为"92、183、17"。

（5）打开素材"黄鹤楼"，将图片移到对应的位置，然后按 Ctrl+T 组合键，调整图片的大小，单击菜单"编辑"→"描边"命令，设置描边半径为 1px，颜色 RGB 为"163、167、168"命令。

（6）新建图层"详情图标"，设置前景色 RGB 为"186、212、89"，选择矩形工具，单击填充像素，圆角半径为 2px，绘制图形。

（7）分别输入文字"黄鹤楼"、"黄鹤楼位于武汉蛇山的……"。

（8）名胜景点组的效果如图 3-35 所示。

图 3-35 名胜景点组效果图

5."友情链接"模块的制作

（1）新建图层"标题框"，设置前景色 RGB 为"233、233、233"，选择矩形工具，单击填充像素，绘制标题框图形。

（2）新建图层"矩形线"，选择矩形选择工具，单击直线工具，像素大小为 3px，模式为"正常"，不透明度为"100%"，绘制直线。

（3）单击工具箱中的文字工具，输入文字"友情链接"，字体为宋体，大小为 14 点，颜色的 RGB 为"165、219、108"。

（4）输入文字"宜昌旅游 黄石旅游……"。

（5）其效果图如图 3-36 所示。

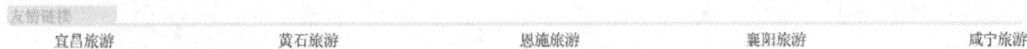

| 友情链接 | | | | |
| 宜昌旅游 | 黄石旅游 | 恩施旅游 | 襄阳旅游 | 咸宁旅游 |

图 3-36 友情链接效果图

6. 信息区其他图案的制作

（1）曲线的制作

设置前景色 RGB 为"141、188、110"，选择钢笔工具，单击绘制路径，绘制锚点并调整曲线，如图 3-37 所示。

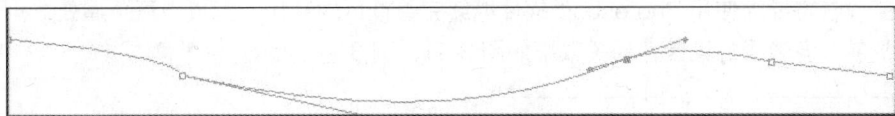

图 3-37 路径

选择路径面板，单击面板中的"用画笔描边路径" C，然后删除工作路径，继续绘制其他路径，如图 3-38 所示。

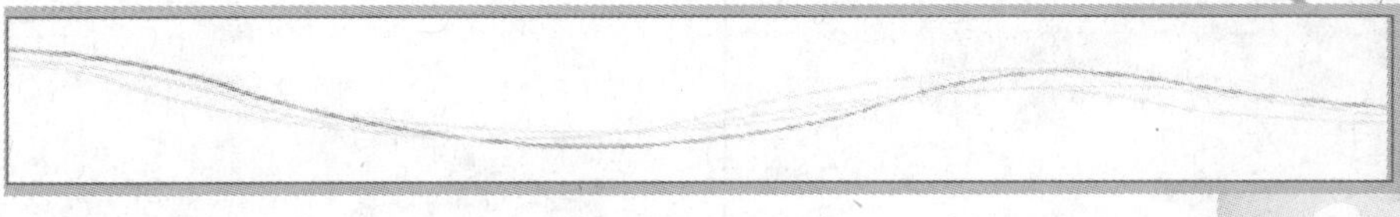

图 3-38 曲线效果图

（2）环的制作

新建图层"环"，设置前景色为"130、209、64"，选择画笔工具的类型，单击画笔类型框中的图标 ▶️，载入混合画笔，选择画笔类型为同心圆，如图 3-39 所示。

设置不透明度为 50%，流量为 50%，在图层上绘制环，调整画笔的大小，继续绘制其他环。

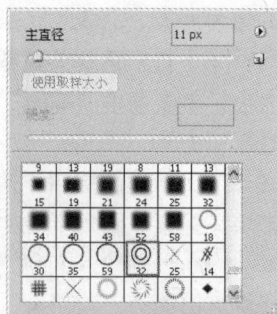

五、绘制页脚区

（1）新建图层"深绿色矩形框"，设置前景色 RGB 为"50、68、27"，选择矩形选框工具，绘制矩形选区；单击油漆桶工具，将鼠标移到选区后单击鼠标左键。

图 3-39　画笔类型的选择

（2）单击文字工具，在对应的位置输入文字"copyright@ 2011 BY whvcs……"。

（3）页脚区的效果如图 3-40 所示。

图 3-40　页脚区效果图

六、调整各图层

单击菜单"图层"→"排列"命令，可调整各个图层的层次关系。

七、保存文件

单击"文件"→"保存"命令保存文件。

工作任务二　图像合成

【任务概述】

特殊的图像效果，除了基本的处理外，还需要对多个图像进行合成处理或者增加滤镜效果。本工作任务要求使用 Photoshop 软件继续完善首页的制作，完成内页页眉处 banner 广告条及导航条背景图的设计，相关效果如图 3-41、图 3-42 所示。

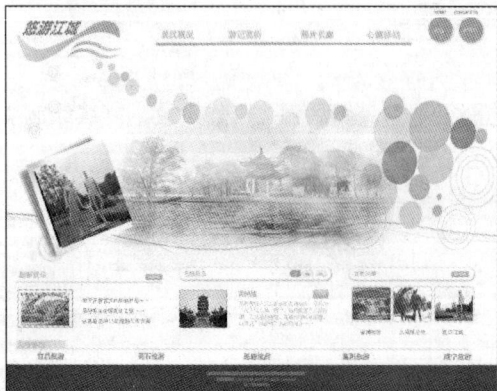

图 3-41　首页效果图

图 3-42　内页页眉效果图

【核心知识】

一、蒙版的使用

蒙版用于保护图像中被屏蔽的区域，让该区域的图像不受任何编辑操作的影响，而且蒙版可以反复操作。一般而言，蒙版分为快速蒙版、图层蒙版、矢量蒙版以及剪切蒙版。

1. 快速蒙版

快速蒙版是创建选区的方法之一，可直接在图像窗口中完成蒙版编辑工作。单击可以进入快速蒙版编辑模式，再次单击或按 Q 键，可切换至标准模式编辑。双击工具箱中的按钮 ，可弹出"快速蒙版选项"对话框，如图 3-43 所示。

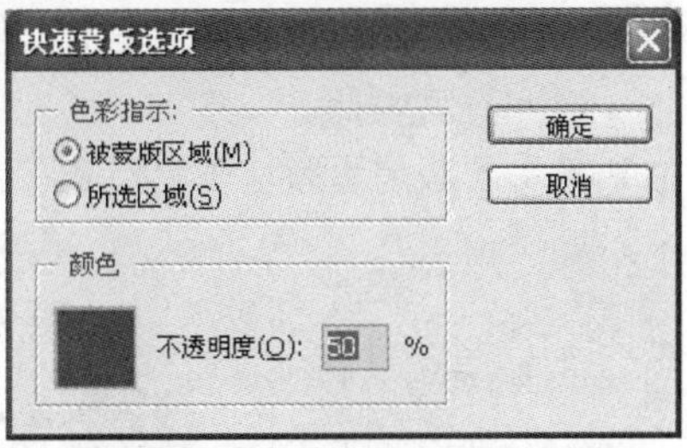

① 被蒙版区域：若选中该"被蒙版区域"复选框，表示将在非选区显示颜色。

图 3-43 "快速蒙版选项"对话框

② 所选区域：若选中"所选区域"复选框，表示将在选区内显示颜色。

③ 颜色：用于设置蒙版的颜色。

④ 不透明度：用于设置蒙版的不透明程度。

2. 图层蒙版

图层蒙版相当于在图层上放一种隔离物质，当蒙版填充为"黑色"时，蒙版的效果为完全遮挡；当蒙版填充为"白色"时，蒙版的效果为完全不遮挡；当蒙版为"灰色"时，则按照填充的灰色级别，遮挡的效果不同，通过图层面板中的图标 为图层添加蒙版，来完成该图层的显示效果。可通过如下案例，了解蒙版的相关概念及使用方法。

（1）使用 Photoshop 打开素材"蒙版素材"，选中背景图层，将该图层拖动到新建图层中，复制背景图层。单击背景图层，选择图层面板中的"添加图层蒙版"，如图 3-44 所示。

（2）选择背景图层，单击"新建图层"按钮，新建图层"图层 1"；选中"图层 1"，设置前景色 RGB 为"0、0、0"，单击油漆桶工具，在工作区中单击，可见，"图层 1"填充黑色。选择图层"背景副本"的蒙版缩览图，单击工具箱中矩形选框工具，分别绘制 3 个矩形选区，分别填充黑、白、50%灰。可以发现，蒙版中黑色填充的地方，图像被彻底挡住了；用 50%灰色填充的地方，可以隐约地显示图像；白色填充的地方，则没有任何影响，如图 3-45 所示。

图 3-44 添加图层蒙版

图 3-45 使用蒙版效果图

（3）选择图层"背景副本"的蒙版缩览图，设置前景色的 RGB 为"255、255、255"，在填充为黑色和 50%黑色的区域涂抹；设置前景色的 RGB 为"0、0、0"，在填充为白色的区域涂抹，其效果如图 3-46 所示。

（4）选择图层"背景图层"的蒙版缩览图，并将它拖动到图层面板的垃圾箱中，删除蒙版，发现原图像没有任何影响，如图 3-47 所示。

3．矢量蒙版

矢量蒙版，与图层蒙版类似，但在该蒙版上只能进行路径操作。

4．剪切蒙版

剪切蒙版是用形状来遮挡其图像的对象，使用剪切蒙版后，只能看到蒙版形状内的区域。

图 3-46　涂抹后的效果图　　　　　　　　图 3-47　删除蒙版后的效果图

二、滤镜的应用

滤镜主要应用于实现图像的各种特殊效果，使用时只需要在滤镜菜单中执行这些相应的命令即可。滤镜采用数学方法计算，通过分析整幅图像或选择区域中的每个像素的色度值和位置，并用计算结果代替原来的像素，从而使图像产生随机化或预先确定的效果。因此，滤镜在计算过程中将占用相当大的内存资源，在处理一些较大的图像文件时，速度比较慢。

"滤镜"菜单中各选项的基本含义如下。

① 抽出：使用该命令，将根据图像的色彩区域有效地将图像从背景中抽取出来。

② 液化：使用该命令，可以使图像产生各种各样的扭曲变形效果。

③ 图案生成器：使用该命令，可以快速地将选取的图像生成平铺图案效果。

④ 像素化：可以使图像产生分块，呈现出一种由单元格组成的效果。

⑤ 扭曲：可以使图像产生多种样式的扭曲变形效果。

⑥ 杂色：可以使图像按照一定的方式添加杂点，制作着色像素图像的纹理。

⑦ 模糊：可以使图像产生各种模糊效果。

⑧ 渲染：可以在图像中创建 3D 形状、云彩图案、折射图案和模拟光反射，并从灰度文件中创建纹理填充，以产生类似 3D 光照效果。

⑨ 画笔描边：在图像中增加颗粒、杂色或纹理，从而使图像产生多样的艺术画笔绘画效果。

⑩ 素描：将纹理添加至图像中，常用于制作 3D 效果，这些滤镜还适用于美术或手绘外观。

⑪ 纹理：可以使图像产生各种各样的特殊纹理及材质效果。

⑫ 艺术效果：可在美术或商业项目中绘制特殊效果，大部分艺术效果滤镜都可以模拟

传统绘画的效果。

⑬ 视频：该命令是外部接口命令，用来从摄像机输入图像或将图像输出。

⑭ 锐化：将图像中相邻像素点之间的对比值增加，使图像更加清晰。

⑮ 风格化：可以使图像产生各种印象派及其他风格的画面效果。

⑯ 其他：允许用户创建自己的滤镜，使用滤镜修改蒙版，使选区在图像中发生位移，以及进行快速调整颜色。它包括位移、最大值、最小值、高反差保留和自定义 5 项内容。

⑰ Digimarc：该命令是将数字水印嵌入图像以存储版权信息，对作品进行保护。

【操作过程】

一、对首页做处理

1. "东湖"的绘制

（1）打开素材"东湖"，选择工具箱中的裁剪工具 ，将鼠标在图形上拖曳，然后按 Enter 键截取部分图形。

（2）将裁剪后的素材图拖入编辑文件中，选中图层命名为"东湖"，单击工具箱中的图标 ，将图形移动到对应的位置，按 Ctrl+T 组合键，调整图形的大小。

（3）选择调整后的"东湖"图层，单击图层菜单的 ，为该图层添加蒙版，单击东湖图层，设置前景色为"ffffff"，选择工具箱中的画笔工具 ，调整画笔半径为 35，不透明度为 50%，将画笔工具在图片上涂抹。画笔参数设置如图 3-48 所示。

图 3-48　画笔参数

（4）选中"图层蒙版缩览图"，按键盘上的 D 键，修改画笔的参数，在图片的四周涂抹；反复修改画笔工具的各项参数，重复操作。

（5）东湖图层的效果如图 3-49 所示。

2. "三口之家"的绘制

（1）创建新图层"相框 1"、"相框 2"、"相框 3"。

（2）在图层"相框 1"中，设置前景色 RGB 为

图 3-49　东湖效果图

"151、151、151"，选择工具箱中的矩形工具，单击填充像素按钮，绘制矩形，使用魔棒工具，将新建的矩形选中，单击菜单"选择"→"调整"命令，设置羽化值为 4px，单击"确定"按钮，按 Ctrl+D 组合键，取消选区；选中图层，按 Ctrl+T 组合键，调整图像的大小和位置，按 Enter 键确定变换，如图 3-50 所示。

（3）在图层"相框 2"中，设置前景色 RGB 为"255、255、255"，选择工具箱中的矩形工具，单击填充像素，绘制矩形，按 Ctrl+T 组合键，调整图像的大小和位置，按 Enter 键确定变换，效果如图 3-51 所示。

（4）在图层"相框 3"中，设置前景色 RGB 为"0、0、0"，选择工具箱中的矩形工具，单击填充像素，绘制矩形，按 Ctrl+T 组合键，调整图像的大小和位置，按 Enter 键确定变换效果如图 3-52 所示。

图 3-50 相框 1 效果图　　　　图 3-51 相框 2 效果图　　　　图 3-52 相框 3 效果图

（5）打开素材"三口之家"，对素材进行裁剪。

（6）将裁剪后的图片拖移到编辑文档中的对应位置，并调整大小。

（7）选中"三口之家"图层，单击菜单"图层→创建剪贴蒙版"命令，并调整图像所显示的内容。

（8）选中图层"相框 1"、"相框 2"、"相框 3"、"三口之家"，单击菜单"图层→合并图层"命令。

（9）图层"三口之家"的效果如图 3-53 所示。

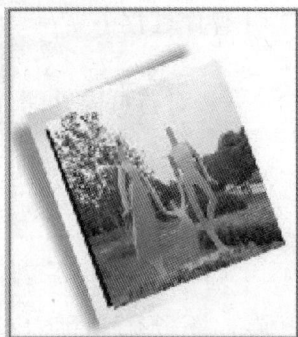

图 3-53　三口之家效果图

3．"文化风情"模块的制作

（1）新建图层，并将它命名为"圆角矩形框"。单击工具箱矩形选框工具中的椭圆选框工具 ，选择属性栏中的 ，半径为 10px，设置前景色的 RGB 为"202、202、202"，绘制圆角路径，按 Ctrl+Enter 组合键，将路径载入选区，单击菜单"编辑"→"描边"命令；选中该图层，选择图层菜单的图标 fx，设置图层样式，投影参数如下。其中，混合模式的颜色 RGB 为"127、127、127"，如图 3-54 所示。

（2）新建图层"景点边框"，选择矩形工具中的圆角矩形，单击图标 ，半径为 8px，设置前景色的 RGB 为"229、229、229"，绘制 3 个圆角路径，按 Ctrl+Enter 组合键，将路径载入选区；选择图层菜单的图标 fx，设置图层样式，如图 3-55 所示。

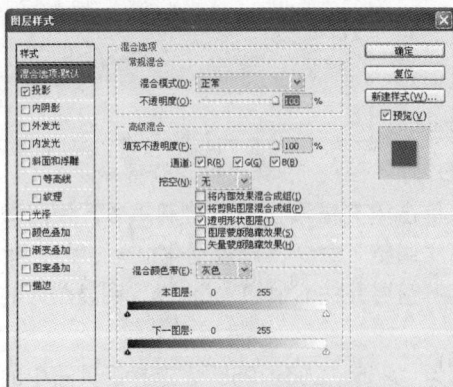

图 3-54　图层样式参数　　　　　　　　　图 3-55　图层样式参数

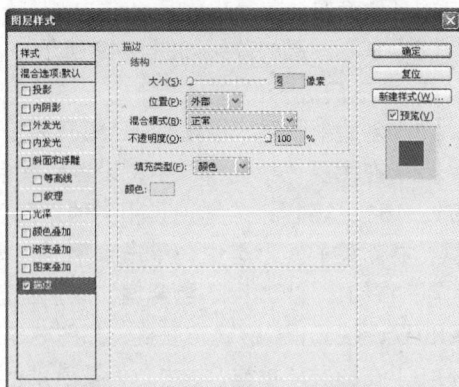

（3）打开素材"省博物馆"，将图片拖移到编辑文档的相应位置并调整大小；打开素材"九尾狐说亲"，将图片拖移到编辑文档的相应位置并调整大小；打开素材"汉口江滩"，将图片拖移到编辑文档的相应位置并调整大小；选中 3 个图层，单击"菜单图层"→"合并图层"命令，其调整后的效果如图 3-56 所示，并将它更名为"文化风情"。

（4）选中图层"文化风情"，单击菜单"图层"→"创建剪贴蒙版"命令。

（5）单击文字工具，输入文字"文化风情"，设置参数为：新宋体、14 点、RGB 为"92、183、17"。

（6）输入文字"MORE"，设置参数为：华文仿宋、8 点、白色。

（7）分别输入文字"省博物馆"、"九尾狐说亲"、"汉口江滩"、设置文字大小为 10.48 点，颜色 RGB 为"157、157、157"。

（8）文化风情组的效果如图 3-57 所示。

图 3-56 组合图像后的效果图 　　　　　　　　　　　图 3-57 文化风情组效果图

4．保存文件

首页的制作已完成，保存文件。单击菜单"图层"→"拼合图像"命令，将文件另存为"悠游江城.psd"。

二、制作内页的 banner

1．新建文件

（1）新建文件，命名图层为背景，文件大小为 975px×225px，背景为透明。

（2）选择工具箱中的油漆桶 ，设置前景色 RGB 为"255、255、255"，为背景图层填充白色。

（3）单击菜单"视图"→"新建参考线"命令，从水平标尺向下至 180 高处拖出参考线。

2．月湖的制作

（1）打开素材"月湖"，单击工具箱的裁剪工具 ，把鼠标移动到图片中，拖曳船以上的部分，然后按 Enter 键裁剪图形。

（2）将裁剪后的月湖图片，拖曳到新建文件中，单击菜单"编辑"→"变换"→"水平翻转"命令；再次单击"编辑"→"变换"→"缩放"命令，调整图像的大小，然后按 Enter 键，将图层命名为"月湖"。

（3）选中月湖图层，单击图层菜单的图标 ，为该图层添加图层蒙版，选中图层缩览图。

（4）选中工具箱中的画笔工具，调整画笔半径为 30，硬度为 0。

（5）按键盘上的 D 键，使用画笔工具，单击船的周围，将船周围的图像去掉。

3．长江大桥的制作

（1）打开素材"长江大桥"，单击工具箱的裁剪工具 ，把鼠标移动到图片中，拖曳鼠标，然后按 Enter 键裁剪图形。

（2）将裁剪后的长江大桥图片拖曳到新建文件中，单击菜单"编辑"→"变换"→"缩放"命令，再次单击"编辑"→"变换"→"变形"命令，将中间的两条线微微向上拉，形成拱形效果，然后按 Enter 键，将图层命名为"长江大桥"。

（3）选中长江大桥图层，单击图层菜单中的图标 ，为该图层添加图层蒙版，选中图层缩览图。

（4）选中工具箱中的画笔工具，调整画笔半径为 30，硬度为 0。

（5）按键盘上的 D 键，使用画笔工具，单击图像的周围，将周围的图像去掉。

4．黄鹤楼的制作

（1）打开素材"黄鹤楼2"，单击工具箱套索工具的磁性套索工具，创建选区，选择移动工具，将图像移动到新建文件中，更改图层的名字为"黄鹤楼"。

（2）选择图层"黄鹤楼"，单击菜单"编辑"→"变换"→"缩放"命令以及单击"编辑"→"变换"→"变形"命令，调整图像的大小和位置。

（3）选中黄鹤楼图层，单击图层菜单的图标 ，为该图层添加图层蒙版，选中图层缩览图。

（4）选中工具箱中的画笔工具，调整画笔半径为 30，硬度为 0。

（5）按键盘中的 D 键，使用画笔工具，单击图像的周围，将周围的图像去掉。

5．三国鼎的制作

（1）打开素材"三国鼎"，单击工具箱套索工具的磁性套索工具，创建选区，选择移动工具，将图像移动到新建文件中，更改图层的名字为"三国鼎"。

（2）选择图层"三国鼎"，单击菜单"编辑"→"变换"→"缩放"命令以及单击"编辑"→"变换"→"变形"命令，调整中间的两条线微微向上拉，形成拱形效果，把龙头变形缩小，并调整图像的位置。

（3）选中三国鼎图层，单击图层菜单的图标 ，为该图层添加图层蒙版，选中图层缩览图。

（4）选中工具箱中的画笔工具，调整画笔半径为 30，硬度为 0。

（5）按键盘上的 D 键，使用画笔工具，单击图像的周围，将周围的图像去掉。

6．合并图层

选取图层"月湖"、"长江大桥"、"黄鹤楼"、"三国鼎"，单击菜单"图层→合并图层"命令，并将新图层命名为"位图"，调整图像大小为 975px×180px。

7．滤镜效果的制作

用矩形框选择图层"位图"，四周留一定的边距，单击菜单"选择"→"反向"命令，打开菜单"滤镜"→"画笔描边"→"喷色描边"命令，如图 3-58 所示。

8．设置背景色

单击工具箱中的矩形选框工具，选择图形下方的白色矩形区域，设置前景色 RGB 为"219、177、44"，背景色 RGB 为"204、153、0"，选择工具箱中的渐变工具 ，单击其属性栏中的 ，其参数设置如图 3-59 所示，然后在选区内将鼠标由上往下拖动，填充渐变色。

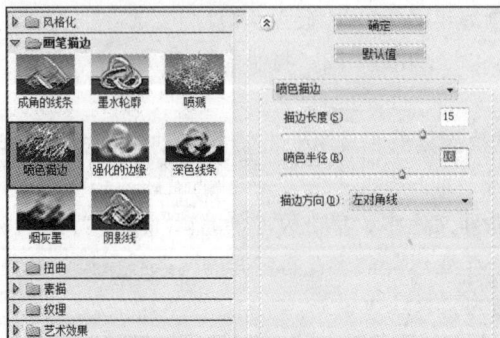

图 3-58　"喷色描边"对话框　　　　　图 3-59　"渐变编辑器"对话框

9. 调整大小

打开 Logo 图像，将图形拖动到新建文件中，并调整其大小和位置。

10. 完成操作

合并所有图层，并将它命名为导航条，其最后效果如图 3-60 所示。

图 3-60 内页页眉效果图

工作任务三 图像切片

【任务概述】

本工作任务要求在 Photoshop 中使用切片工具，将设计制作好的首页设计图和内页页眉图分割成不同大小的切片，并导出网页。

【核心知识】

一、切片的相关概念

切片使用 HTML 表或 CSS 图层将图像划分为若干较小的图像，使图像在网络传输中的速度更快，减少浏览者的等待时间，这些图像可在 Web 页上重新组合。通过图像的划分，可以指定不同的 URL 链接以创建页面导航，或使用其自身的优化设置对图像的每个部分进行优化。切片除了加快传输速度外，还可以制作动态效果、优化图像以及创建链接。

1. 切片工具

切片工具，即按钮 。切片工具分为切片工具和切片选择工具，通过按住 Ctrl 键可在两个工具之间切换。其中，切片工具的属性栏如图 3-61 所示。

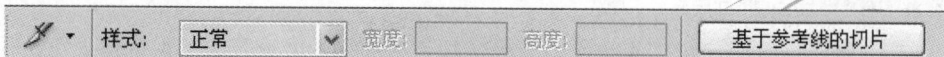

图 3-61 切片工具属性栏

切片工具属性栏主要参数如下。

① 样式：用于选择切片的样式，如固定长宽比、固定大小。

② 基于参考线的切片：若排好参考线，单击该按钮，则直接按照参考线进行切片处理。

2. 切片类型

切片按照其内容类型（表格、图像、无图像）以及创建方式（用户、基于图层、自动）进行分类。

① 用户切片：使用切片工具创建的切片。

② 基于图层的切片：通过图层创建的切片。

③ 自动切片：当创建新的用户切片或基于图层的切片时，将会生成附加自动切片来占据图像的其余区域，它填充图像中用户切片或基于图层的切片。每次添加或编辑用户切片或基于图层的切片时，都会重新生成自动切片。

④ 子切片是创建重叠切片时生成的一种自动切片类型，指示存储优化文件时如何划分图像。子切片有编号并显示切片标记，但无法独立于底层切片选择或编辑子切片。

3．切片的创建方法

可以使用不同的方法创建切片，自动切片是自动生成的；用户切片是用切片工具创建的；基于图层的切片是用图层面板创建的。

（1）使用切片工具创建切片

① 选择切片工具 ，任何现有切片都将自动出现在文档窗口中。

② 设置选项栏中的样式设置。

③ 在要创建切片的区域上拖动，按住 Shift 键并拖动鼠标可将切片限制为正方形。按住 Alt 键（Windows）或 Option 键（Mac OS）拖动可从中心绘制，单击菜单中的"视图"→"对齐"命令，可使新切片与参考线或图像中的另一切片对齐。

（2）基于参考线创建切片

① 向图像中添加参考线。

② 选择切片工具，然后在选项栏中单击"基于参考线的切片"。

③ 通过参考线创建切片时，将删除所有现有切片。

（3）基于图层创建切片

基于图层的切片将包括图层中的所有像素数据，如果移动图层或编辑图层内容，切片区域将自动调整以包含新像素，如果源图层发生修改时，切片会进行更新。

① 在"图层"面板中选择图层。

② 选择"图层"→"新建基于图层的切片"命令。

（4）将自动切片和基于图层的切片转换为用户切片

① 使用切片选择工具，选择一个或多个要转换的切片。

② 单击选项栏中的"提升"按钮。

4．切片的相关属性

① 切片线条：定义切片的边界，其中，实线指明切片是用户切片或基于图层的切片；而虚线指明切片是自动切片。

② 切片颜色：将用户切片和基于图层的切片与自动切片区分开来。默认情况下，用户切片和基于图层的切片带蓝色标记，而自动切片带灰色标记。

③ 切片编号：切片从图像的左上角开始，从左到右、从上而下进行编号 01 。如果更改切片的排列或切片总数，切片编号将更新以反映新的顺序。

④ 切片标记：图标 表示用户切片具有"图像"内容；图标 表示用户切片具有"无图像"内容；图标 表示切片基于图层。

5．切片的原则

① 颜色范围：如果一个区域中颜色范围不大，只有几种颜色，那么应该单独切出，如果只有一种颜色，切片后选择 HTML 类型，在 Dreamweaver 中改背景颜色来达到目的；如果颜色数量比较多，渐变过渡多一些，应该把切片数量切的多一些，尽量把单个切片控制在

一个颜色范围的轮廓内。

② 切片大小：切出来的切片需要在 Dreamweaver 中编辑，因此，切片大小要根据需要来切。

③ 切片区域：保证完整的一部分在一个切片内。

④ 导出类型：颜色单一过渡少的，应该导出为 GIF；颜色过渡比较多，颜色丰富的应该导出为 JPG；有动画的部分应该导出为 GIF 动画。

⑤ 源文件：即使页面做好了，也要保留带切片层的源文件，留着以后使用。

二、切片的相关操作

1．选择切片

① 选择切片选择工具 并在图像中单击相应的切片，处理重叠切片时，单击底层切片的可见部分选择底层切片。

② 选择切片选择工具，然后按住 Shift 键，单击鼠标左键，以便将切片添加到选区。

③ 在"存储为 Web 和设备所用格式"对话框中选择切片选择工具，在自动切片内或图像区域外单击鼠标左键，然后在要选择的切片上拖移。

④ 选取菜单"文件"→"存储为 Web 和设备所用格式"命令，在对话框中，使用切片工具选择一个切片，但不能在"存储为 Web 和设备所用格式"对话框中执行此类操作。

2．移动或者调整用户切片

在 Photoshop 中移动用户切片和调整其大小，可以通过切片选项来进行调整，选择一个或多个用户切片，执行下列操作。

① 移动切片，则移动切片选框内的指针，将该切片拖动到新的位置，按住 Shift 键可将移动限制在垂直、水平或 45° 对角线方向上。

② 调整切片大小，则抓取切片的边手柄或角手柄并拖动；如果选择相邻切片并调整其大小，则这些切片共享的公共边缘将一起调整大小。

3．将切片与参考线、用户切片或其他对象对齐

单击菜单"视图"→"对齐子菜单中选择所需的选项"命令。

4．划分用户切片和自动切片

使用"划分切片"对话框以便沿水平方向、垂直方向或同时沿这两个方向划分切片，原切片是用户切片或者自动切片，划分后的切片都是用户切片，但不能划分基于图层的切片，其操作步骤如下。

① 选择一个或多个切片。

② 在切片选择工具处于选定状态的情况下，在选项栏中单击"划分"。

③ 选择"划分切片"对话框中的"预览"以预览更改。

④ 在"划分切片"对话框中，选择水平划分或垂直划分，也可全部选中。

⑤ 定义选定切片的相关参数。

5．复制切片

创建与原切片的尺寸和优化设置相同的复制切片，如果原切片是链接的用户切片，则复制切片链接到同一组链接切片。不管原切片是用户切片、基于图层的切片还是自动切片，复制切片总是用户切片，其操作步骤如下。

① 选择一个或多个切片。

② 按住 Alt 键并从选区内拖动，即可复制切片。

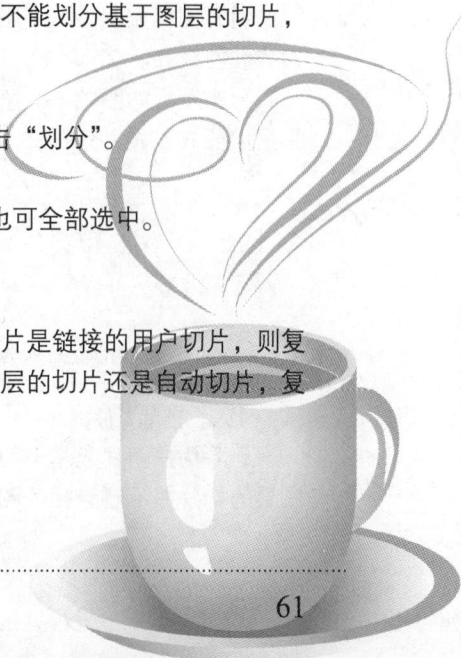

6. 拷贝和粘贴切片

可以将图像中选定的切片拷贝并粘贴到另一个图像或其他应用程序（如 Dreamweaver）中，拷贝切片时将会拷贝该切片边界内的所有图层，其操作步骤如下。

① 使用切片选择工具选择一个或多个切片。

② 选择"编辑"→"拷贝"命令，如果文档中包含一个现用选区（选框像素选区或选定路径），则无法拷贝切片。

③ 打开需要粘贴的目标窗口，选择"编辑"→"粘贴"命令。

7. 组合切片

将两个或多个切片组合为一个单独的切片，组合切片将采用选定的切片系列中的第一个切片的优化设置。Photoshop 通过连接组合切片的外边缘创建的矩形来确定所生成切片的尺寸和位置。如果组合切片不相邻，比例或对齐方式不同，则新组合的切片可能会与其他切片重叠，不能组合基于图层的切片，其操作步骤如下。

① 选择两个或更多的切片。

② 单击右键或按住 Ctrl 键并单击鼠标左键，然后选择"组合切片"。

8. 更改切片的堆栈顺序

切片重叠时，最后创建的切片是堆叠顺序中的顶层切片，因此，必须更改堆叠顺序才能够访问底层切片。可以指定堆栈的顶层和底层切片，并在堆叠顺序中上下移动切片，操作方法如下。

① 选择一个或多个切片。

② 选取切片选择工具，然后单击选项栏中的"堆叠顺序"选项，其中，图标 ◈ 为置为顶层，图标 ◈ 为前移一层，图标 ◈ 为后移一层，图标 ◈ 为置为底层。

9. 对齐和分布用户切片

可以沿着用户切片的边缘或中心将切片对齐，并沿垂直轴或水平轴均匀分布用户切片。通过对齐和分布用户切片，可以消除不需要的自动切片并生成更小的、更有效的 HTML 文件，其操作步骤如下。

① 选择要对齐的用户切片。

② 选取切片选择工具，然后在选项栏中选择一个选项。

对齐图标如图 3-62 所示，依次为顶对齐、垂直居中对齐、底对齐、左对齐、水平居中对齐和右对齐。

分布图标如图 3-63 所示，依次为按顶分布、垂直居中分布、按底分布、按左分布、水平居中分布和按右分布。

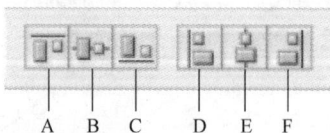

图 3-62　对齐选项　　　　　　　　　　　图 3-63　分布选项

10. 删除切片

删除用户切片或基于图层的切片后，将会重新生成自动切片以填充文档区域。删除基于图层的切片并不删除相关图层，但是，删除与基于图层的切片相关的图层会删除该基于图层的切片。如果删除一个图像中的所有用户切片和基于图层的切片，将会保留一个包含整个图像的自动切片，因此，无法删除自动切片，其操作步骤如下。

① 选择一个或多个切片。

② 选取切片工具或切片选择工具，并按 Backspace 键或 Delete 键；如果要删除所有用户切片和基于图层的切片，则单击菜单"视图"→"清除切片"命令。

11．锁定所有切片

锁定切片可以防止不小心调整切片大小、移动切片或对切片进行其他更改，单击菜单"视图"→"锁定切片"命令。

三、切片选项

1．显示切片选项对话框

使用切片选择工具双击切片，如果切片选择工具是现用的，则单击选项栏中的"切片选项"按钮▤。

2．重命名切片

在向图像中添加切片时，根据内容来重命名切片比较方便。默认情况下，用户切片是根据"输出选项"对话框中的设置来命名的；基于图层的切片名称，从派生出切片的图层名称获取；使用切片选择工具选择一个切片并双击该切片以显示"切片选项"对话框，在"名称"文本框中输入一个新名称；"无图像"切片内容，"名称"文本框不可用。

3．为切片选取背景色

可选择一种背景色来填充透明区域（适用于"图像"切片）或整个区域（适用于"无图像"切片）。

① 选择一个切片，如果正在 Photoshop 的"存储为 Web 和设备所用格式"对话框中工作，则用切片选择工具双击该切片以显示"切片选项"对话框。

② 在"切片选项"对话框中，从"背景色"弹出的菜单中选取一种背景色，选择"无"、"杂边"、"白色"、"黑色"或"其他"（使用 Adobe 拾色器）。

4．为图像切片指定 URL 链接信息

为切片指定 URL 可使整个切片区域成为所生成 Web 页中的链接。当用户单击链接时，Web 浏览器会导航到指定的 URL 和目标框架，该选项只可用于"图像"切片。

① 选择一个切片，如果使用的是 Photoshop，可用切片选择工具双击该切片，以显示"切片选项"对话框。

② 在"切片选项"对话框的"URL"文本框中输入 URL。可以输入相对 URL 或绝对（完整）URL。如果输入绝对 URL，请一定要包括正确的协议。

四、图像的优化

通过菜单"文件"→"存储为 Web 和设备所用格式"命令，来选择优化选项以及预览优化的图稿。使用"存储为 Web 和设备所用格式"对话框中的优化功能，能够预览具有不同文件格式和不同文件属性的优化图像。当预览图像以选择最适合自己需要的设置组合时，可以同时查看图像的多个版本并修改优化设置；也可以指定透明度和杂边，选择用于控制仿色的选项，以及将图像大小调整到指定的像素尺寸或原始大小的指定百分比。使用上述命令存储优化的文件时，可以选择为图像生成 HTML 文件，此文件包含在 Web 浏览器中显示图像所需的所有信息。

1．在对话框中预览图像

单击图像区域顶部的选项卡可以选择显示效果，其参数说明如下。

① 原稿：显示没有优化的图像。

② 优化：显示应用了当前优化设置的图像。

③ 双联：并排显示图像的两个版本。

④ 四联：并排显示图像的 4 个版本。

2．在对话框中浏览

如果在"存储为 Web 和设备所用格式"对话框中无法看到整个图稿，可以使用抓手工具来查看其他区域，可通过缩放工具来放大或缩小视图。

① 选择抓手工具（或按住空格键），然后在视图区域内拖移以平移图像。

② 选择缩放工具 🔍 并在视图内单击鼠标左键可进行图像放大；按住 Alt 键在视图内单击可进行图像缩小，也可以输入放大率百分比，或在对话框底部选取一个放大率百分比。

3．查看优化的图像信息和下载时间

"存储为 Web 和设备所用格式"对话框中，图像下面的注释区域提供了优化信息。原稿图像的注释显示文件名和文件大小，优化图像的注释显示当前优化选项、优化文件的大小以及使用选中的调制解调器速度时的估计下载时间。可以在"预览"弹出菜单中选取一个调制解调器速度。

4．Web 图形的优化选项

（1）Web 图形格式：位图或矢量，位图格式（GIF、JPEG、PNG 和 WBMP）与分辨率有关，图像的尺寸随显示器分辨率的不同而发生变化，图像品质也可能会发生变化。

（2）JPEG 优化选项：用于压缩连续色调图像（如照片）的标准格式。将图像优化为 JPEG格式的过程依赖于有损压缩。JPEG 的优化选项主要有以下几种。

① 品质：确定压缩程度，"品质"设置越高，压缩算法保留的细节越多，但是，使用高"品质"设置比使用低"品质"设置生成的文件大。

② 优化：创建文件稍小的增强 JPEG 格式，要最大限度地压缩文件，建议使用优化的JPEG 格式，但是，某些旧版浏览器不支持此功能。

③ 连续：在 Web 浏览器中以渐进方式显示图像。图像将显示为一系列叠加图形，从而使浏览者能够在图像完全下载前查看它的低分辨率版本。"连续"选项要求使用优化的JPEG 格式。

④ 模糊：指定应用于图像的模糊量，"模糊"选项与"高斯模糊"滤镜有相同的效果，并允许进一步压缩文件以获得更小的文件大小，建议使用 0.1～0.5 的设置。

⑤ 嵌入颜色配置文件（Photoshop）或 ICC 配置文件（Illustrator）：在优化文件中保存颜色配置文件。某些浏览器使用颜色配置文件进行颜色校正。

⑥ 杂边：为在原始图像中透明的像素指定一个填充颜色。

（3）GIF 和 PNG-8 优化选项：GIF 是用于压缩具有单调颜色和清晰细节的图像（如艺术线条、徽标或带文字的插图）的标准格式。与 GIF 格式一样，PNG-8 格式可有效地压缩纯色区域，同时保留清晰的细节。PNG-8 和 GIF 文件支持 8 位颜色，因此，它们可以显示多达 256种颜色。GIF 和 PNG-8 格式图像有时称为索引颜色图像，为了将图像转换为索引颜色，需要构建颜色查找表来保存图像中的颜色，并为这些颜色建立索引。如果原始图像中的某种颜色未出现

在颜色查找表中，应用程序将在该表中选取最接近的颜色，或使用可用颜色的组合模拟该颜色。

（4）WBMP 优化选项：用于优化移动设备（如移动电话）图像的标准格式。WBMP 支持 1 位颜色，即 WBMP 图像只包含黑色和白色像素。通过仿色方法和"仿色"选项确定应用程序仿色的方法和数量，为了获得最佳压缩比，需要使用可提供所需细节的最低百分比的仿色。仿色方法主要有以下几种。

① 无仿色：不应用仿色，同时用纯黑和纯白像素渲染图像。

② 扩散：应用于"图案"仿色相比通常不太明显的随机图案，仿色效果在相邻像素间扩散。如果选择此算法，则指定"仿色"百分比以控制应用于图像的仿色量。

③ 图案：应用类似半调的方块图案来确定像素值。

④ 杂色：应用于"扩散"仿色相似的随机图案，但不在相邻像素间扩散图案。使用"杂色"算法时不会出现接缝。

五、切片的输出

输出设置主要是控制文件的格式、文件的命名和切片，在存储优化图像时对背景图像的处理。

【操作过程】

一、绘制参考线

打开"悠游江城.psd"文件，单击菜单"视图→新建参考线"命令，或者按 Ctrl+R 组合键，把鼠标移动到水平的标尺处，按住鼠标建立水平参考线，采用同样的操作，建立其他水平参考线；把鼠标移动到垂直的标尺处，按住鼠标建立垂直参考线，采用同样的操作，建立其他垂直参考线。对应页面的参考线如图 3-64 所示。

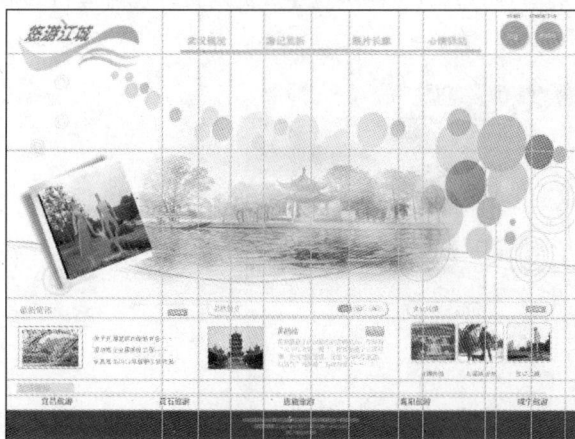

图 3-64　参考线

二、切割图片

选择裁剪工具下的"切片工具"，把鼠标放在图像左上角，拖曳鼠标，以切割网页模板左上方的图像，然后将鼠标放在页面的其他部分，继续拖曳，创建其他切片，如此反复操

作，可将图像切割为大小不一的切片，如图 3-65 所示。

图 3-65　切割图片

三、优化图像切片

切割图像后，选择"文件→存储为 Web 和设备所用格式"命令，打开"存储为 Web 和设备所用格式"对话框，选择切片并设置"预设"项目为"PNG-24"。

四、存储为 Web 所用格式

优化切片后，单击"存储"按钮，打开"将优化结果存储为"对话框后，设置文件名称为"index.html"、保存类型为"HTML 和图像"，最后单击"保存"按钮，如图 3-66 所示。

在"我的电脑"相应文件夹中，可看到输出的文件。切片图像放在了文件夹"images"中，单击 index.html 将直接打开浏览器浏览生成的网页，也可运行 Dreamweaver 对其进行编辑修改，如图 3-67 所示。

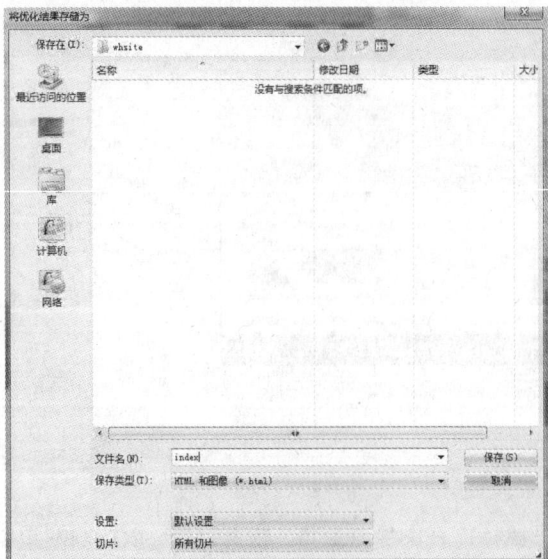

图 3-66　"将优化结果存储为"对话框

图 3-67　输出文件

工作任务四　建立 Dreamweaver 站点

【任务概述】

站点是网页文件存放的位置,在网页设计之前需要搭建好本地站点。本工作任务要求使用 Dreamweaver 搭建动态站点,完成站点的配置工作,如图 3-68 所示。

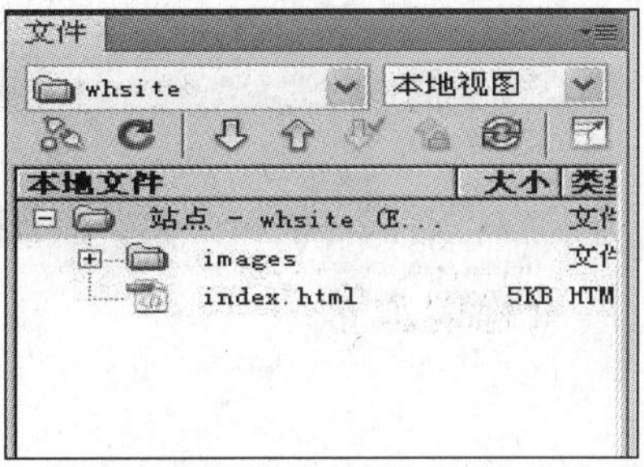

【核心知识】

使用 Dreamweaver 设计网页前,先要配置网站环境,包括定义站点、创建与管理站点资源、规划与管理站点地图、编辑和管理站点等。

图 3-68　"文件"面板

一、定义站点

站点是存储网页的信息,利用 Dreamweaver 定义站点,可根据文件所保存的位置分为本地站点和远程站点,并且制作动态网页要使用服务器应用程序,因此,静态站点或者动态站点的定义有所不同。

1．静态站点的定义

建立静态站点的具体步骤如下。

（1）新建站点

启动 Dreamweaver,单击菜单"站点→新建站点"命令,打开"定义站点"对话框,如图 3-69 所示。

（2）设置网站名称

选择"基本"选项卡,然后在站点名字文本框中输入"123",输入网站的网址,也可以将地址文本框空出,单击"下一步"按钮,如图 3-70 所示。

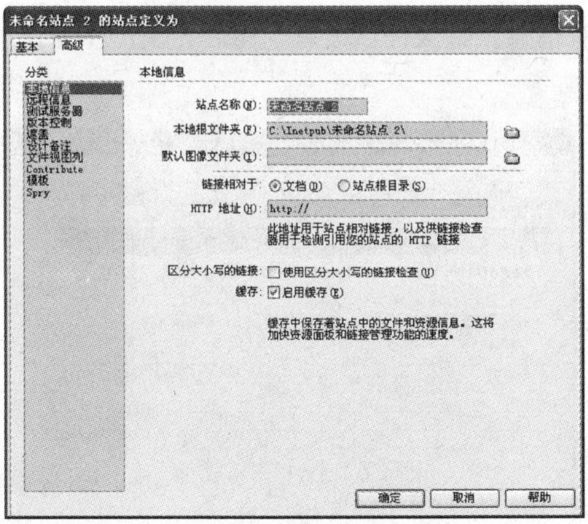

图 3-69　"站点定义"对话框

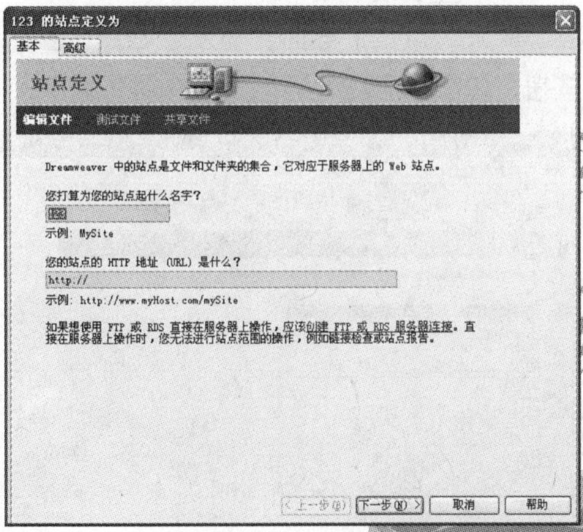

图 3-70　设置站点名称

（3）设置服务器技术

进入"编辑文件,第 2 部分"界面,该界面用于是否使用服务器技术,选择"否,我不想使用服务器技术"，单击"下一步"按钮，如图3-71所示。

（4）设置使用文件方式和存储位置

进入"编辑文件，第3部分"界面，该界面用于设置网站文件的编辑与测试方式，以及指定文件在本地计算机中的存储位置，选择"编辑我的计算机上的本地副本，完成后再上传到服务器（推荐）"，并选择文件在本地计算机上存放的位置，单击"下一步"按钮，如图3-72所示。

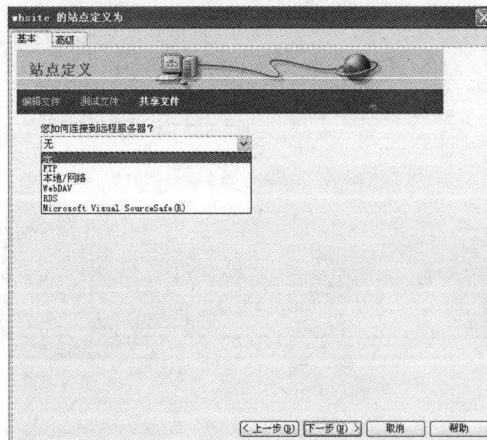

图3-71　设置"是否使用服务器技术"　　　　图3-72　设置"使用文件方式和存储位置"

（5）设置测试服务器和存储位置

进入"共享文件"界面，该界面用于设置链接到测试服务器的方式。测试服务器是用户在设计网页时用于测试网页效果的服务器，此处选择"无"，单击"下一步"按钮，如图3-73所示。

（6）设置启用存回和取出文件功能

进入"共享文件，2部分完成"界面，该界面用于设置是否启用存回和取出文件功能，此处选择"否"，单击"下一步"。其中，存回和取出文件，用户可以以独占方式使用文件，当某个用户编辑文件时，其他用户无法对其进行编辑，如图3-74所示。

（7）查看设置信息

进入"总结"界面，显示了站点设置的所有信息，如果确认没有问题后，单击"完成"按钮，如图3-75所示。

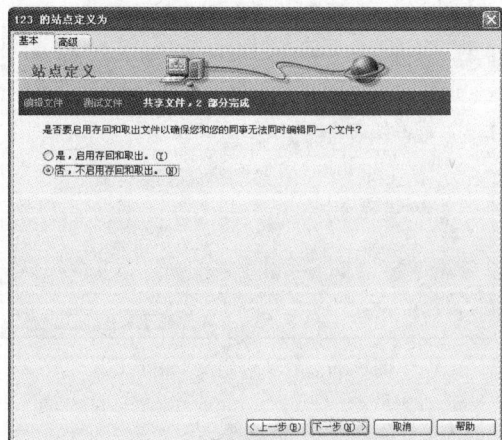

图3-73　设置"测试服务器方式和存储位置"　　图3-74　设置"是否启用存回和取出文件工具"

定义静态站点后，可通过菜单"窗口"→"文件"命令，或者按 F8 键，打开"文件"面板，通过"文件"面板查看和管理本地站点的相关信息，如图 3-76 所示。

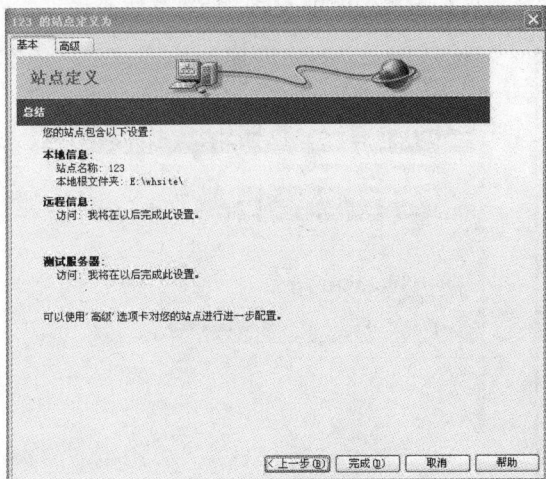

图 3-75　站点设置信息

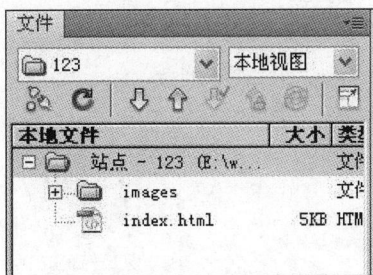

图 3-76　查看站点信息

2．动态站点的定义

建立动态站点的具体步骤如下。

（1）新建站点

启动 Dreamweaver，单击菜单"站点"→"新建站点"命令，打开"定义站点"对话框，如图 3-77 所示。

（2）设置网站名称与地址

选择"基本"选项卡，进入"编辑文件"，然后在站点名字文本框中输入名称，地址文本框可以不写，单击"下一步"按钮，如图 3-78 所示。

（3）设置服务器技术

进入"编辑文件，第 2 部分"界面，该界面用于是否使用服务器技术，选择"是，我想使用服务器技术"，服务器技术选择 "ASP VBScript"，如图 3-79 所示。

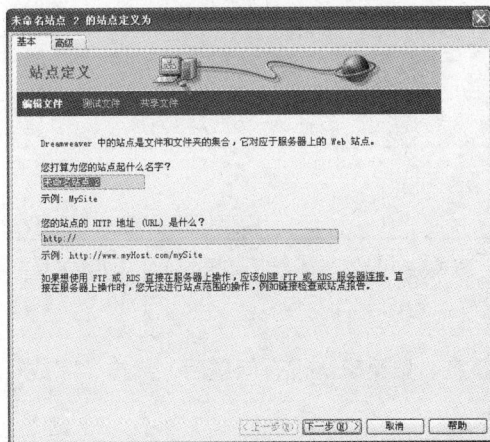

图 3-77　"定义站点"对话框

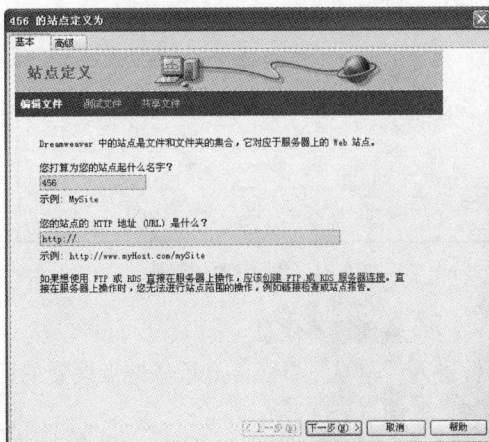

图 3-78　设置"站点名称"

（4）设置使用文件方式和存储位置

进入"编辑文件，第 3 部分"，该界面用于设置网站文件的编辑与测试方式，以及指定文件在本地计算机中的存储位置，选择"在本地进行编辑和测试"，如图 3-80 所示。

图 3-79　设置"是否是使用服务器技术"

图 3-80　设置"使用文件方式和存储位置"

（5）测试通信

进入"测试文件，部分 2"界面，使用 HTTP 与测试服务器通信，在根目录中输入本地服务器测试网址，如图 3-81 所示。

（6）设置启用存回和取出文件功能

进入"共享文件"界面，该界面用于设置是否启用存回和取出文件功能，此处选择"否"，单击"下一步"，如图 3-82 所示。

图 3-81　设置 URL 地址

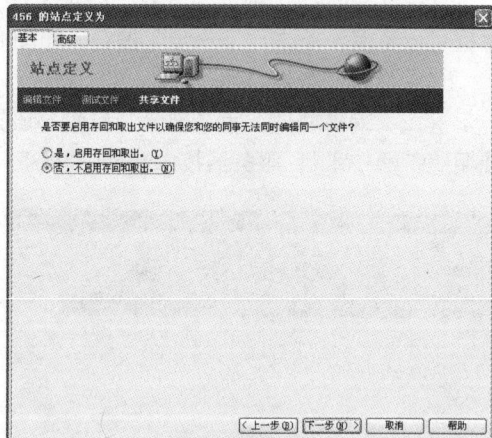

图 3-82　设置"是否启用存回和取出文件工具"

（7）查看设置信息

进入"总结"界面，显示了站点设置的所有信息。如果确认没有问题后，单击"完成"按钮，如图 3-83 所示。

定义完动态站点后，可通过菜单"窗口"→"文件"命令，或者按 F8 键，打开"文件"面板，通过"文件"面板查看和管理本地站点的相关信息，如图 3-84 所示。

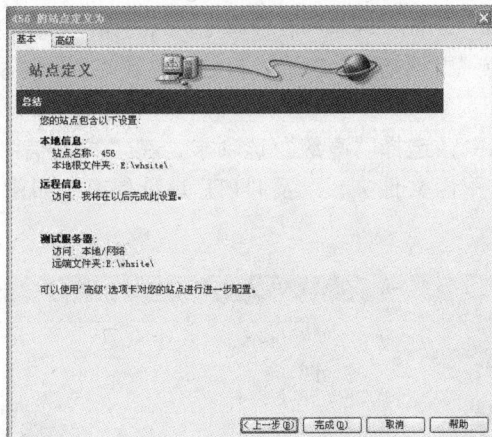

图 3-83 站点设置信息

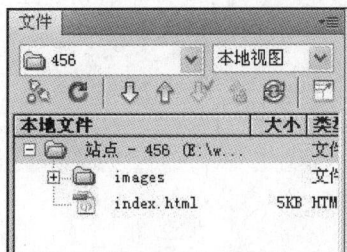

图 3-84 "文件"面板

二、创建与管理站点资源

定义本地站点后，可以在站点内创建和管理各种站点资源。

1. 创建 HTML 文档

单击菜单栏，选择菜单窗口"文件"，打开"文件"面板，然后在站点名称上单击鼠标右键，选择"新建文件"，修改文件的名字，输入完成后按 Enter 键。

2. 创建文件夹

文件夹主要用于存放和管理站点资源，因此，需要将网站的信息统一放置在文件夹中。单击菜单栏，选择菜单"窗口"→"文件"命令，打开"文件"面板，然后在站点名称上单击鼠标右键，选择"新建文件夹"，修改文件的名字，输入完成后按 Enter 键。

3. 移动文件

为了分类管理网站内容，需要移动文件资源。单击菜单栏，选择菜单"窗口"→"文件"命令，打开"文件"面板。将鼠标放置在需要移动的文件上，按住鼠标左键，拖动文件到目标文件夹后放开左键，弹出"更新文件"对话框。如果要更新站点的文件链接，单击"更新"按钮，如图 3-85 所示。

4. 选择特定文件

单击菜单栏，选择菜单"窗口"→"文件"命令，打开"文件"面板。将鼠标放在"文件"面板中任意位置后右击，在菜单中选择"选择"命令，在打开的子菜单中选择相应的命令。

5. 通过"文件"面板预览网页

单击菜单栏，选择菜单"窗口"→"文件"命

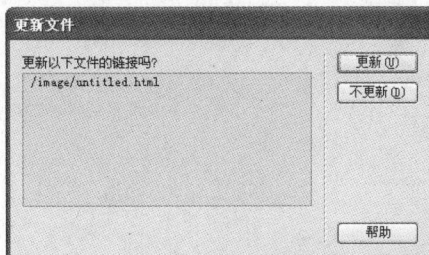

图 3-85 更新文件链接

令，打开"文件"面板。在浏览器中预览的文件上右击，在弹出的快捷菜单中选择"在浏览器中预览→IExplore"命令，可在 IE 浏览器中预览网页。

三、编辑和管理站点

使用基本方法，只能定义站点的某些基本功能，如果想在网站设计过程中进一步设置本地

站点，可以使用 Dreamweaver 的 "管理站点" 功能。编辑与管理本地站点的操作步骤如下。

（1）管理站点。选择菜单栏 "站点" → "管理站点" 命令，打开 "管理站点" 对话框，选择站点，单击 "编辑"，如图 3-86 所示。

（2）设置本地信息。在弹出的对话框中，选择 "高级" 选项卡，在 "本地信息" 中输入站点名称、指定本地根文件夹和默认图像文件夹，以及 HTTP 地址信息，如图 3-87 所示。

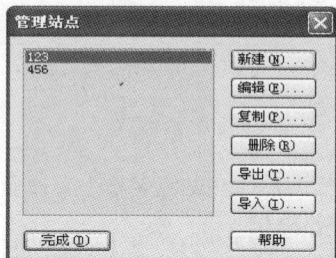

图 3-86 "管理站点" 对话框

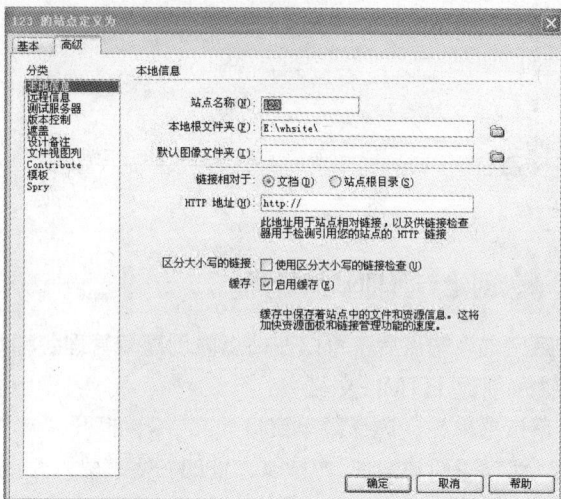

图 3-87 "本地信息" 对话框

（3）设置远程信息。选择 "远程信息"，打开对应的窗口，设置远程的相关信息，如图 3-88 所示。

（4）设置测试服务器。选择 "测试服务器"，打开对应的窗口，设置服务器模型及访问方式，静态网页可以忽略此项设置，如图 3-89 所示。

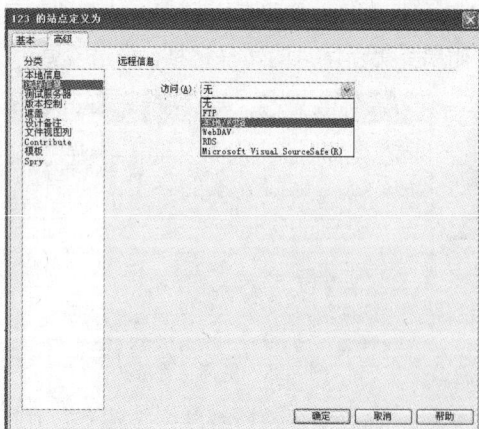

图 3-88 "远程信息设置" 对话框

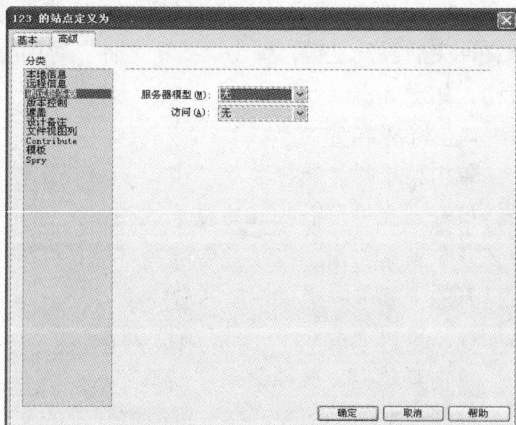

图 3-89 "测试服务器" 对话框

（5）设置版本控制。选择 "版本控制"，进行相关设置，如图 3-90 所示。

（6）设置遮盖。选择 "遮盖"，选择是否启用遮盖，以及要遮盖的文件类型，如图 3-91 所示。利用站点遮盖功能，可以禁止指定文件类型上传，提高站点的安全性。

图 3-90 "版本控制"对话框

图 3-91 "遮盖设置"对话框

（7）设置设计备注。打开"设计备注"，选择是否维护设计备注，以及上传并共享设计备注，如图 3-92 所示。

（8）设置文件视图列。打开"文件视图列"，设置与"文件"面板相关的显示信息，如图 3-93 所示。

图 3-92 "设计备注设置"对话框

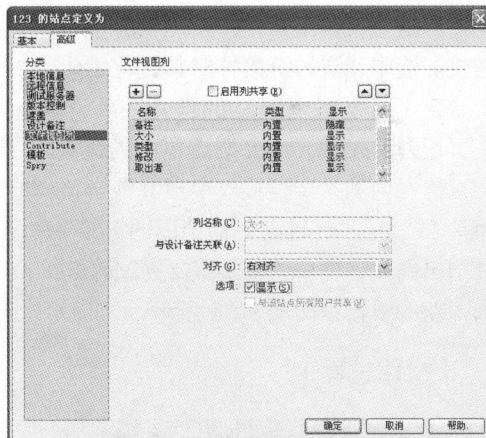

图 3-93 "文件视图列"对话框

（9）设置 Contribute。选择"Contribute"，选择是否启用"Macromedia Contribute"，静态网页可以忽略此项设置，如图 3-94 所示。

（10）设置模板。打开"模板"，修改"不改写文档相对路径"，如图 3-95 所示。

（11）完成站点管理。单击"确定"按钮，完成相关设置。

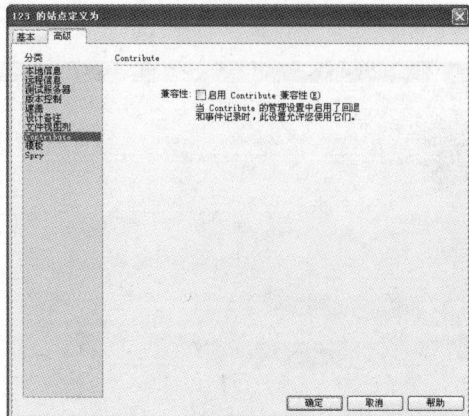

图 3-94 "Contribute" 对话框

图 3-95 "模板" 对话框

四、检查与修复网站

当站点中的网页达到一定数量后，各网页之间的链接数量比较多，可能会因为各种原因产生错误或无效链接。因此，在完成站点的设计工作后，要对网站的超链接进行检查，并修正错误。

1．检查与修复网站的超链接

可通过"检查站点范围的链接"功能，自动检查网站的超链接，并且在"链接检查器"面板中查看和修改错误或无效的链接。单击菜单"站点→检查站点范围的链接"命令，执行站点超链接检查工作，检查工作完成后，弹出"链接检查器"面板，将列出错误或无效的超链接。选中错误的链接并对其进行编辑。

2．更改整个网站的链接

用户可使用"改变站点范围的链接"，将站点范围内的某个链接改变成其他链接。单击菜单"站点"→"改变站点范围的链接"命令，在弹出的对话框中，选择需要更改的链接，并输入新的链接，如图 3-96 所示。

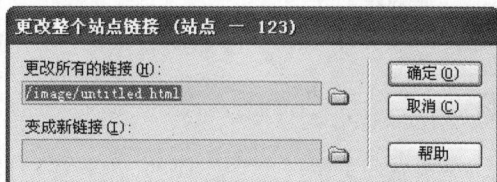

图 3-96 "更改整个站点链接"对话框

【操作过程】

图 3-97 "站点定义"对话框

一、新建站点

启动 Dreamweaver，单击菜单"站点"→"新建站点"命令，打开"站点定义"对话框，如图 3-97 所示。

二、设置网站名称与地址

在站点名字文本框中输入名称，地址文本框可以不写，单击"下一步"按钮。

三、设置服务器技术

进入"编辑文件，第2部分"界面，该界面用于是否使用服务器技术，选择"是，我想使用服务器技术"，服务器技术选择 "ASP VBScript"。

四、设置使用文件方式和存储位置

进入"编辑文件，第3部分"界面，该界面用于设置网站文件的编辑与测试方式，选择"在本地进行编辑和测试"，并且指定文件在本地计算机中的存储位置。

五、测试通信

进入"测试文件，部分 2"界面，在根目录中输入 IIS 中设置的本地服务器测试网址"http://localhost/whsite/"。也可单击"测试 URL"按钮检查设置是否成功。

六、设置启用存回和取出文件功能

进入"共享文件"界面，用于设置是否启用存回和取出文件功能，此处选择"否"，单击"下一步"按钮。

七、查看设置信息

进入"总结"界面，显示了站点设置的所有信息。如果确认没有问题后，单击"完成"按钮，如图 3-98 所示。

定义完动态站点后，可通过菜单"窗口"→"文件"命令，或者按F8键，打开"文件"面板，通过"文件"面板查看和管理本地站点的相关信息，如图 3-99 所示。

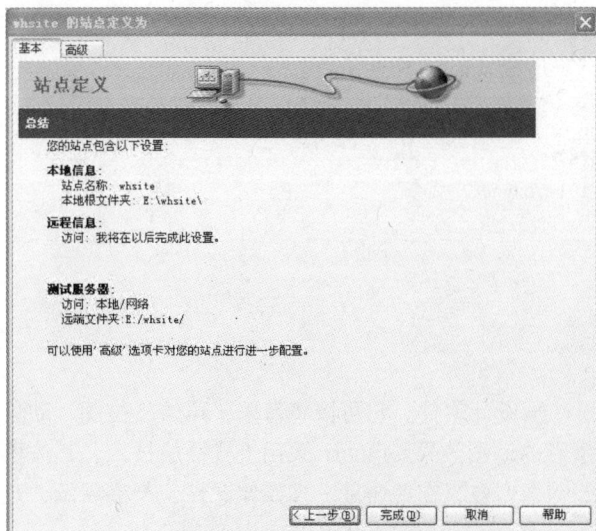

图 3-98 站点设置信息

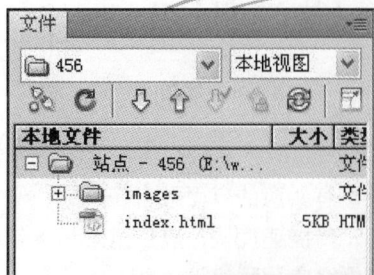

图 3-99 "文件"面板

在"文件"面板中双击网页，打开设计区可进行编辑修改，在工具栏中单击 可预览网页，如图 3-100 所示。

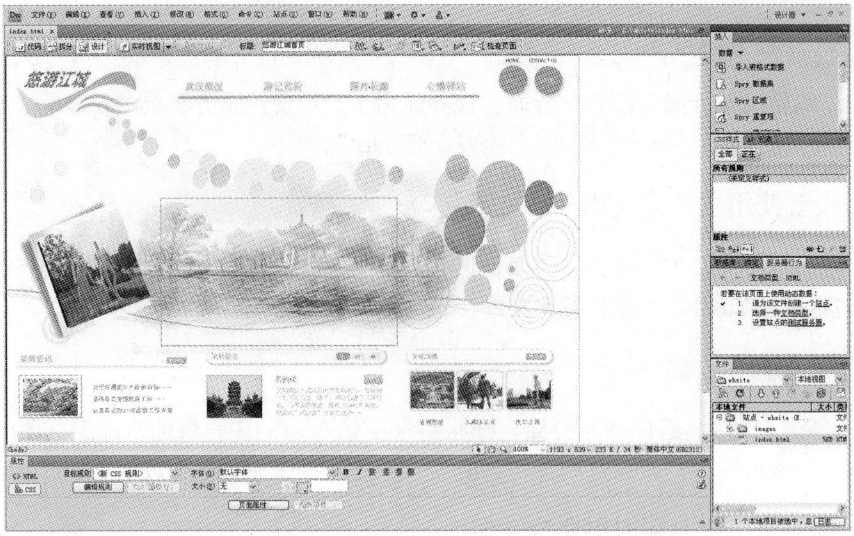

图 3-100　Dreamweaver 界面

工作任务五　Flash banner 的制作

【任务概述】

banner 是位于网页顶部、中部、底部任意一处，但是横向贯穿整个或者大半个页面的广告条。本工作任务要求使用 Flash 软件制作网站内页的 banner 广告条，实现文字信息的动态呈现。相关效果如图 3-101 所示。

图 3-101　banner 广告条

【核心知识】

一、Flash 基础

Flash 是基于网络开发的交互性矢量动画设计软件。它可以将音乐、声效、位图、动画及富有新意的界面融合在一起，制作出精彩的动画效果。Flash 采用流式播放技术，其体积小，传播速度快，应用范围越来越广（如网络广告、在线游戏、多媒体课件、产品展示、开发网络应用程序等领域）。

安装并进入 Flash CS4 之后，首先进入的是初始界面。初始界面包括 4 个区域，如图 3-102 所示。

① 如果需要打开已经创建好的项目，可以从"打开最近的项目"选项中选择。

② 如果需要新建一个文件，可以在"新建"项目中选择。

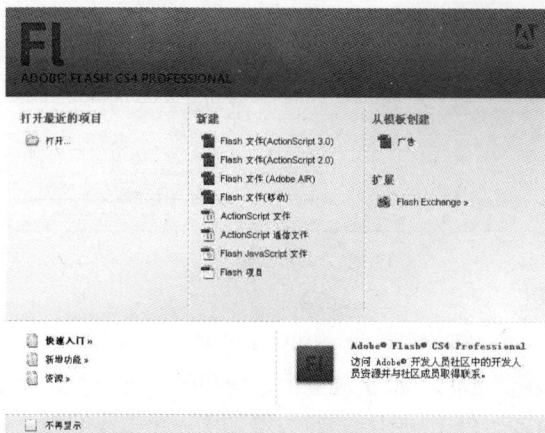

图 3-102 Flash 初始界面

③ 另外，还可以选择"从模板创建"，来创建 Flash 文件。

单击初始界面中"新建"下的"Flash 文件（ActionScript 3.0）"选项，新建一个 Flash 文件，进入工作界面。可以调整布局，或单击窗口右侧的"基本功能"下拉菜单，选择相应的工作界面布局，如图 3-103 所示。

图 3-103 调整布局

Flash 工作界面包括菜单栏、主工具栏、工具箱、时间轴、舞台、工作区和面板等，如图 3-104 所示。

图 3-104 Flash 工作界面

舞台是绘制和编辑动画内容的区域。动画在播放时只显示舞台上的内容，舞台之外的内容不能显示。

时间轴是实现 Flash 动画的关键部分，用于组织和控制一定时间内的图层和帧中的文档内容。时间轴由图层、帧和播放指针组成。每一行表示一个图层，每一列表示一帧，如图 3-105 所示。

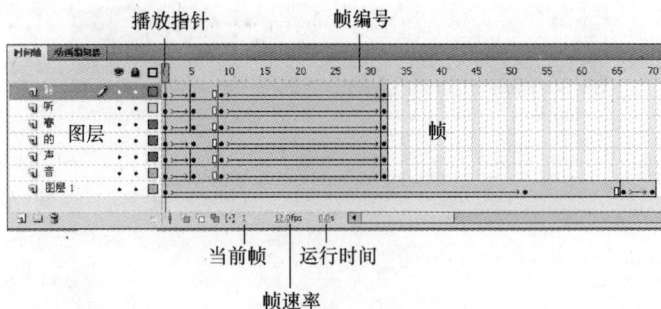

图 3-105　时间轴

　　图层在时间轴的左侧。图层之间是独立的，使用图层可以更好地使用和管理动画中的对象，更好地组织动画内容。单击 🗐图标，可以增加层；单击 🗑图标，可以删除层；单击 👁图标，可以控制层的显示和隐藏；单击 🔒图标，可以锁定或解锁图层；双击图层名称，可以输入新名称；直接拖曳图层可以更改图层的顺序。

　　每个图层包含的帧显示在该图层右侧的一行中。最上方是指示帧编号。播放指针指示当前在舞台中显示的帧。播放文档时，播放指针从左向右通过时间轴。在时间轴底部显示当前帧编号、当前帧速率以及到运行时间。

　　帧是构成 Flash 动画的基本单位。各个帧的内容不同，不同的帧表示了不同的含义。

　　① 空白帧：该帧是空的，没有任何对象，也不可以在其中创建对象。

　　② 空白关键帧：帧单元格内有一个空心的圆圈，则表示它是一个没有内容的关键帧。如果新建一个 Flash 文件，则会在第 1 帧自动创建一个空白关键帧。空白关键帧可以创建各种对象。单击选中某一个空白帧，再按 F7 键，即可将它转换为空白关键帧。

　　③ 关键帧：帧单元格内有一个实心的圆圈，表示该帧内有对象，可以进行编辑。单击选中一个空白帧，再按 F6 键，即可创建一个关键帧。

　　④ 普通帧：在关键帧右边的浅灰色帧单元格是普通帧，表示它的内容与左边的关键帧内容一样。单击选中关键帧右边的一个空白帧，再按 F5 键，则从关键帧到选中的帧之间的所有帧均变成普通帧。

　　⑤ 动作帧：该帧本身也是一个关键帧，其中有一个字母 a，表示这一帧中分配有动作脚本。当影片播放到这一帧时会执行相应的脚本程序。要加入动作需调出"动作帧"面板。

　　⑥ 过渡帧：它是两个关键帧之间，创建补间动画后由 Flash 动画计算生成的帧，它的底色为浅蓝色或浅绿色，不可以对过渡帧进行编辑。

　　创建不同的帧的方法除了使用快捷键外，还可以单击选中某一个帧，再执行"插入"→"时间轴→帧/关键帧/空白关键帧"命令。或者将鼠标指针移到相应帧处右击，在弹出菜单中选择相应的命令，如图 3-106 所示。

图 3-106　创建不同的帧

二、Flash 动画制作的一般过程

　　Flash 动画制作的一般过程可分为创建

Flash 文档、设置文档属性、保存文档、制作动画、测试与发布影片。

1. 创建 Flash 文档

执行"文件"→"新建"命令，在弹出对话框中选择"常规"选项卡中默认的"Flash 文件（ActionScript 3.0）"选项，单击"确定"按钮，创建一个影片文档。

2. 设置文档属性

执行"修改"→"文档"命令，弹出"文档属性"对话框，根据需要设置文档各项参数，如图 3-107 所示。

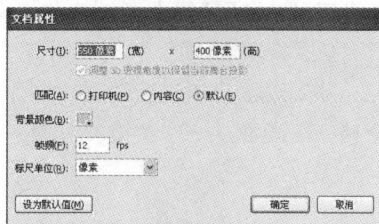

① 尺寸：在文本框中输入数字可以设置舞台的宽和高，默认单位为像素。

② 背景颜色：单击"背景颜色"控件中的三角形按钮，在调色板中选择目标颜色作为舞台的背景色。

图 3-107　设置文档属性

③ 帧频：动画每秒钟播放的帧数。

④ 标尺单位：从下拉列表框中选择标尺的度量单位。

⑤ 设为默认值：单击此按钮，可将当前设置的属性值变为 Flash 的默认值。

3. 制作动画

根据设计主题，绘制背景，设计动画角色，添加动画效果。

4. 保存文档

执行"文件"→"保存"命令，选择"保存在"下拉列表框中的"源文件"选项，在"文件名"文本框中输入文件名，选择"保存类型"下拉列表框中的"Flash CS4 文档（ *. Fla ）"选项，单击"确定"按钮，即可完成文件的保存。

5. 测试与发布影片

动画制作的过程中需要反复测试，查看动画效果是否与预期效果相同。执行"控制"→"测试影片"命令或者按 Ctrl+Enter 组合键，此时，Flash 把当前文档以.swf 格式导出并打开影片测试窗口播放。

三、动画的种类及制作方法

1. 逐帧动画

逐帧动画是在时间轴上依次绘制每个关键帧的内容（而不是由 Flash 计算得到），然后连续依次播放这些画面，利用人眼的视觉暂留特性，产生动画效果。适于表现很细腻的、非常复杂的动画。在时间轴上，帧的呈现如图 3-108 所示。

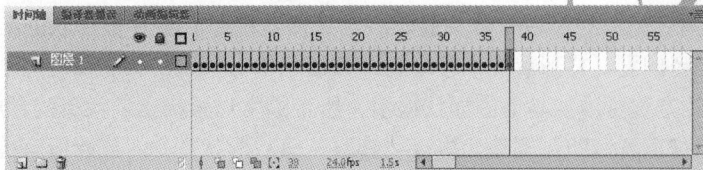

图 3-108　逐帧动画

要创建逐帧动画，需要每个关键帧的内容按照一定的规律有所变化。一般可以采用以下方法制作。

（1）用导入的静态图片建立逐帧动画：将 JPG、PNG 等格式的静态图片连续导入 Flash

中，就会建立一段逐帧动画。

（2）绘制矢量逐帧动画：用鼠标或压感笔在场景中一帧帧的画出帧内容。

（3）文字逐帧动画：用文字作帧中的元件，实现文字跳跃、旋转等特效。

（4）指令逐帧动画：在时间帧面板上，逐帧写入动作脚本语句来完成元件的变化。

（5）导入序列图像：可以导入 GIF 序列图像、SWF 动画文件或者利用第三方软件（如 Swish、Swift 3D 等）产生的动画序列。

2．补间动画

补间动画也叫过渡动画，制作若干个关键帧画面，由 Flash 计算生成各关键帧之间的各个帧，使画面从一个关键帧过渡到另一个关键帧，如图 3-109 所示。

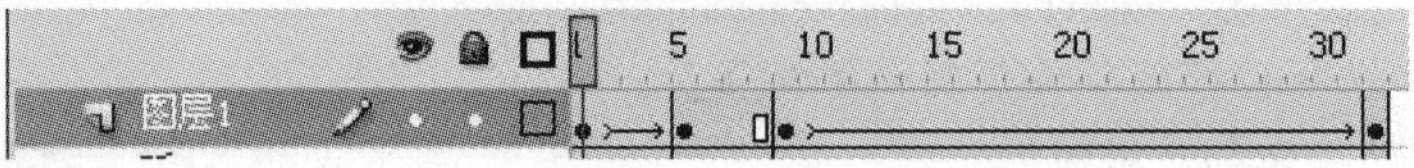

图 3-109　补间动画

补间动画又分为动作补间动画和形状补间动画。

（1）形状补间动画

形状补间动画可以创建类似于形状变化的效果，即从一个形状逐渐变成另一个形状。

创建形状补间动画，需要在时间轴中的一个特定帧上绘制一个矢量形状，在另一个特定帧上绘制另一个形状。过渡帧中的内容是依靠两个关键帧上的形状进行计算得到的。

形状补间动画不能应用到实例上，只有被打散的形状图形之间才能产生形状补间动画。若要对组、实例或位图图像应用形状补间，要先分离这些元素。若要对文本应用形状补间，要将文本分离两次，从而将文本转换为对象。

在创建形状补间动画的时候，如果完全由 Flash CS4 自动完成创建动画的过程，很可能创建出的动画效果并不能令人满意。因此，若要控制更加复杂或罕见的形状变化，可以使用形状提示。形状提示在"起始形状"和"结束形状"中添加相对应的"参考点"，使 Flash CS4 在计算变形过渡时依一定的规则进行，从而有效地控制变形过程。

形状提示用字母（A～Z）来标识起始形状和结束形状中相对应的点，一个形状补间动画最多可以使用 26 个形状提示。

使用形状提示的方法如下。

① 选择补间形状序列中的第一个关键帧。

② 执行"修改"→"形状"→"添加形状提示"命令，起始形状提示会在该形状的某处显示为一个带有字母 a 的红色圆圈，将形状提示移动到要标记的点。

③ 选择补间序列中的最后一个关键帧。结束形状提示，会在该形状的某处显示为一个带有字母 a 的绿色圆圈，将形状提示移动到结束形状中与标记的第一点对应的点。

④ 用同样的方法可添加其他的形状提示，所带的字母紧接之前字母的顺序（b、c 等）。

将形状提示拖离舞台即可删除。执行"修改"→"形状"→"删除所有提示"命令，即可删除所有形状提示。

需要注意的是，有时即使添加了形状提示，Flash 的形状变形仍然难以控制。

（2）动作补间动画

动作补间动画是 Flash 中非常重要的表现手段之一，与"形状补间动画"不同的是，动作补间动画的对象必须是"元件"或"群组对象"。运用动作补间动画，可以设置元件的大小、位置、颜色、透明度、旋转等属性，充分利用动作补间动画等特性，可以制作出缤纷多彩的动画效果。

制作动作补间动画是在时间轴的一个关键帧上放置元件的一个实例，然后在另一个关键帧中改变元件的第二个实例属性，如大小、颜色、位置、透明度等，再单击起始帧，在"属性"面板上单击"补间"旁边的"小三角"，在弹出的菜单中选择"动作"命令，或右击，在弹出的菜单中选择"创建传统补间"命令，就建立了动作补间动画。

当选中时间轴中两个关键帧之间的某帧后，"属性"面板即显示为"帧属性"面板，如图 3-110 所示。

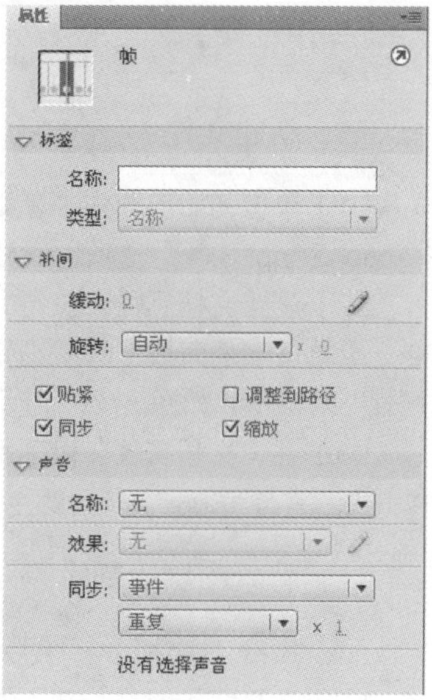

① 帧：该项用于为帧设置标签或注释。

② 缓动：表示动画的快慢。在默认情况下，补间帧以固定的速度播放。利用缓动值，可以创建更逼真的加速度和减速度。正值以较快的速度开始补间，越接近动画的末尾，补间的速度越慢。负值以较慢的速度开始补间，越接近动画的末尾，补间的速度越快。

图 3-110　帧属性面板

③ 旋转：用于设置运动对象的旋转方式，其下拉列表框中有 4 个选项。

a. 无：表示对象在运动过程中不旋转。

b. 自动：表示按最小角度进行旋转。

c. 顺时针：表示旋转方向为顺时针方向。

d. 逆时针：表示逆时针方向旋转。

注意：当选择了"顺时针"或"逆时针"后，其后面的输入框被激活，在该框中输入的数值会被作为旋转圈数。

④ "贴紧"复选框：如果使用运动路径，可将对象附加到路径。

⑤ "调整到路径"复选框：如果使用运动路径，应将补间元素的基线调整到运动路径。

⑥ "同步"复选框：当选择了该选项后，可以使元件实例中的动画播放与舞台中的动画播放同步。此属性只影响图形元件。

⑦ "缩放"复选框：如果组合体或元件的大小发生渐变，可以选中这个复选框。

（3）动作补间动画和形状补间动画的区别

动作补间动画和形状补间动画都属于补间动画。前后都各有一个起始帧和结束帧，两者之间的区别如表 3-1 所示。

表 3-1　　　　动作补间动画和形状补间动画的区别

区　别	动作补间动画	形状补间动画
在时间轴上的表现	淡紫色背景加长箭头	淡绿色背景加长箭头
组成元素	影片剪辑、图形元件、按钮、文字、位图等	形状，如果使用图形元件、按钮、文字，则必须先打散
作用	实现一个元件的大小、位置、颜色、透明度等的变化	实现两个形状之间的变化，或一个形状的大小、位置、颜色的变化等

【操作过程】

一、新建文件

（1）单击初始界面中"新建"下的"Flash 文件（ActionScript 3.0）"选项，新建一个 Flash 文件。

（2）设置文档属性，执行"修改"→"文档"命令，或单击属性面板上的"编辑"按钮，打开"文档属性"对话框，如图 3-111 所示。

（3）在"文档属性"对话框中，设置文档的宽为 975px，高为 180px，背景颜色为白色。

图 3-111　文档属性面板

二、背景图层的制作

（1）执行"文件"→"导入"→"导入到舞台"命令，将背景图片素材导入到舞台。

（2）选择背景图片，在属性面板中设置位置与舞台对齐。

（3）右键单击第一层的 70 帧，在弹出的快捷菜单中选择"插入帧"，以延长背景的显示时长。

（4）双击图层名，更名为"背景层"，如图 3-112 所示。

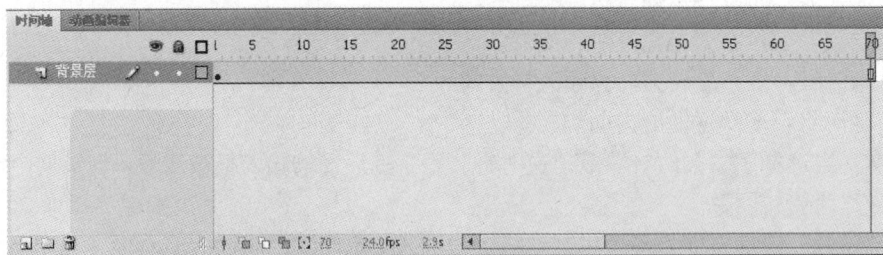

图 3-112　时间轴

三、利用动作补间动画制作文字渐显、从左向右移动的效果

（1）输入文字并设置属性，效果如图 3-113 所示。

图 3-113　文字效果

① 单击　新建一个图层，选择 T 文本工具，在舞台上输入文字"白云黄鹤　知音故里"。在属性面板中设置文字字体为隶书、大小 38 点、颜色为#FFFF99，如图 3-114 所示。

② 在属性面板中展开"滤镜"层叠面板，单击　，在弹出的菜单中选择"发光"，文字将添加发光滤镜效果，如图 3-115、图 3-116 所示。

图 3-114　文字属性　　　　图 3-115　"滤镜"面板　　　　图 3-116　发光属性

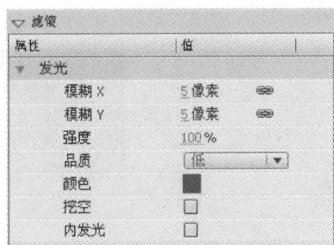

（2）右击文字，在弹出的快捷菜单中选择"转换为元件"，如图 3-117 所示。

图 3-117　转换为元件

（3）在弹出的"转换为元件"对话框中，选择"类型"为"图形"，单击"确定"按钮，如图 3-118 所示。

（4）右键单击该层的第 15 帧，在弹出的快捷菜单中选择"插入关键帧"，如图 3-119 所示。

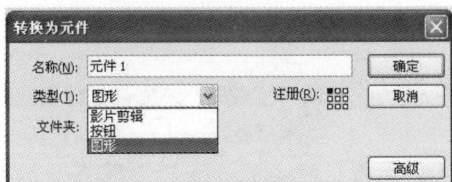

图 3-118　"转换为元件"对话框　　　　　　图 3-119　插入关键帧

（5）单击第 1 帧，选择帧中的文字元件实例，在属性面板中展开"色彩效果"→"样式"，选择 Alpha，鼠标拖动设置滑块 Alpha 值为 10%，并拖动鼠标，将实例拖动到舞台某位置，如图 3-120、图 3-121 所示。

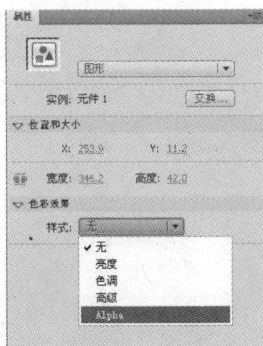

图 3-120　色彩效果　　　　　　　　图 3-121　元件属性

（6）单击第 15 帧，选择帧中的文字元件实例，在属性面板中设置色彩效果的 Alpha 值为 100%，并拖动鼠标，将实例向右拖动到舞台另一位置。

（7）在 1～15 帧中，单击鼠标右键，在弹出的快捷菜单中选择"创建传统补间"，如图 3-122 所示。

图 3-122　创建传统补间

（8）按 Enter 键，预览效果。

（9）双击图层名，更名为"文字层 1"。

（10）新建"文字层 2"，选择 T 文本工具，输入文字"两江四岸　九省通衢"，设置文字字体为隶书、大小 38 点、颜色为#FFFF99，添加发光滤镜效果，如图 3-123 所示。

（11）将文字转换为图形元件，制作渐显、从右向左移动的效果。时间轴如图 3-124 所示。

图 3-123　文字效果

图 3-124　时间轴

四、利用逐帧动画制作打字效果

（1）单击 🖿 新建一个图层，双击图层名，更名为"文字层 3"。

（2）在该层第 30 帧，右击鼠标，在弹出的快捷菜单中选择"插入空白关键帧"。

（3）选择 T 文本工具，在舞台上输入文字"湖北武汉欢迎您"，在属性面板中设置文字字体为行楷、大小 61 点、字母间距为 18，颜色为白色，如图 3-125 所示。

（4）选择文字，选择菜单命令"修改"→"分离"，或者按 Ctrl+B 组合键，将一行文字分离成单个字符，如图 3-126 所示。

（5）依次选中每个文字，在属性面板中展开"滤镜"层叠面板，单击 🖿，在弹出的菜单中选择"发光"，设置模糊为 18 像素、高品质，文字，将添加发光滤镜效果，如图 3-127 所示。

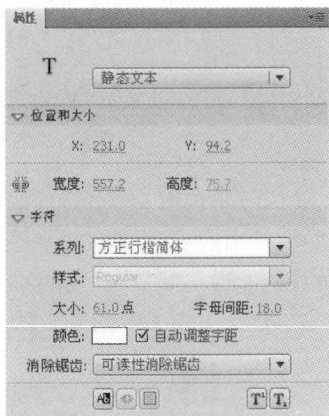

图 3-125　文字属性

图 3-126　文字分离

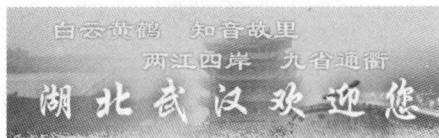

图 3-127　文字发光效果

（6）分别在该层第 32 帧、34 帧、36 帧、38 帧、40 帧、42 帧，右击鼠标，在弹出的快捷菜单中选择"插入关键帧"，或者按 F6 键，这几帧都会显示"湖北武汉欢迎您"。时间轴如图 3-128 所示。

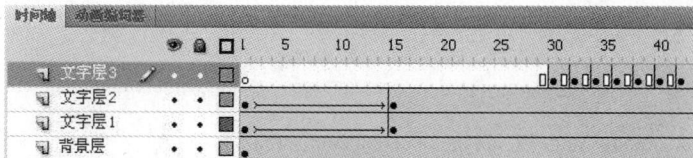

图 3-128　时间轴

（7）选择第 30 帧，删除"汉"、"欢"、"迎"、"您"字样，只保留"武"一个字。

（8）同理，分别选择第 32 帧、34 帧、36 帧、40 帧、42 帧，依次删除文字。

（9）按 Enter 键，预览打字效果。

五、利用逐帧动画制作文字闪烁效果

（1）选择"文字层 3"的第 45 帧，右击鼠标，在弹出的快捷菜单中选择"插入关键帧"，帧里会显示"武汉欢迎您"字样。

（2）选中所有文字，选择菜单命令"修改"→"组合"，或者按 Ctrl+G 组合键，组合对象。

（3）分别在该层第 48 帧、51 帧、54 帧、57 帧、60 帧，右击鼠标，在弹出的快捷菜单中选择"插入关键帧"，或者按 F6 键，这几帧都会显示"武汉欢迎您"。

（4）选择第 45 帧、51 帧、57 帧，删除文字成空白关键帧。

（5）选择第 70 帧，右击鼠标，在弹出的快捷菜单中选择"插入帧"，或者按 F5 键。

（6）按 Enter 键，预览文字闪烁效果。时间轴如图 3-129 所示。

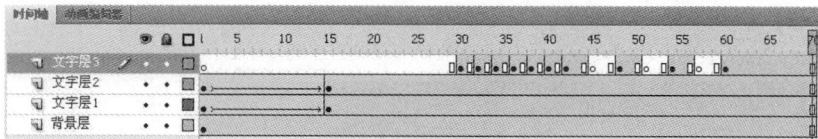

图 3-129　时间轴

六、利用形状补间动画制作装饰线条的流动效果

（1）选择"背景层"，再单击 ，会在"背景层"上新建一个图层，并更名为"曲线"。

（2）选择工具箱里的钢笔工具 或铅笔工具 ，在属性面板中设置笔触高度为 4，单击笔触颜色并在颜色框中设置颜色为白色#FFFFFF，Alpha 值为 15%，如图 3-130 所示。

（3）在舞台中绘制线条，如图 3-131 所示。

（4）选择工具箱里的选择工具 ，调整线条的形状。

（5）分别选中第 35 帧、70 帧，按 F6 键插入关键帧，并调整线条的形状，如图 3-132、图 3-133 所示。

（6）分别在第 1~35 和第 35~70 帧创建形状补间动画。

（7）按 Enter 键，预览效果。

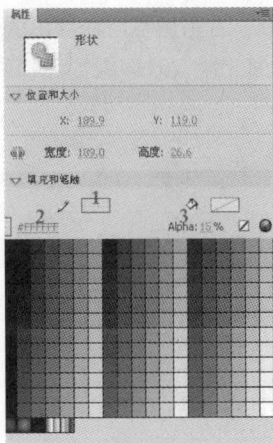

图 3-130　属性面板

图 3-131　第一关键帧中绘制的曲线

图 3-132　第二关键帧中的曲线

图 3-133　第三关键帧中的曲线

七、测试影片

执行"控制"→"测试影片"命令或者按 Ctrl+Enter 组合键，此时，Flash 把当前文档以 .swf 格式导出并打开影片测试窗口播放文件。

八、保存文件

执行"文件"→"保存"命令，保存文件。

小　结

本模块工作任务要求制作网站首页，主要利用 Photoshop 中的画笔、矩形、钢笔等工具进行图形绘制；利用变形命令缩放、旋转、扭曲、倾斜对象；利用蒙版对图像进行处理、合成；利用滤镜增加图像特效，最后使用切片分割图像并导出为 Web 网页格式。工作任务中还采用 Flash 制作动画，利用 Dreamweaver 搭建网站站点。通过完成工作任务，应掌握图片的绘制和编辑以及图像的合成技术、静态站点和动态站点的搭建、简单动画的制作等知识，另外还要体会网页的整体布局和规划、站点的管理与维护以及切片的操作技巧。

思考与练习

（1）Photoshop 中有哪些工具和方法可以实现对对象的选取操作？

（2）简述钢笔工具的使用及路径与选区之间的转换。

（3）图层有什么优点？Photoshop 中有哪几种类型的图层？

（4）简述 Photoshop 中蒙版的作用以及蒙版的操作方法。

（5）简述 Flash 中动作补间动画与形状补间动画的特点及区别。

（6）扩展练习：制作三环相扣的图案，效果如图 3-134 所示。操作提示如下。

图 3-134 扣扣环效果图

① 金属环的制作

a. 新建文件，单击菜单"文件"→"新建"命令，文件名称为"金属环"，文件大小为 500px×600px，背景内容为"背景色"。

b. 绘制参考线，单击菜单"视图"→"新建参考线"命令，按住鼠标左键，拖曳参考线，如图 3-135 所示。

c. 绘制圆环，单击图层面板中的"新建图层"按钮，将新建的图层更名为圆环，选择工具箱矩形选框工具中的椭圆选框工具，按住 Shift+Alt 组合键，根据参考线绘制椭圆选区；设置前景色 RGB 为"87、82、82"，选择油漆桶工具，对椭圆选区填充前景色，按 Ctrl+D 组合键，取消选区；按住 Shift+Alt 组合键，根据内层参考线绘制小的椭圆选区，按下 Delete 键，按 Ctrl+D 组合键，取消选区。

d. 模糊滤镜操作，按住 Ctrl 键并单击圆环所在层的图层缩览图，得到圆环的选择区；单击菜单"视图"→"通道"命令，新建通道 Alpha1，设置前景色的 RGB 为"255、255、255"，选择通道 Alpha1，单击油漆桶工具填充；单击菜单"滤镜"→"模糊"→"高斯模糊"命令，参数设置为 4；单击菜单"滤镜"→"模糊"→"高斯模糊"命令，参数设置为 3；单击菜单"滤镜"→"模糊"→"高斯模糊"命令，参数设置为 2。

e. 光照滤镜操作，选择圆环所在的层，单击菜单"滤镜"→"渲染"→"光照效果"命令，选择纹理通道为 Alpha1，单击"确定"按钮。

f. 选区的调整，单击菜单"选择"→"修改"→"缩小"命令，设置参数为 1；单击菜单"选择"→"反向"命令，按 Delete 键，消去不平滑的地方，按 Ctrl+D 组合键，取消选区。

g. 图像调整，单击菜单"图像"→"调整"→"曲线"命令，弹出曲线调整对话框，设置 4 个点，其输入/输出分别为"28/145，64/216，160/30，197/73"，单击"确定"按钮，其操作结果如图 3-136 所示。

图 3-135 参考线的绘制

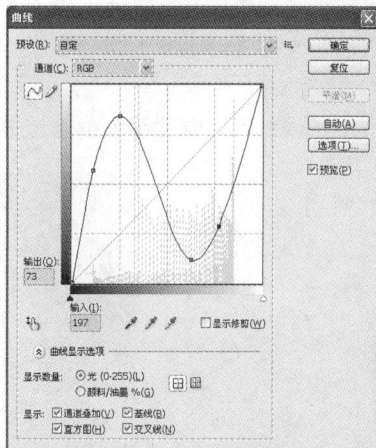
图 3-136 曲线调整窗口

h. 圆环的效果图,单击菜单"视图"→"清除参考线"命令,其绘制结果如图 3-137 所示。

② 三环相扣

a. 复制圆环图层,选中圆环图层,单击图层面板中的新建图层,创建图层圆环副本和圆环副本 2。

b. 移动图像,选择图层"圆环副本",单击工具箱中的移动工具,移动圆环;选择图层"圆环副本 2",单击工具箱中的移动工具,移动圆环,其效果如图 3-138 所示。

图 3-137 圆环效果图

图 3-138 圆环叠放效果图

c. 选择图层"圆环",选择矩形选框工具中的矩形选框工具,选择图层"圆环"与"圆环副本"的上面交叠处,单击菜单"图层"→"新建"→"通过拷贝的图层"命令,得到新的图层"图层 2";选中"图层 2",将该图层拖动到图层"圆环副本"的上端。

d. 选择图层"圆环副本",选择矩形选框工具中的矩形选框工具,选择图层"圆环副本"与"圆环副本 2"的交叠处,单击菜单"图层"→"新建"→"通过拷贝的图层"命令,得到新的图层"图层 3";选中"图层 3",将该图层拖动到图层"圆环副本 2"的上端;环环相扣的效果如图 3-139 所示。

图 3-139 环环相扣效果图

③ 文字的输入

单击工具箱中的文字工具,输入"扣扣环",字体为"时装空心体",字号为 48 号,颜色为白色,文字变形为"上弧"。

④ 保存文件

(7)扩展练习:制作图像的合成效果,如图 3-140 所示。

图 3-140 图像合成效果图

操作提示如下。

① 人物抠图

a. 打开素材文件，单击菜单"视图"→"通道"命令。

b. 通道图像的选择，在"通道"面板中，选择不同的颜色通道，从中选择颜色对比度最强的颜色通道，选择"蓝"色通道，按住鼠标左键，将其拖曳到"通道"面板底部的"创建新通道"处，得到"蓝副本"通道。

c. 颜色的设置，单击菜单"图像"→"调整"→"反相"命令，或者按 Ctrl+I 组合键。

d. 色阶的调整，单击菜单"图像"→"调整"→"色阶"命令，或者按 Ctrl+L 组合键，弹出色阶对话框，设置各项参数，使黑的更黑、白的更白，如图 3-141 所示。

e. 选区的创建，选择工具箱中的魔棒工具，在工具属性栏中，设置容差为"40"，移动光标，在图像的黑色背景处单击鼠标左键，创建选区；选择工具箱中套索工具的多边形套索工具，单击工具属性栏中的"从选区减去"，将光标移至图像窗口，减去多余的区域，创建的选区如图 3-142 所示。

f. 羽化的设置，单击菜单"选择"→"羽化"命令，设置羽化半径为 1，单击"确定"按钮。

图 3-141 色阶参数设置

g. 抠取图像，在通道面板中，选择"RGB"通道；双击背景图层，单击菜单"编辑"→"清除"命令，或者按 Delete 键删除选区内的图像，按 Ctrl+D 组合键取消选区，图像效果如图 3-143 所示。

h. 新建图层，填充颜色为"255、0、0"，将新图层向下移动，将两个图层合并，效果如图 3-144 所示。

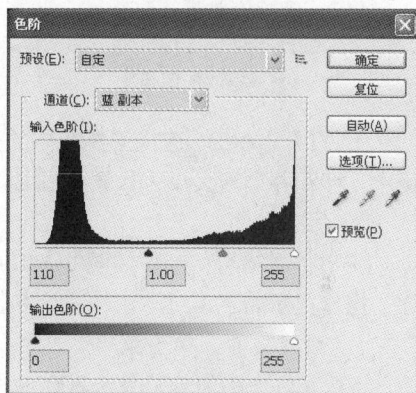

图 3-142 选区的创建　　　　图 3-143 抠取图像效果　　　　图 3-144 人物效果图

② 图像的合成

a. 打开素材"1.jpg"，选择工具箱中的磁性套索工具创建选区，单击菜单"图层"→"新建"→"通过拷贝的图层"命令，创建图形如图 3-145 所示。

b. 选择磁性套索工具，选择手中图像的中间部分，按 Delete 键删除图像，按 Ctrl+D 组合键取消选区，效果如图 3-146 所示。

c. 单击人物效果图并复制，选择抠取的图像 2 所在的图层，创建圆环部分选区，单击菜单"编辑"→"贴入"命令，按 Ctrl+T 组合键调整图像大小；选择所有图层，合并图层，如图 3-147 所示。

图 3-145　抠取的图像 1　　　　图 3-146　抠取的图像 2　　　　图 3-147　合成图像 1

d. 打开素材 2，选择工具箱中的裁剪工具，裁剪图像；将合成图像 1 移动到裁剪后的图像中，移动并调整大小，效果如图 3-140 所示。

③ 保存文件

（8）扩展练习：制作如图 3-148 所示的效果图。操作提示如下。

a. 新建文件，单击菜单"文件"→"新建"命令，新建文件大小为 600px×300px，背景为透明色。

b. 选择工具箱中的油漆桶工具，设置填充区域的源为图案，选择"彩色纸"→"白色木质纤维纸"，填充图层 1。

图 3-148　缤纷的生活效果图

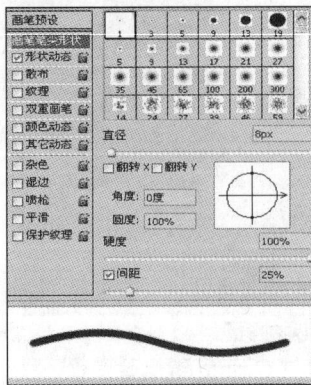

c. 新建图层 2，单击工具箱矩形工具中的自定义形状工具，选取路径，按住 Shift 键绘制心形；新建图层，分别绘制其他图形并调整图形的位置。

d. 单击工具箱中的路径选择工具，单击"形状图形"→"右键"→"填充子路径"，其填充的颜色依次为"226、31、72"，"229、16、231"，"255、115、115"，"247、227、10"，"7、215、240"。

e. 选择图层 2~图层 6，单击图层菜单中的链接图层，让图层产生链接。

f. 新建图层 7，单击菜单"窗口"→"画笔"命令，设置画笔参数如图 3-149 所示。

g. 设置前景色为白色，单击"形状图形"→"右键"→"描边子路径"命令。

h. 分别输入文字，设置文字的各项参数并调整其位置，如图 3-150 所示。

图 3-149　画笔参数设置 1　　　　图 3-150　画笔参数设置 2

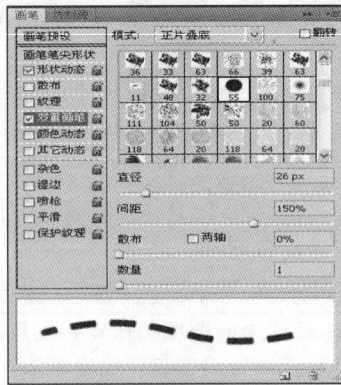

i. 保存文件。

（9）扩展练习：制作 Flash 动画。

要求：随着背景图像的缓缓移动及图像之间的变化，文字由小变大出现，如图 3-151 所示。

图 3-151　Flash 动画截图

操作提示如下。

① 新建文档，并设置文档属性，如根据图片尺寸设置文档宽为 875 像素、高为 154 像素。

② 制作图片 pic1.png 的左移动画效果。

a. 将图片 pic1.png 导入到舞台，设置与舞台左对齐，并转换为图形元件 1。

b. 在第 35 帧插入关键帧，并设置图片与舞台右对齐。

c. 在第 1 帧和第 35 帧之间创建"传统补间动画"。

③ 制作图片 pic1.png 的渐隐动画效果。

a. 在第 45 帧、第 53 帧各插入关键帧。

b. 调整第 53 帧中图片的 Alpha 值为 32%。

c. 在第 45 帧和第 53 帧之间创建"传统补间动画"。

④ 制作图片 pic2.png 的渐显动画效果。

a. 新建一层，在第 50 帧处插入空白关键帧。

b. 将图片 pic2.png 导入到舞台，设置与舞台原点对齐，并转换为图形元件 2。

c. 在第 59 帧插入关键帧。

d. 调整第 50 帧中图片的 Alpha 值为 32%。

e. 在第 50 帧和第 59 帧之间创建"传统补间动画"。

f. 在第 105 帧处"插入帧"。

⑤ 制作文字的放大效果。

a. 新建一层，在第 61 帧处插入空白关键帧。

b. 选取文字工具，在舞台上输入文字，并设置文字字体、字号、颜色、间距等属性，还可以为文字添加阴影等滤镜效果，如图 3-152 所示。

图 3-152　设置文字属性

c. 在第 70 帧插入关键帧。

d. 调整第 61 帧中的文字大小比例。

e. 在第 61 帧和第 70 帧之间创建"传统补间动画"。

f. 在第 105 帧处"插入帧"。

⑥ 保存文件并导出 Flash 影片。

模块四 二级页面设计

【学习目标】

（1）了解基本的 DIV+CSS 制作网页的方法和技巧。

（2）掌握两栏式页面的布局方法，Dreamweaver 中 CSS 的设置方法。

（3）掌握 Dreamweaver 中表格属性的设置，单元格的拆分、合并及嵌套的应用。

（4）掌握在 Dreamweaver 中插入 Flash 文件、音频、视频、JavaApplet 等多媒体对象及交互效果的制作方法。

（5）掌握 Dreamweaver 中普通文本、图像、锚点、E-mail 等超级链接的设置及链接样式的设置方法。

（6）掌握 Dreamweaver 中模板/库的创建、修改及更新网页的技巧。

网页的排版布局是制作网页的基础，DIV+CSS 是网站标准（即 Web 标准）中的常用术语之一，是目前普遍使用的一种网页制作方法。采用 DIV+CSS 技术的网页，其代码简洁，对于搜索引擎的收录更加友好，样式的调整更加方便，在团队开发中更容易分工合作从而减少相互关联性。

工作任务一 DIV+CSS 技术的应用

【任务概述】

本工作任务要求借助 Dreamweaver 软件，使用 DIV+CSS 技术，分别制作三行两列式和三行三列式网站内页，效果如图 4-1 所示。

图 4-1　DIV+CSS 页面效果

【核心知识】

一、Web 标准

1. Web 标准及 Web 标准的优点

Web 标准是一些规范的集合，是由 W3C 和其他的标准化组织共同制定的，主要由 3

部分组成，即结构（Structure）、表现（Presentation）和行为（Behavior）。对应的标准也分3方面，如表4-1所示。

表 4-1　　　　　　　　　　　Web 标准

结构化标准语言		HTML （超文本置标语言）4.01、XHTML （可扩展超文本置标语言） 1.0、XHTML 1.1、XML （可扩展标记语言） 1.0
表现类标准语言		CSS （层叠式样式表） Level 1 、CSS Level 2 revision 1 、CSS Level 3 （正在开发中） 、MathML （数学置标语言） 、SVG （可变矢量图形）
行为	对象模型	DOM （文档对象模型） Level 1 、DOM Level 2 、DOM Level 3 Core
	脚本语言	ECMAScript 262 （JavaScript 的标准化版本）

当一个文档被认为离 Web 标准不远的时候，那就意味着，除了具有上面所提到的技术，还应当由符合标准的 XHTML 组成；用 CSS 来布局；使用结构化、语义化的标记；能够在任何浏览器中显示。真正符合 Web 标准的网页设计是能够灵活使用 Web 标准对 Web 内容进行结构、表现与行为的分离——表现与内容分离的技术。

学习和使用 Web 标准会得到许多好处。

① 更简易的开发与维护：使用更具有语义和结构化的 HTML，将更加容易、快速的理解。

② 与未来浏览器的兼容：当使用已定义的标准和规范的代码，那么这个向后兼容的文本就可以防止不能被未来的浏览器识别。

③ 更快的网页下载、读取速度：更少的 HTML 代码带来的将是更小的文件和更快的下载速度。如今的浏览器当处于标准模式下将比它在向下兼容模式下拥有更快的网页读取速度。

④ 更好的可访问性：语义化的 HTML（结构和表现相分离）将让使用读屏器以及不同的浏览设备的读者都能很容易的看到内容。

⑤ 更高的搜索引擎排名：内容和表现的分离使内容成为了一个文本的主体。与语义化的标记结合会提高在搜索引擎中的排名。

⑥ 更好的适应性：一个用语义化标记的文档可以很好的适用于打印和其他的显示设备（掌上电脑和智能电话），这一切仅仅通过链接不同的 CSS 文件就可以完成。

Web 标准可以为网站的创建者节省时间与金钱，还可以为网站的浏览者提供一个更好的体验。Web 标准是未来的发展方向。

2．语义化的 HTML

HTML 是 Hypertext Markup Language 的缩写，即超文本标记语言。HTML 是用于创建可从一个平台移植到另一平台的超文本文档的简单标记语言，经常用来创建Web页面。HTML是标准的 ASCII 文件，是由 HTML 命令组成的描述性文本，HTML 命令可以说明文字、 图形、动画、声音、表格、链接等。HTML 网页结构包括头部（head）、主体（body）两大部分。头部描述浏览器所需的信息，主体包含所要说明的具体内容。

一个 HTML 文件应具有下面的结构：

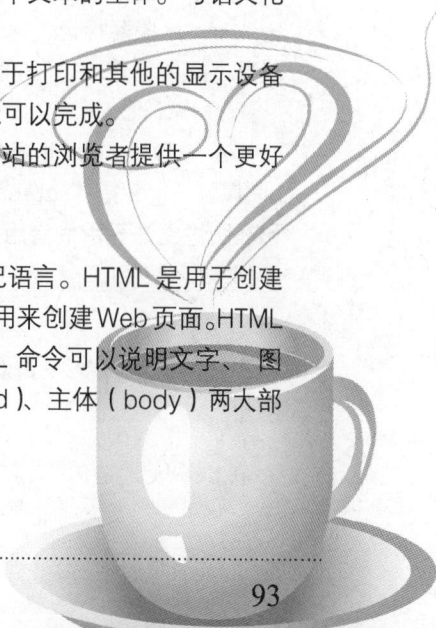

```
    <html>…………html 文件开始
      <head>………文件头开始
        <TITLE>文件的标题</TITLE>……… 标题将出现在浏览器标题栏中
        <meta http-equiv="Content-Type" content="text/html; charset=gb2312" /> //
网页编码 gb2312
    <meta name="keywords" content="关键字" />
    <meta name="description" content="本页描述或关键字描述" />
    </head>………文件头结束
      <body>………文件体开始
        文档主体
      </body>………文件体结束
    </html>…………html 文件结束
```

　　HTML 中很多标志都成对出现，例如有<TITLE>就有</TITLE>，前一个表示开始，后一个表示结束，内容放在两者之间。<meta name="keywords" content="关键字" /> 、<meta name="description" content="本页描述或关键字描述" />这两个标签里的内容是给搜索引擎看的，说明本页关键字及本张网页的主要内容等 SEO 可以用到。

　　HTML 文档可以用 Windows 记事本、书写器或 Word 输入，保存的文档扩展名为.htm 或 .html，双击 HTML 文档图标即可在浏览器中浏览 HTML 文档创建的网页。反之，在浏览器打开一个网页后，也可查看 HTML 源文件。第一种方法是，打开一个网页后单击鼠标右键，选择"查看源文件"，即可弹出一个记事本，而记事本内容就是此网页的 HTML 代码。第二种方法是，通过浏览器状态栏或在工具栏中单击"查看"，然后选择"查看源代码"，即可查看此网页的源代码。

　　HTML 基本的标签如下所示。

　　（1）<Hx>

　　<h1>、<h2>、<h3>、<h4>、<h5>、<h6>作为标题使用，并且依据重要性递减。<h1>是最高的等级，例如：

```
    <h1>文档标题</h1>
    <h2>次级标题</h2>
```

　　（2）<p>

　　<p>是段落标记，<p></p>中的文字会自动换行，而且换行的效果优于
。段落与段落之间的空隙、行高(line-height)、首字下沉等效果，可以利用 CSS 来控制。

　　（3）<img>

　　在 HTML 中，图像由 <img> 标签定义。<img> 标签有两个必需的属性：src 属性和 alt 属性。src 指 "source"，源属性的值是图像的 URL 地址。alt 属性指定了替代文本，用于在图像无法显示或者用户禁用图像显示时，代替图像显示在浏览器中的内容，例如：

```
<img src="images/self1.jpg" alt="汉口江滩" />
```

　　（4）<ul>、<ol>、<li>

　　<ul>无序列表，<ol>有序列表。在 Web 标准化过程中，<ul>还被更多的用于导航条，例如：

```
    <ul>
    <li>项目一</li>
```

```
    <li>项目二</li>
    <li>项目三</li>
    </ul>
    <ol>
    <li>第一章</li>
    <li>第二章</li>
    <li>第三章</li>
      </ol>
```

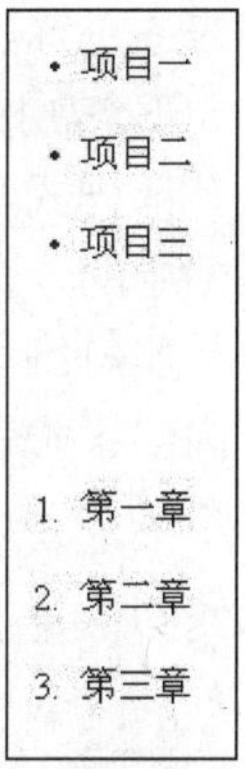

- 项目一
- 项目二
- 项目三

1. 第一章
2. 第二章
3. 第三章

图 4-2　列表效果图

其效果如图 4-2 所示。

二、DIV+CSS 布局入门

1．认识 DIV

DIV+CSS 布局的基本元素是 DIV，一般作为文本、图像或其他网页元素的容器。

DIV 全称 DIVision ，意为"区分"；DIV 是 XHTML 指定的，专门用于布局设计的容器对象。W3C 官方定义是：DIV 是一个 block 对象——块状对象。XHTML 中的块状对象指的是当前对象显示为一个方块，默认的显示状态下，将占据整行，其他的对象在下一行显示。

一个页面可以划分为多个 DIV。常见的网页布局形式如图 4-3 所示。

图 4-3　常见的网页布局形式

在网页中，DIV 块用 HTML 标签<DIV>来标记，如图 4-4 所示。

从中可以看到，网页用 DIV 进行构造，页面中除了内容之外没有其他任何效果，颜色、字体大小或框线粗细之类的设置，要放入 CSS 中，通过 CSS 来设置 DIV 标签样式。

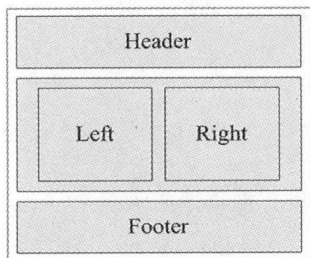

```
代码：
<div id="header">头部</div>
<div id="center">
<div id="left">左分栏</div>
<div id="right">右分栏</div>
</div>
<div id="footer">底部</div>
```

提示：ID是一个标签，用于区分不同的结构和内容。

图 4-4　DIV 块

2．CSS 样式

CSS 全称为 Cascading Style Sheets，层叠样式表，是用于创建网页表现（样式/美化）

样式表的统称。

CSS 常用的类型有外部样式表、内部样式表和直接插入式 3 种。

外部样式表是 CSS 以一个单独的外部 CSS（后缀名为.css）的文件形式存在，可以链接到网站中的一个或多个页面。在 HTML 文档头<head></head>标签之间通过文件引用进行控制，如<link rel="stylesheet" href="文件名.CSS" type="text/css">。

内部样式表不以文件的形式存在，仅作用于本文档，直接定义在<head></head> 之间。如下所示：

```
<Style type="text/css">
<!-
P{font-family:"宋体" font-size:9pt;color:blue}
H2{font-family:"宋体";font-size:13pt;color:red}
-->
</style>
```

直接插入式：只需要在每个 HTML 标签后书写 CSS 属性。作用范围只限于本标签。如<table style="color:red;font-size:10pt">。

要统一站点风格，应用外部样式表；要统一某个网页风格，用内部样式表；而在网页内部某个标签的具体调整上，用直接插入式。

3. DIV+CSS 布局优点

DIV+CSS 布局是网页 HTML 通过 DIV 标签和 CSS 样式表代码开发制作的。DIV 承载的是内容，而 CSS 承载的是样式。CSS 是一种"盒子模式"，如图 4-5 所示。

盒子模式具备如内容（Content）、填充（Padding）、边框（Border）、边界（Margin）等属性。在网页设计上，内容常指文字、图片等元素，填充只有宽度属性，可以理解为生活

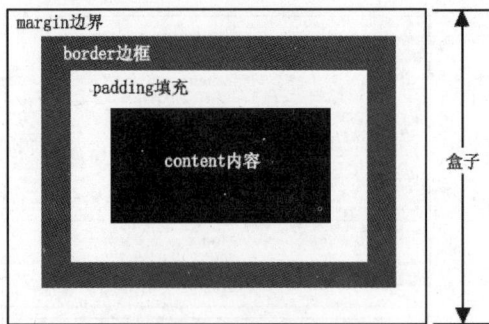

图 4-5　CSS 盒子模式

中盒子里的抗震辅料厚度，而边框有大小和颜色之分，可以理解为生活中所见盒子的厚度以及这个盒子是用什么颜色材料做成的，边界就是该盒子与其他东西要保留多大距离。

从本质上来说，DIV+CSS 布局网页实现了内容与样式的分离。因此，采用 DIV+CSS 布局的网页，是符合 Web 标准的，有很多优点。

① 结构化 HTML，提高易用性。

② 结构清晰，表现和内容相分离。

③ 更好的控制页面布局。

④ 结构的重构性强，缩短改版时间。

⑤ 大大缩减页面代码，提高页面浏览速度，缩减带宽成本。

⑥ 结构清晰，容易被搜索引擎搜索到。

4. DIV+CSS 网页制作开发流程

① 分析网页效果图，找出结构规律。

② 利用 Photoshop 去掉网页效果图中无效果的文字，并把效果图切成较小的图片，根据网页效果来选择图片格式类型如 GIF、JPG、PNG 格式等。

③ 在网页中插入 DIV 标签，在 DIV 中填充网页内容。

④ 分别定义 DIV 的 CSS 样式。

⑤ 总体调整色彩及内容，适当修改 CSS 样式。

三、Dreamweaver 中的 CSS 样式

1. Dreamweaver 简介

Dreamweaver 提供了一个将全部元素置于一个窗口中的集成布局。在集成的工作区中，全部窗口和面板都被集成到一个更大的应用程序窗口中，如图 4-6 所示。

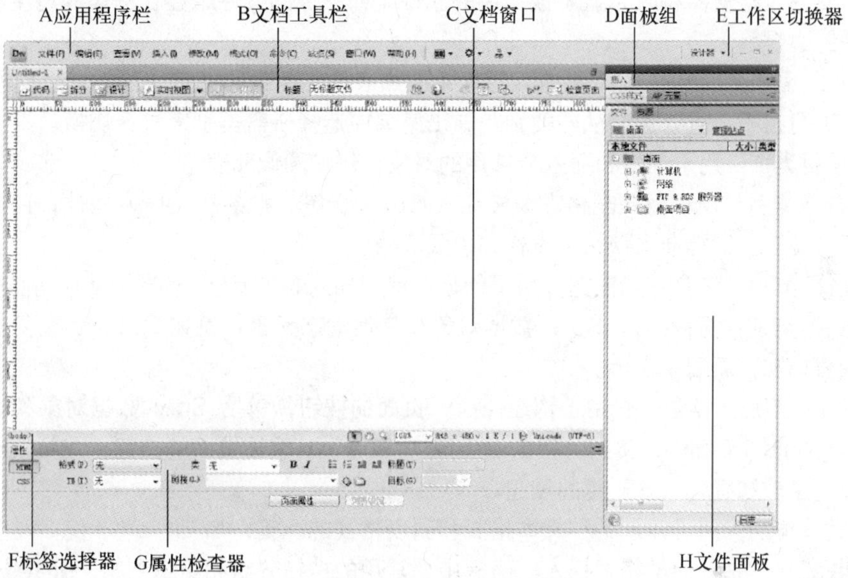

图 4-6　Dreamweaver 工作区布局

"文档"窗口显示当前文档。可以选择下列任一视图。

① 设计视图：一个用于可视化页面布局、可视化编辑和快速应用程序开发的设计环境。在该视图中，Dreamweaver 显示文档的完全可编辑的可视化表示形式，类似于在浏览器中查看页面时看到的内容。

② 代码视图：一个用于编写和编辑 HTML、JavaScript、服务器语言代码［如 PHP 或 ColdFusion 标记语言（CFML）］以及任何其他类型代码的手工编码环境。

③ 拆分代码视图：代码视图的一种拆分版本，可以通过滚动以同时对文档的不同部分进行操作。

④ 代码和设计视图：可以在一个窗口中同时看到同一文档的"代码"视图和"设计"视图。

⑤ 实时视图：与"设计"视图类似，"实时"视图更逼真地显示文档在浏览器中的表示形式，并能够与文档交互。"实时"视图不可编辑。不过，可以在"代码"视图中进行编辑，然后刷新"实时"视图来查看所做的更改。

⑥ 实时代码视图：仅在"实时"视图中查看文档时可用。"实时代码"视图显示浏览器用于执行该页面的实际代码，当在"实时"视图中与该页面进行交互时，它可以动态变化。"实时代码"视图不可编辑。

当"文档"窗口处于最大化状态（默认值）时，"文档"窗口顶部会显示选项卡，上面

显示了所有打开文档的文件名，如果尚未保存已做的更改，则 Dreamweaver 会在文件名后显示一个星号。

若要切换到某个文档，可单击它的选项卡。Dreamweaver 还会在文档的选项卡下（如果在单独窗口中查看文档，则在文档标题栏下）显示"相关文件"工具栏。相关文档指与当前文件关联的文档，例如 CSS 文件或 JavaScript 文件。若要在"文档"窗口中打开这些相关文件之一，请在"相关文件"工具栏中单击其文件名。

"属性"检查器可以检查和编辑当前选定页面元素（如文本和插入的对象）的最常用属性。"属性"检查器中的内容根据选定的元素会有所不同。例如，如果选择页面上的一个图像，则"属性"检查器将改为显示该图像的属性（如图像的文件路径、图像的宽度和高度、图像周围的边框等）。

"插入"面板包含用于创建和插入对象（例如表格、图像和链接）的按钮。这些按钮按几个类别进行组织，可以通过从"类别"弹出菜单中选择所需类别来进行切换。

① 常用类别：用于创建和插入最常用的对象，例如图像和表格。

② 布局类别：用于插入表格、表格元素、DIV 标签、框架和 Spry 构件，还可以选择表格的两种视图，即标准（默认）表格和扩展表格。

③ 表单类别：包含一些按钮，用于创建表单和插入表单元素（包括 Spry 验证构件）。

④ 数据类别：可以插入 Spry 数据对象和其他动态元素，例如记录集、重复区域以及插入记录表单和更新记录表单。

⑤ Spry 类别：包含一些用于构建 Spry 页面的按钮，包括 Spry 数据对象和构件。

⑥ InContext Editing 类别：包含供生成 InContext 编辑页面的按钮，包括用于可编辑区域、重复区域和管理 CSS 类的按钮。

⑦ 文本类别：用于插入各种文本格式和列表格式的标签，如 b、em、p、h1 和 ul。

⑧ 收藏夹类别：用于将"插入"面板中最常用的按钮分组和组织到某一公共位置。

⑨ 服务器代码类别：仅适用于使用特定服务器语言的页面，这些服务器语言包括 ASP、CFML Basic、CFML Flow、CFML Advanced 和 PHP。这些类别中的每一个都提供了服务器代码对象，可以将这些对象插入"代码"视图中。

2．CSS 样式的创建

在 Dreamweaver 中要创建样式，可以在"CSS 样式"面板中创建。

选择"窗口"→"CSS 样式"（快捷键为 Shift+F11）命令，打开"CSS 样式"面板。

单击"CSS 样式"面板中的 按钮，弹出"新建 CSS 规则"对话框，如图 4-7 所示。

在 Dreamweaver CS4 中可以定义 4 种样式类型。

① 类（可应用于任何 HTML 元素）。

② ID（仅应用于一个 HTML 元素）。

③ 标签（重新定义 HTML 元素）。

④ 复合内容（基于选择的内容）。

（1）类（可应用于任何 HTML 元素）

用来设置一个自定义样式。需要在"选择器名称"后的下拉列表框中输入这个样式的名

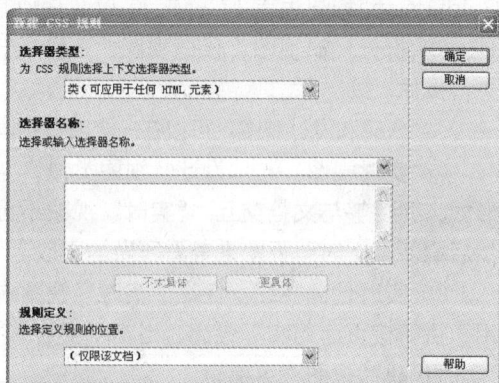

图 4-7　"新建 CSS 规则"对话框

称。注意，类名称必须以英文句点开头，并且可以包含任何字母和数字组合，如.css1。如果没有输入开头的句点，Dreamweaver 将自动输入，如图 4-8 所示。

（2）ID（仅应用于一个 HTML 元素）

为所有包含特定 ID 属性的 HTML 元素定义格式。需要在"选择器名称"后的下拉列表框中输入这个样式的名称。注意，ID 名称必须以"#"开头，并且可以包含任何字母和数字组合，如#warning，如图 4-9 所示。

图 4-8　新建类　　　　　　　图 4-9　新建 ID 选择器

（3）标签（重新定义 HTML 元素）

用来重新定义某种类型页面元素的格式。制作后，不需要选中对象，就可以直接应用到页面中。

选择"标签（重新定义 HTML 元素）"，在"选择器名称"后的下拉列表框里选择或输入一个 HTML 标签，例如输入"table"（表格标签），如图 4-10 所示。

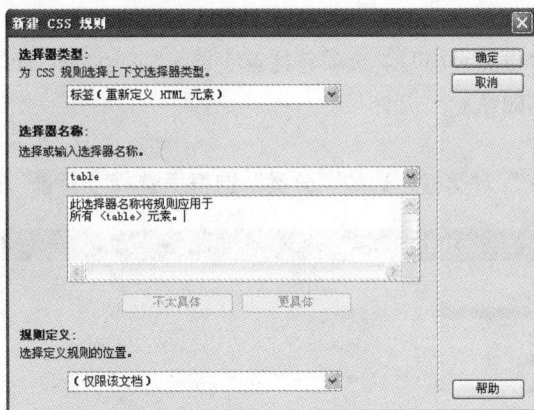

图 4-10　新建标签样式

（4）复合内容（基于选择的内容）

用来定义同时影响两个或多个标签、类或 ID 的复合规则。选择"复合内容（基于选择的内容）"，在"选择器名称"后的下拉列表框里选择或输入一个 HTML 标签。例如，如果输入 DIV p，则 DIV 标签内的所有 p 元素都将受此规则的影响。

在"选择器名称"后的下拉列表框里还提供了标签，包括 a:active、a:hover、a:link 和

a:visited。

① a:active：超级链接文本被激活时的显示样式。

② a:hover：光标移到超级链接文本上时的显示样式。

③ a:link：正常的未被访问过的超级链接文本的显示样式。

④ a:visited：被访问过超级链接文本的显示样式。

在"新建 CSS 规则"对话框中完成相关设置，单击"确定"按钮，将弹出"CSS 规则定义"对话框，如图 4-11 所示。

在"CSS 规则定义"对话框中可以定义丰富的 CSS 样式。

（1）CSS 类型

在"CSS 规则定义"对话框左边的"分类"选框里选择"类型"，"类型"模式有以下具体选项。

"字体"：指定文本的字体。设置时最好选择常用字体，否则有些浏览器无法正常显示。

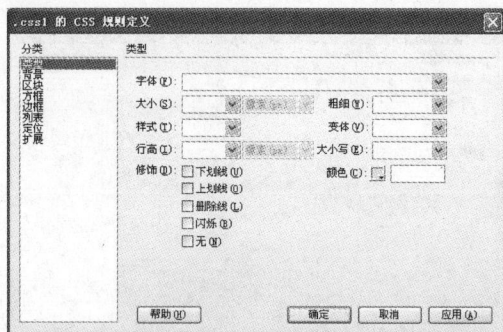

图 4-11 ".css1 的 CSS 规则定义"对话框

"大小"：设置文字尺寸。常用尺寸为像素，数值可以在下拉列表中选择，也可以直接输入，直接输入的数值大小没有限制。

"样式"：设置字体的风格。选项包括正常、斜体及倾斜体。

"行高"：设置文本所在处的行高。也可以直接输入一个精确值并选择其计算单位。

"修饰"：设置文本的显示状态。选项包括下划线、上划线、删除线、闪烁和无。对于链接文本的默认设置是下划线。

"粗细"：设置字体的粗细效果。选项包括正常、粗体、特粗体、细体和 9 种像素选择。

"变体"：设置字母类文本。选项包括正常和小型大写字母。

"大小写"：设置字母的大小写。选项包括首字母大写、大写、小写和无。

"颜色"：设置文本颜色。

（2）CSS 背景

在"CSS 规则定义"对话框左边的"分类"选框里选择"背景"选项，如图 4-12 所示。

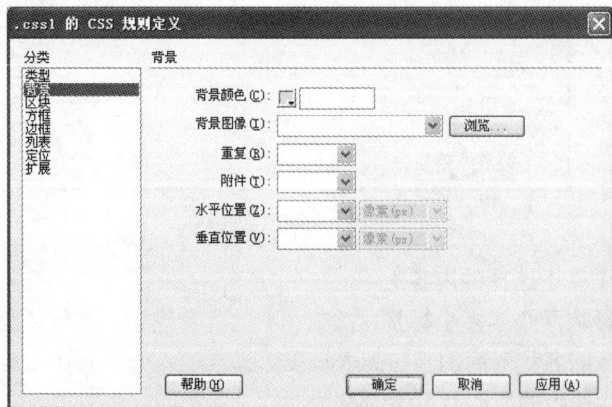

图 4-12 选择"背景"选项

"背景颜色"：设置元素的背景颜色。

"背景图像"：设置元素的背景图像。

"重复"：当背景图像不足以填满页面时，决定是否重复和如何重复背景图像，共有4个选项。

① 重复：在纵向和横向平铺图像。

② 不重复：在文本的起始位置显示一次图像。

③ 横向重复：横向进行图像平铺。

④ 纵向重复：纵向进行图像平铺。

"附件"：决定背景图像是在起始位置固定不动，还是同内容一起滚动。

① 固定：文字滚动时，背景图像保持不动。

② 滚动：背景图像随文字的滚动而滚动。

"水平位置"：指定背景图像相对于文档窗口的水平位置。有左对齐、右对齐和居中，也可以直接输入值，并选择其计算单位。

"垂直位置"：指定背景图像相对于文档窗口的垂直位置。有顶部、居中和底部，也可以直接输入值，并选择其计算单位。

（3）CSS 区块

在"CSS 规则定义"对话框左边的"分类"选框里选择"区块"选项，如图4-13所示。

图 4-13 选择"区块"选项

"单词间距"：在文字之间添加空格。

"字母间距"：设置文字之间或是字母之间的间距。

"垂直对齐"：控制文字或图像相对于其字母元素的垂直位置。

"文本对齐"：设置元素中的文本对齐方式。

"文字缩进"：决定首行缩进的距离。

"空格"：决定如何处理元素内容的白色空格，有3个选项。

① 正常：收缩空格。

② 保留：将所有白色空格（包括空格、制表符和回车符等）都作为文本用 PRE 标签包围起来。

③ 不换行：指定文本只有在碰到 br 标签时才换行。

"显示"：指定是否以及如何显示元素。"无"指定到某个元素时，它将禁用该元素的显示。

101

（4）CSS 方框

在"CSS 规则定义"对话框左边的"分类"选框里选择"方框"选项，如图 4-14 所示。

图 4-14　选择"方框"选项

"宽"和"高"：决定元素的大小尺寸。

"填充"：定义元素内容和边框（如果没有边框则为边距）之间的间距。取消选择"全部相同"选项可设置元素各个边的填充。

"浮动"：设置其他元素（如文本、AP Div、表格等）在围绕元素的哪个边浮动。其他元素按通常的方式环绕在浮动元素的周围。

"清除"：定义元素的哪一边不允许有层。如果层出现在被清除的那一边，则元素（设置了清除属性的）将移动到层的下面。

"边界"：定义元素边框（如果没有边框则为填充）和其他元素之间的空间大小。

（5）CSS 边框

在"CSS 规则定义"对话框左边的"分类"选框里选择"边框"选项，如图 4-15 所示。

"样式"：决定边框样式，但其显示取决于浏览器。取消选择"全部相同"可设置元素各个边的边框样式。

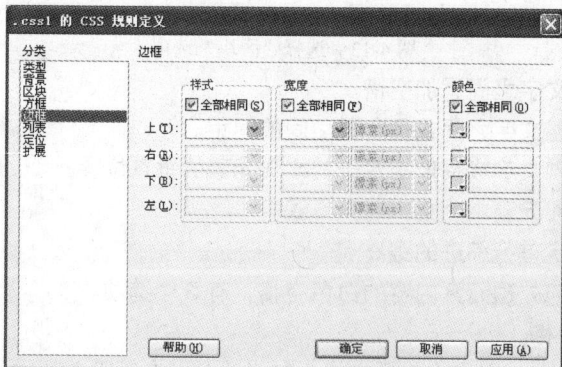

图 4-15　选择"边框"选项

"宽度"：设置元素边框的粗细，其下拉列表分别列出下列各值。

① 细：细边框。

② 中：中等粗细边框。

③ 粗：粗边框。

④ 值：设置具体的边框粗细值。

"颜色"：设置边框的颜色。可以分别设置每条边的颜色，但显示方式取决于浏览器。取消选择"全部相同"可设置元素各个边的边框颜色。

（6）CSS 列表

在"CSS 规则定义"对话框左边的"分类"选框里选择"列表"选项，如图 4-16 所示。

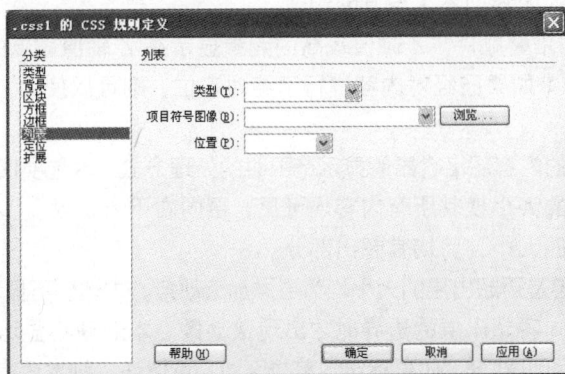

图 4-16　选择"列表"选项

"类型"：决定项目符号或编号的外观。

"项目符号图像"：允许自定义项目符号的图像。

"位置"：决定列表项换行时是缩进还是边缘对齐。缩进时选外选项，边缘对齐时选内选项。

（7）CSS 定位

在"CSS 规则定义"对话框左边的"分类"选框里选择"定位"选项，如图 4-17 所示。

图 4-17　选择"定位"选项

"类型"：决定浏览器定位层的方式。

① 绝对：使用在定位框中输入的相对于页面左上角的坐标放置层。

② 固定：使用在定位框中输入的相对于浏览器左上角的坐标放置层。

③ 相对：同样使用在定位框中输入的坐标放置层，但是该坐标相对的是在文档中的对象位置。

④ 态：将层定位在文本自身的位置。

"宽"和"高"：决定层的大小尺寸。

"定位"：指定层的位置。浏览器将按类型中的设置来决定如何解释该位置。

"显示"：决定层的初始显示状态。

① 继承：继承内容父级的可见性属性。

② 可见：显示层的内容而不考虑其父级值。

③ 隐藏：隐藏层的内容而不考虑其父级值。

"Z轴"：决定层的堆叠顺序。Z轴值较高的元素显示在Z轴值较低的元素（或根本没有Z轴值的元素）的上方（如果已经对内容进行了绝对定位，则可以使用"AP元素"面板来更改堆叠顺序）。

"溢出"：决定在层的内容超出容器的显示范围时的处理方式。本选项仅适用于CSS样式表。

① 可见：扩展层的大小使其所有内容均可见，层向右下方扩展。

② 隐藏：保持层的大小，剪切其超出部分。

③ 滚动：不论内容是否超出层的大小均为层添加滚动条。本选项不显示在文档窗口中。

④ 自动：只有在内容超出层的边界时才出现滚动条。本选项不显示在文档窗口中。

"剪辑"：定义层的可见部分。如果指定了剪辑区域，可以通过脚本语言（如JavaScript）来访问它，并操作属性以创建像擦除这样的特殊效果。使用"改变属性"行为可以设置擦除效果。

（8）CSS扩展

在"CSS规则定义"对话框左边的"分类"选框里选择"扩展"选项，如图4-18所示。

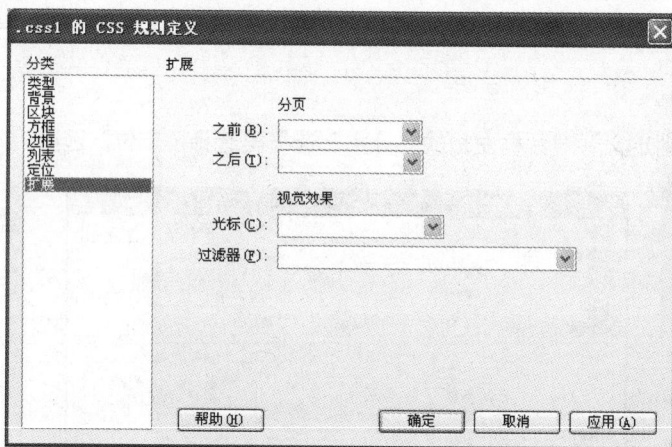

图4-18　选择"扩展"选项

"分页"：打印期间在样式所控制的对象之前或者之后强行分页。此选项不受任何4.0版本浏览器的支持。

"光标"：当鼠标指针位于样式所控制的对象上时改变指针图像。Internet Explorer 4.0 和更高版本以及 Netscape Navigator 6 支持该属性。

"过滤器"：对样式所控制的对象应用特殊效果（包括模糊和反转）。从弹出菜单中选择一种效果。

3. 应用CSS样式

在"CSS样式"面板中，列出了所有样式标签中定义的所有样式的样式表，如图4-19所示。

（1）如果要设置段落格式，可以将插入点放置于段落之中；如果要设置多个段落格式，则需要选中这些段落；如果要设置字符格式，则需要选中这些字符。

（2）在"CSS样式"面板中，选择某种样式。单击鼠标右键，选择"套用"命令，如图4-20所示。或者在"属性"面板中，直接在"样式"下拉列表框内选择样式，如图4-21所示。

图4-19　样式的名称和属性

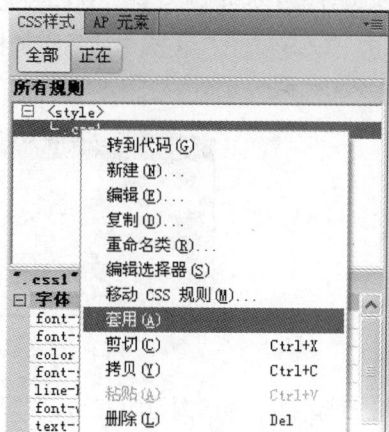

图4-20　选择"套用"命令

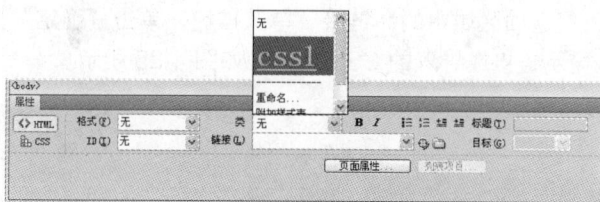

图4-21　"属性"面板

这样，所选择的样式就可以应用到选中的段落或字符中，如图4-22所示。

图4-22　当前元素CSS样式

4. 管理 CSS 样式

如果要对本文档中的 CSS 样式进行编辑、删除等操作，可以在"CSS 样式"面板中找到相应的操作按钮。

（1）编辑样式

① 打开"CSS 样式"面板，选中要编辑的 CSS 样式。

② 单击"编辑样式表"按钮 ∅，打开"CSS 规则定义"对话框。

③ 在对话框中对选中的 CSS 样式进行相应的修改，修改完毕，单击"确定"按钮即可。

（2）删除样式

① 打开"CSS 样式"面板，选中要删除的 CSS 样式。

② 单击"删除 CSS 规则"按钮 🗑。

③ 这时样式即被删除，同时从样式列表中消失。

（3）链接或导入外部 CSS 样式文件到本文档中

① 单击"CSS 样式"面板中的"附加样式表"按钮 ➡，弹出"链接外部样式表"对话框，如图 4-23 所示。

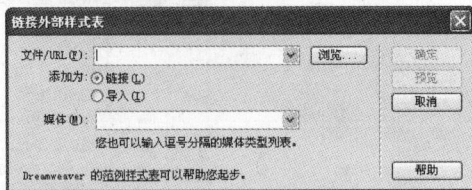

图 4-23 "链接外部样式表"对话框

② 单击对话框中的"浏览"按钮，打开"选择样式表文件"对话框，在对话框中选择需要链接或导入的外部 CSS 样式文件，然后单击"确定"按钮，将 CSS 样式文件导入到"链接外部样式表"对话框中，如图 4-24 所示。

③ 选中"添加为"选项区域中的"链接"单选按钮，单击"确定"按钮，在"CSS 样式"面板的列表中将显示链接或导入的 CSS 文件，如图 4-25 所示。

图 4-24 "链接外部样式表"对话框

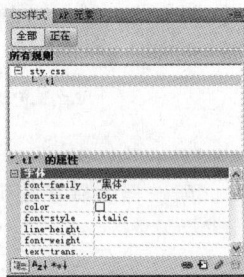

图 4-25 显示 CSS 文件

四、DIV+CSS 布局案例分析

1. 上下两栏的页面（如图 4-26 所示）

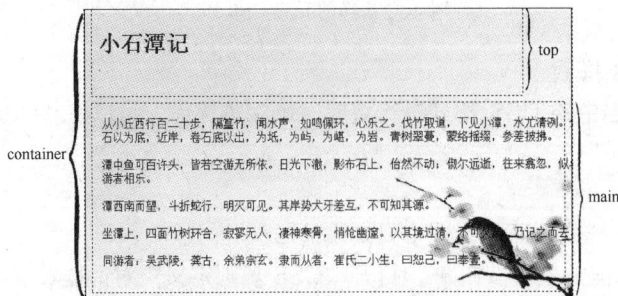

图 4-26 上下两栏的页面

（1）网页结构的实现

在页面插入 3 个单独 DIV 标签实现：一个主容器标签（container）、一个导航条标签（top）、一个主要内容标签（main）。代码如下：

```
<BODY>
<DIV id=container>
<DIV id=top>
<H1>小石潭记</H1>
</DIV>
<DIV id=main>
<P>从小丘西行百二十步，隔篁竹，闻水声，如鸣佩环，心乐之。伐竹取道，下见小潭，水尤清冽。全石以为底，近岸，卷石底以出，为坻，为屿，为嵁，为岩。青树翠蔓，蒙络摇缀，参差披拂。</P>
<P>潭中鱼可百许头，皆若空游无所依。日光下澈，影布石上，佁然不动；俶尔远逝，往来翕忽，似与游者相乐。</P>
<P>潭西南而望，斗折蛇行，明灭可见。其岸势犬牙差互，不可知其源。</P>
<P>坐潭上，四面竹树环合，寂寥无人，凄神寒骨，悄怆幽邃。以其境过清，不可久居，乃记之而去。</P>
<P>同游者：吴武陵，龚古，余弟宗玄。隶而从者，崔氏二小生：曰恕己，曰奉壹。</P>
</DIV>
</DIV>
</BODY>
```

（2）添加 CSS 样式

3 个 DIV 标签对应 ID 的样式可以定义在本页面的头部中，也可以定义在外部样式表文件中。

① 主容器标签 container 的样式设置。

#container 规则在"方框"中设置宽为 700 像素（如图 4-27 所示）、边距为 0；在"背景"对话框（如图 4-28 所示）中设置图片；在"边框"对话框（如图 4-29 所示）中设置风格为实线、1 像素宽、黑色；在"区块"对话框（如图 4-30 所示）中设置文本左对齐。

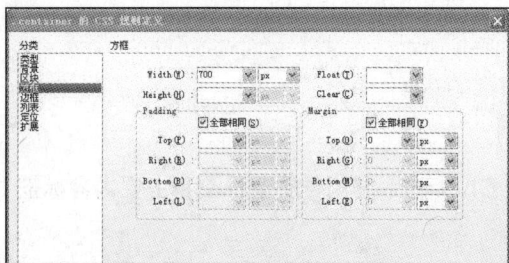

图 4-27 "方框"对话框

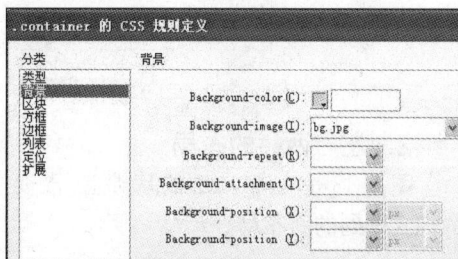

图 4-28 "背景"对话框

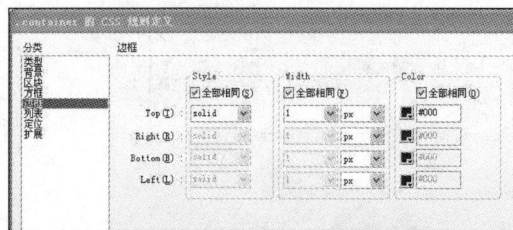

图 4-29 "边框"对话框

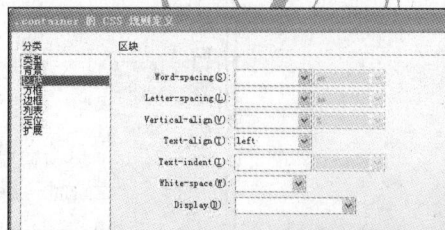

图 4-30 "区块"对话框

相关代码如下：

```
#container {
```

```
        background-image: url(bg.jpg);
        border: 1px solid #000;
        width: 700px;
        margin:0px;
        text-align: left;
}
```

② 导航条标签 top 的样式设置。

#top 规则在"方框"中设置 600px 宽，100px 高，顶部、右侧、左侧、底部和元素内容之间的补白区域为 10px，左边距为 10px。可视化设置如图 4-31 所示。

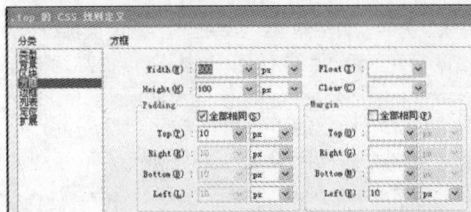

图 4-31 "方框"对话框

③ 主要内容标签 main 的样式设置。

#main 规则在"方框"中设置各边距（上、下、左和右）为 10px，右侧补白 15px，底部补白 15px，左侧补白 15px。可视化设置如图 4-32 所示。

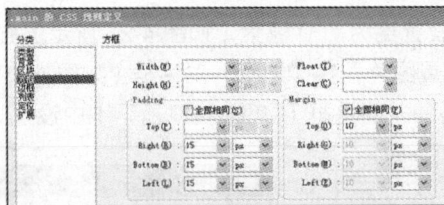

图 4-32 "方框"对话框

2．左右两栏的布局

图 4-33 是在图 4-26 的基础上，改变了两个 DIV 标签（左侧导航条标签和主要内容标签）的样式得到的新布局。

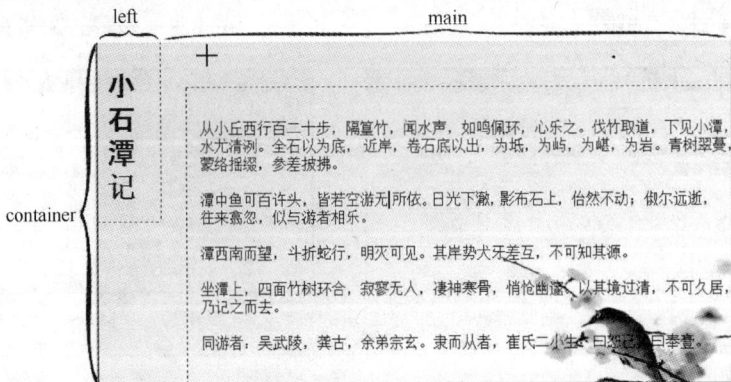

图 4-33 左右两栏的布局

① 左侧导航条标签 Left 的样式设置。

Left 规则在"方框"中设置 50px 宽，顶部、右侧、左侧和底部补白为 10px，浮动且文字按左对齐方式环绕。可视化设置如图 4-34 所示。

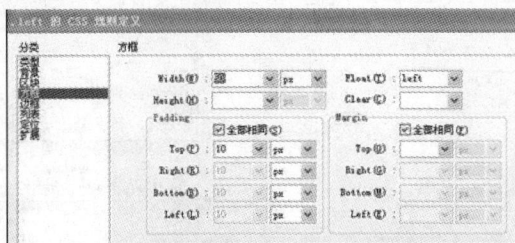

相关代码：

```
#left {
  padding: 10px;
  float: left;
  width: 50px;
}
```

图 4-34 "方框"对话框

② 主要内容标签 main 的样式设置。

#main 规则在"方框"中设置顶部、右侧、左侧和底部补白为 15px，左边距为 100px，上边距 50px。可视化设置如图 4-35 所示。

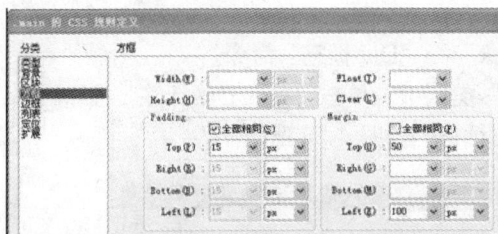

相关代码：

```
.main {
  padding: 15px;
  margin-top: 50px;
  margin-left: 100px;
}
```

图 4-35 "方框"对话框

可以看出，使用 CSS 页面布局来逐步替代传统的 HTML 表格布局，实现了结构和表现相分离，并且减少了页面代码量，提高了文件下载的速度，浏览器显示页面的速度也将更快。另外由于样式文件的独立性，用户选择自己喜欢的界面变得更容易。

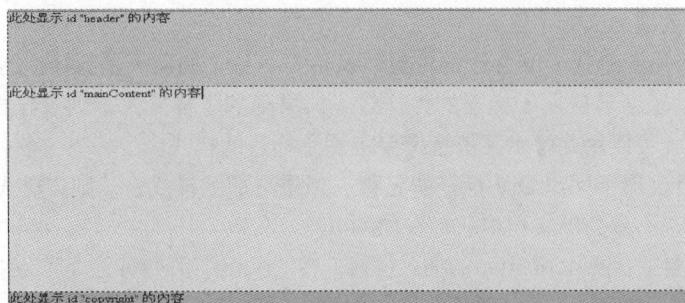

图 4-36 上中下三栏布局效果图

3．上中下三栏的布局

该页面已导入外部 CSS 样式文件 main_layout2.css，然后可以通过 Dreamweaver 可视化操作插入 DIV 标签并对它们应用 CSS 定位样式来创建页面布局。

（1）main_layout2.css 中定义了 body 标签样式和主容器 container 标签样式，如图 4-37 所示。

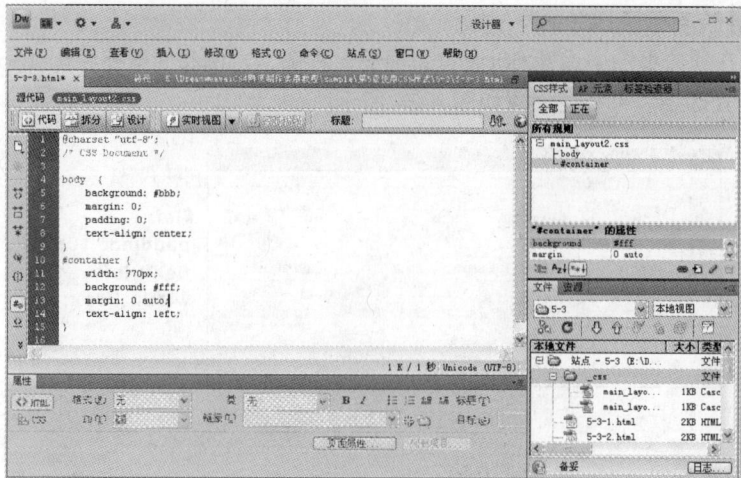

图 4-37　样式文件 main_layout2.css 源代码

（2）在"设计"窗口中，将光标放置在要插入 DIV 标签的位置。

（3）执行下列操作之一。

① 选择"插入"→"布局对象"→"Div 标签"命令。

② 在"插入"面板的"布局"类别中，单击"插入 Div 标签"按钮[图]。

（4）弹出"插入 Div 标签"对话框，如图 4-38 所示。

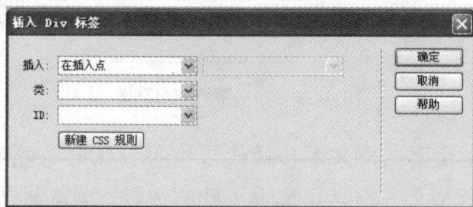

图 4-38　"插入 Div 标签"对话框

对话框中各选项含义如下。

① 插入：可用于选择 DIV 标签的位置以及标签名称（如果不是新标签的话）。

② 类：显示了当前应用于标签的类样式。如果附加了样式表，则该样式表中定义的类将出现在列表中。可以用此弹出菜单选择要应用于标签的样式。

③ ID：可更改用于标识 DIV 标签的名称。如果附加了样式表，则该样式表中定义的 ID将出现在列表中。不会列出文档中已存在块的 ID。

（5）首先设置主容器 container 的插入位置，在"body"开始标签之后，如图 4-39 所示。

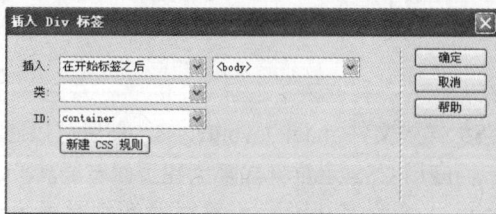

图 4-39　插入 container

（6）删除 container 标签中的内容，将光标置于标签中，选择"插入"→"布局对象"→"Div 标签"，弹出"插入 Div 标签"对话框，设置"header"在"container" 开始标签之后，如图 4-40 所示。

图 4-40　插入 header

（7）单击"新建 CSS 规则"，弹出"新建 CSS 规则"对话框，如图 4-41 所示。

图 4-41　新建 CSS 规则#header

（8）单击"确定"按钮，弹出"#header 的 CSS 规则定义"对话框，在"方框"中设置高为 110px、填充间距为 0、边距为 0；在"背景"中设置背景颜色为#fc0，如图 4-42 所示。

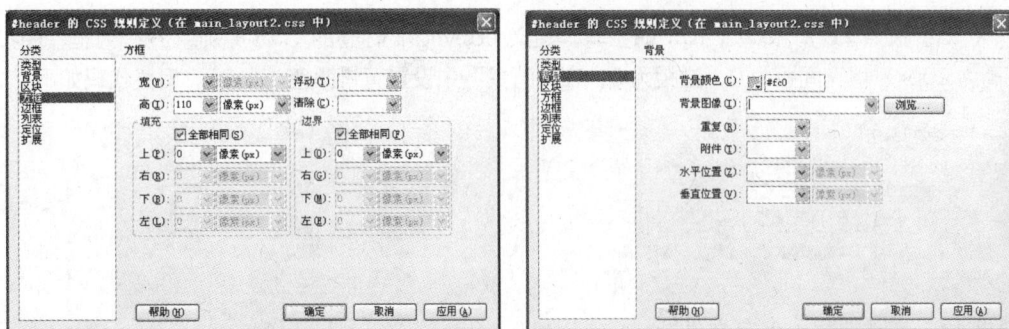

图 4-42　#header 的 CSS 规则定义

（9）单击"确定"按钮，完成 header 的设置。

（10）选择"插入"→"布局对象"→"Div 标签"，弹出"插入 Div 标签"对话框，插入"mainContent"在"header"标签之后，如图 4-43 所示。

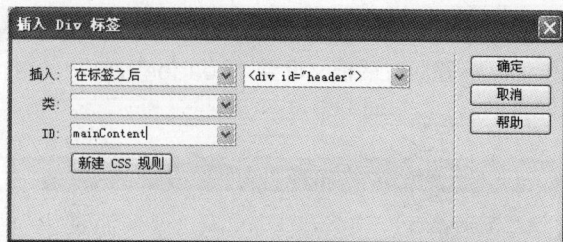

图 4-43　插入 mainContent

（11）按照（8）、（9）、（10）的步骤，定义 mainContent 标签的 CSS 规则。在"方框"中设置高为 300px、填充间距为 0、边距为 0；在"背景"中设置背景颜色为#CF6。相关代码如下：

```
#mainContent {
    background-color: #CF6;
    margin: 0px;
    padding: 0px;
    height: 300px;
}
```

（12）选择"插入"→"布局对象"→"Div 标签"命令，弹出"插入 Div 标签"对话框，插入"copyright"在"mainContent"标签之后，如图 4-44 所示。

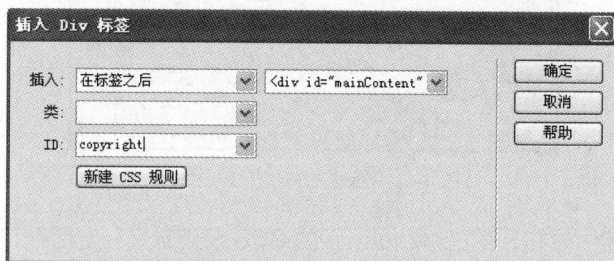

图 4-44　插入 copyright

（13）按照（8）、（9）、（10）的步骤，定义 copyright 标签的 CSS 规则。在"方框"中设置高为 20px、填充间距为 0、边距为 0；在"背景"中设置背景颜色为#c9c。相关代码如下：

```
#copyright {
    background-color: #c9c;
    margin: 0px;
    padding: 0px;
    height: 20px;
}
```

（14）完成布局，保存文件。

4．三行两列式网页布局

在使用 CSS 布局的页面中，一般不使用 AP Div 进行页面的布局。多数页面都使用浮动属性进行页面元素的布局。如果为元素定义了浮动属性，那么元素会从元素所在行中分离出来，在另一个层次中按照浮动的参数显示。

如果一个元素中包含浮动元素，那么称这个元素是浮动元素的父元素。浮动元素会和父元素中原有的内容分离开，如果希望父元素仍然包含浮动元素，也可以采用"清除"属性。

图 4-45 三行两列式网页效果图

（1）创建网页，该文档只包含 5 个固定标签#container、#header、#mainContent、#sidebar 和#footer。在页面中导入外部文件 my_layout.css。按下 F12 快捷键预览页面，如图 4-46 所示。

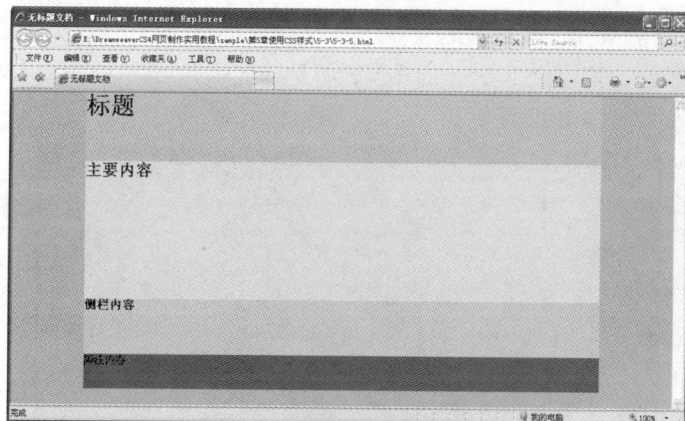

图 4-46 只包含固定元素的页面

（2）在 CSS 样式面板中给#mainContent 标签添加属性，"宽度"为 480px，"浮动"为 "左对齐"。添加后，标签#sidebar 和#footer 向上移，如图 4-47 所示。

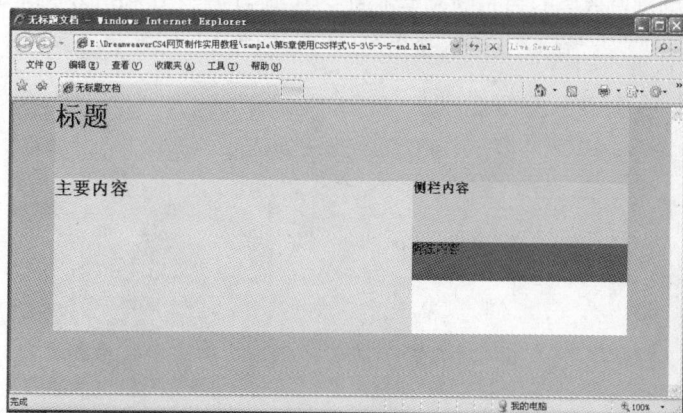

图 4-47 #mainContent 为浮动元素

（3）再给#sidebar 标签添加属性，"宽度"为 100px，"浮动"为"右对齐"。此时，#mainContent 向左浮动，#sidebar 向右，#footer 将占据#mainContent 和#sidebar 的位置，看起来有 3 列，但实际上#footer 占据了整行宽度，如图 4-48 所示。

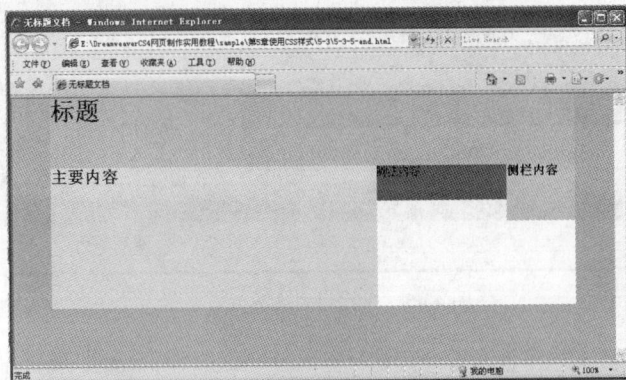

图 4-48　#sidebar 为浮动元素

（4）将 sidebar 的"宽度"改为 285px，因为#mainContent 的"宽度"为 480px，#container 的"宽度"为 770px，所以余下 5px 的宽度，不足以显示#footer 中的文本内容，会使得标签叠加在一起显示，如图 4-49 所示。

图 4-49　浮动元素影响固定元素

（5）在不同的浏览器中，显示的效果不同，图 4-50 所示为 Firefox 浏览器的显示效果。

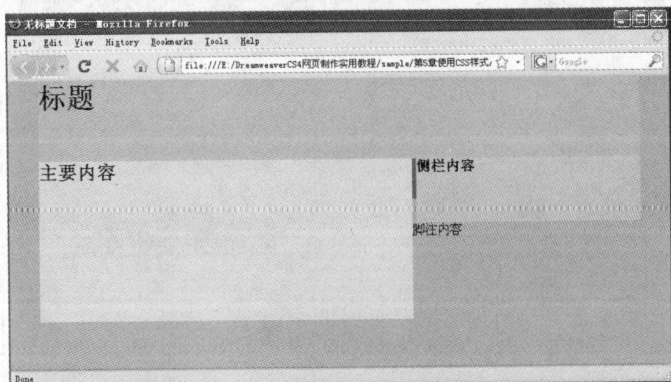

图 4-50　Firefox 显示效果

（6）如果希望浮动元素不影响其后面的元素，可以使用"清除"属性。给#footer 标签添加属性，"清除"为"两者"，即不允许在#footer 的两侧出现浮动元素。按下 F12 快捷键预览页面，#footer 标签的内容会出现在浮动元素后，如图 4-51 所示。

（7）在页面中 #innerContent 标签处插入文本段落和图像，如图 4-52 所示。

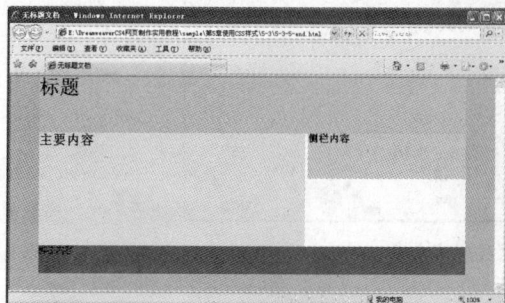

图 4-51　"清除"属性显示效果　　　　图 4-52　父元素#innerContent

（8）将光标放在#innerContent 中，在 CSS 样式面板中新建 CSS 规则，在"选择器类型"中选择"复合内容（基于选择的内容）"，在"选择器名称"中输入"#innerContent img"，即"此选择器名称将规则应用于任何 ID 为 innerContent 的 HTML 元素中所有 <img> 元素"。

（9）单击"确定"按钮，弹出"#innerContent img 的 CSS 规则定义"对话框，在"分类"中选择"方框"，设置属性"浮动"为"左对齐"，如图 4-53 所示。

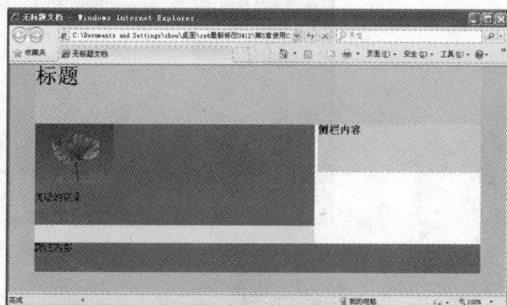

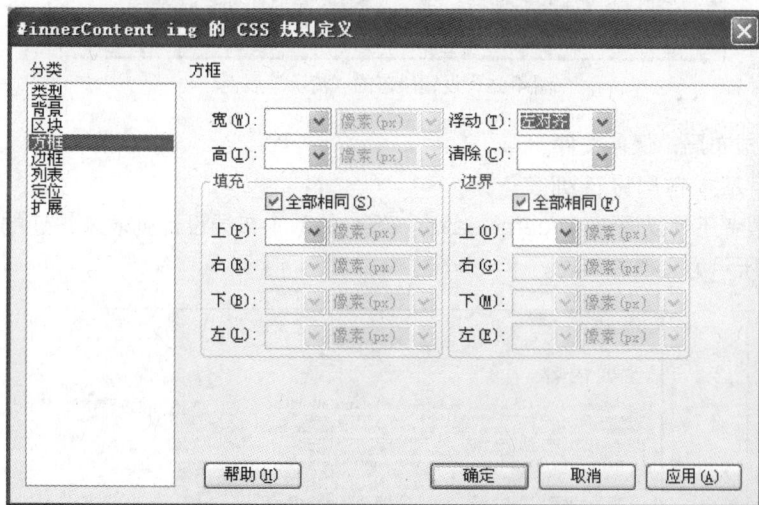

图 4-53　#innerContent img 的 CSS 规则定义

（10）单击"确定"按钮，完成设置。按下 F12 快捷键预览页面，浮动元素<img>从父元素中"浮动"出来，现在父元素#innerContent 中只包含文本段落，如图 4-54 所示。

（11）给文本后的段落标签<p>设置 CSS 样式"content"，添加属性"清除"为"两者"，则整个段落所在 DIV 标签#innerContent 将重新包含#innerContent img，按下 F12 快捷键预览页面，如图 4-55 所示。

图 4-54　浮动元素和父元素

图 4-55　设置段落的"清除"属性

（12）完成布局，保存文件。

5．使用基本布局设计列表

对于初学者还可以通过 Dreamweaver CS4 的基本布局设计列表来快速的定义文档结构。图 4-56 所示为文档的布局。

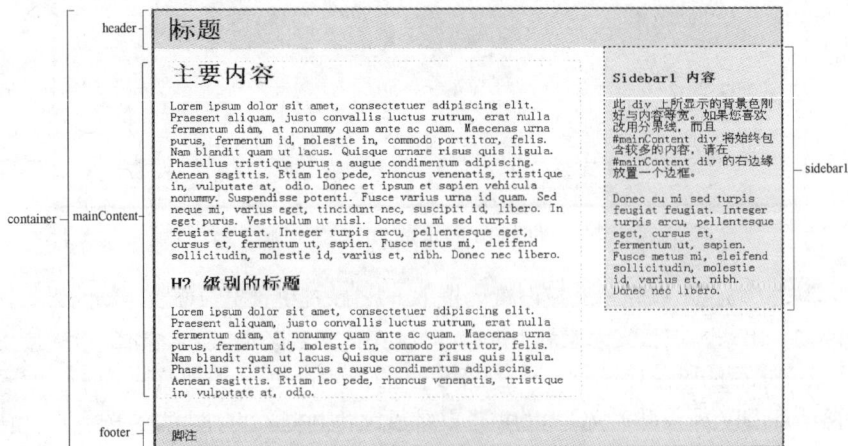

图 4-56　布局效果图

（1）选择"文件"→"新建"命令，打开"新建文档"对话框，选择"空白页"，"页面类型"为"HTML"，在"布局"中将显示基本的设计列表，如图 4-57 所示。

"布局"中有 5 种类型可供选择。

① 固定布局：总体宽度及其中所有栏的值都是以像素指定的。布局位于用户浏览器的中心。

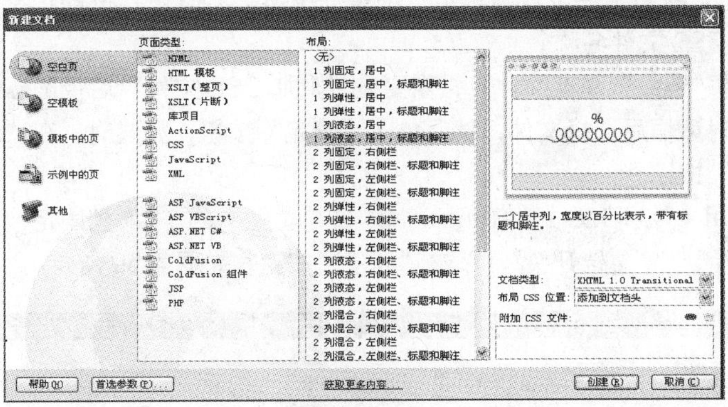

图 4-57 新建 CSS 布局文档结构

② 弹性布局：总体宽度及其中所有栏的值都是以 em 单位指定的。这应使布局能够使用浏览器的指定基本字体大小缩放。如果站点访问者更改了文本设置，该设计将会进行调整，但不会基于浏览器窗口的大小来更改列宽度。

③ 液态布局：总体宽度及其中所有栏的值是以百分比形式指定的。百分比通过用户浏览器窗口的大小计算，但不会基于站点访问者的文本设置来更改列宽度。

④ 混合布局：用上述 3 种布局的任意组合来指定列类型。例如，可能存在两列混合的形式：右侧栏布局有一个根据浏览器大小缩放的主列，右侧有一个根据站点访问者的文本设置大小缩放的弹性列。

⑤ 绝对定位布局：不同于前面 4 种布局的外栏使用浮动内容。绝对定位布局有绝对定位的外栏。

右侧的预览视图中的各种图标注明了布局栏使用什么样的宽度，如图 4-58 所示。

宽度以全方（em）表示　　宽度以像素表示　　宽度以百分比表示

图 4-58 图标表示为布局栏赋予的宽度单位

"文档类型"一般选择"XHTML 1.0 Transitional"（在 W3C 推荐的 Web 标准中，推荐使用过渡的 XHTML 文档作为 CSS 布局页面的文档）。

在"布局 CSS 位置"后的下拉列表中选择放置 CSS 的位置。

① 添加到文档头：会将布局的 CSS 选择器置于文档头部标签中。

② 新建文件：会将布局的 CSS 选择器添加到新的外部 CSS 文件，并将这一新样式文

件添加到要创建的页面。

③ 链接到现有文件：可以指定已包含布局所需的 CSS 规则的现有外部 CSS 文档。
"布局 CSS 位置"的 3 种操作。

① 如果选择"添加到文档头"，则单击"创建"按钮。

② 如果选择"新建文件"，则单击"创建"按钮，然后在"将样式表文件另存为"对话框中指定外部 CSS 文件名称。

③ 如果选择"链接到现有文件"，需要在"附加 CSS 文件"后单击■图标，弹出"附加外部样式表"对话框后选择文件，然后单击"确定"按钮，完成时，在"新建文件"对话框中单击"创建"按钮。

（2）选择使用 "XHTML 1.0 Transitional 文档类型"的 "2 列固定、右侧栏、标题和脚注"，将 CSS 置于"文档开头"，单击"创建"按钮，如图 4-59 所示。

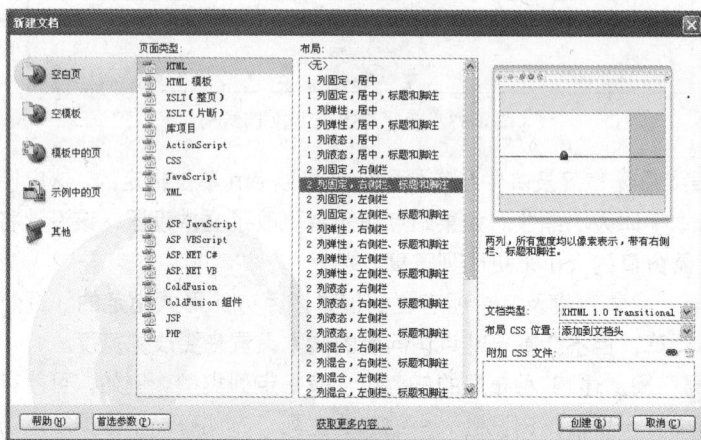

图 4-59　"2 列固定、右侧栏、标题和脚注"布局

（3）生成新文档 Untitled-1.html，文档头部中的 CSS 选择器以类.twoColFixRtHdr 开头，twoCol 表示两栏，Fix 表示固定布局，Rt 表示右栏，Hdr 表示有标题和脚注，如图 4-60 所示。

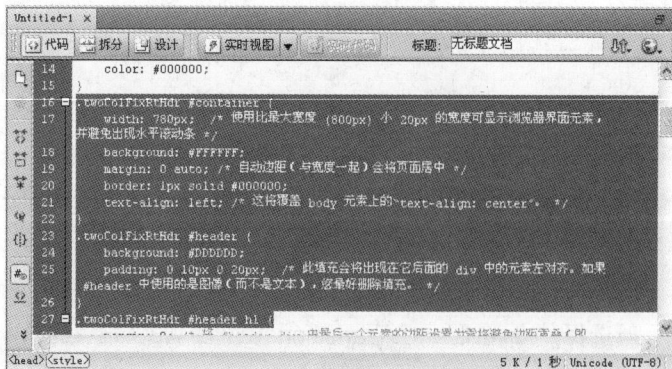

图 4-60　"2 列固定、右侧栏、标题和脚注"源代码

（4）输入文字内容，将新文档保存。

【操作过程】

一、制作三行两列式网页（如图 4-61 所示）

图 4-61　三行两列式页面效果

（1）在本地站点中新建一个页面。

（2）加入 DIV 标签进行网页构造。

可视化操作方法如下。

① 打开"插入"面板，在"插入"面板中将插入类型更改为"布局"。

② 将光标置于空白页面上，单击插入面板中的"插入 Div 标签"按钮，在弹出的"插入 Div 标签"对话框中输入"ID"为"container"，插入后清除块"container"中的内容。

③ 将光标置于块"container"中，单击插入面板中的"插入 Div 标签"按钮，在弹出的"插入 Div 标签"对话框中输入"ID"为"banner"。

④ 单击插入面板中的"插入 Div 标签"按钮，在弹出的"插入 Div 标签"对话框中输入"ID"为"menu"，"插入"为"在标签之后"，选择<DIV id="banner">，如图 4-62 所示。

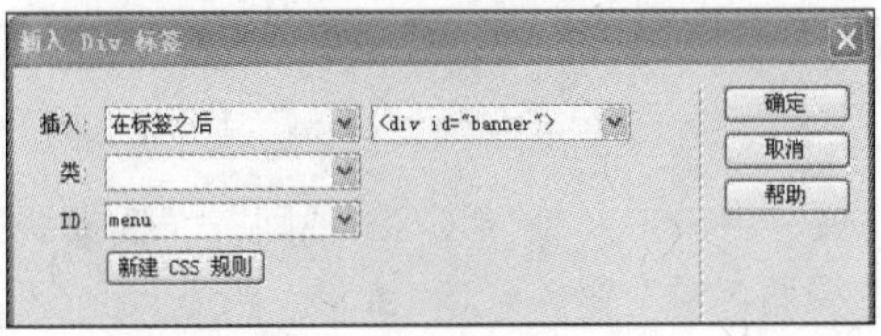

图 4-62　"插入 Div 标签"对话框

⑤ 同理插入 DIV 块 menu、leftbar、main、footer。

生成的源代码如下：

```
<body>
<DIV id="container">
  <DIV id="banner">     </DIV>
  <DIV id="menu">   </DIV>
  <DIV id="leftbar">     </DIV>
  <DIV id="main">     </DIV>
  <DIV id="footer">     </DIV>
</DIV>
</body>
```

（3）在"CSS 样式面板"中单击"新建 CSS 规则"，"选择器类型"选择"标签（重新定义 HTML 元素）"，在"选择或输入选择器名称"里选择"body"，在分类"背景"对话框中设置 background-color 为#f1e8db；在"区块"对话框中设置 text-align 为 center；在"方框"对话框中设置 margin 填充和 padding 边距都为 0，如图 4-63、图 4-64、图 4-65 所示。

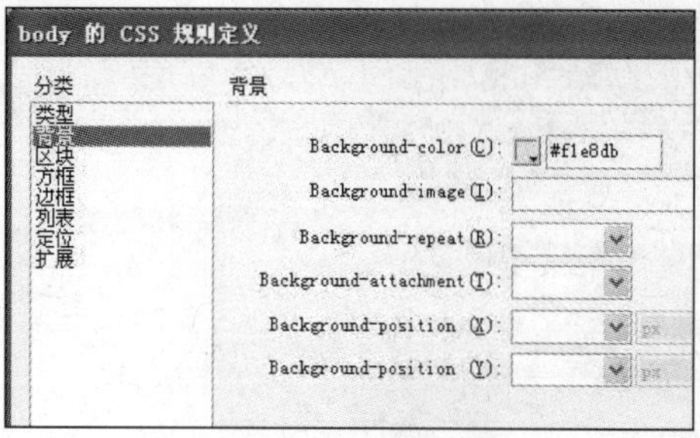

图 4-63 "背景"对话框

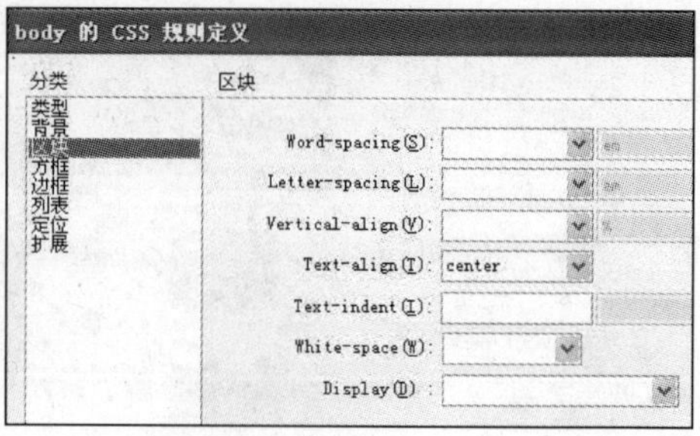

图 4-64 "区块"对话框

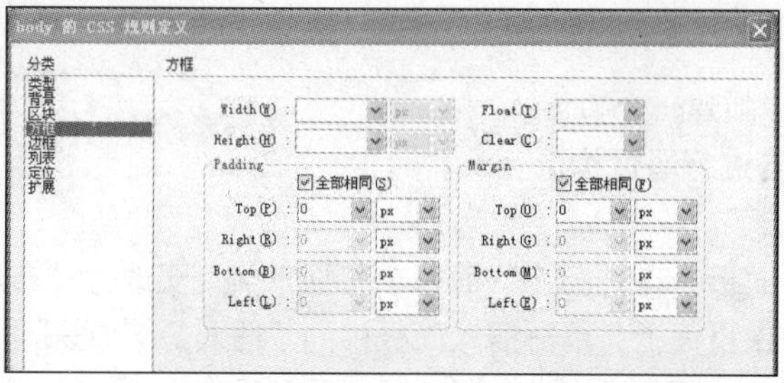

图 4-65 "方框"对话框

生成的源代码如下。

```
body {
background-color: #f1e8db;//设置页面背景色；
text-align: center;//文字居中；
margin: 0px;//上、右、下、左四边距为 0；
padding: 0px;// 上、右、下、左填充四边间距为 0；
}
```

（4）在"CSS 样式面板"中单击"新建 CSS 规则"，"选择器类型"选择"ID（仅应用于一个 HTML 元素）"，"选择器名称"输入#container，#container 为主容器标签，在"方框"对话框中主要设置宽度为 975px、页面边距与填充都为 0 等属性，如图 4-66 所示。

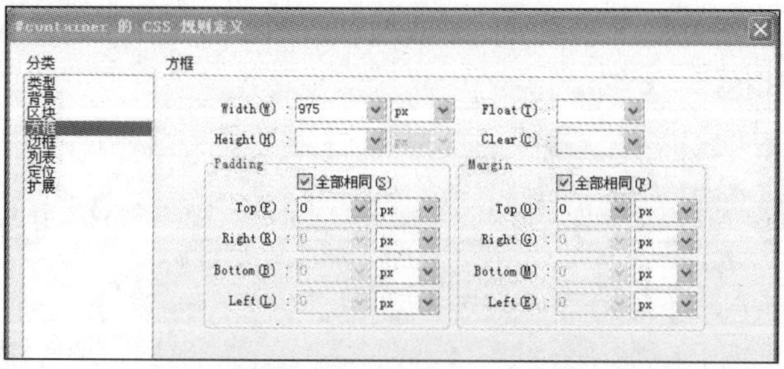

图 4-66 "方框"对话框

生成的源代码如下。

```
#container {
width: 975px;//设置宽度;
margin: 0px;
padding: 0px;
}
```

（5）按照上述步骤，创建横幅栏标签（#banner）样式，在"方框"对话框中主要设置填充间距为0、边距为0，该块的宽度和高度的值由图片属性决定，宽为975px、高为180px。生成的源代码如下。

```
#banner{
    margin:0px; padding:0px;
    width:975px; height:180px;// 设置宽度和高度;
}
```

（6）创建导航条标签（# menu）样式，在"方框"对话框中该块的宽为 975px、高为 45px；上边距为–5px、其余边距值为 0；填充间距为 0；在"背景"中设置背景图片，如图 4-67、图 4-68 所示。

图 4-67 "方框"对话框

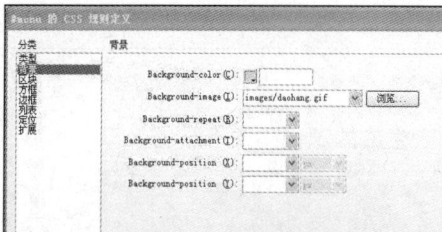

图 4-68 "背景"对话框

生成的源代码如下。

```
#menu
{
 margin: -5px 0 0 0; padding:0;
 width:975px; height:45px;
 background:url(images/daohang.gif);//设置背景图像;
}
```

（7）创建网页中部左栏标签（leftbar）样式，在"方框"对话框中该块的宽为 275px；边距 4 边为 0；下边填充间距为 10px；左浮动；在"背景"中设置背景色为#d4d996；在"区块"中设置文字对齐方式为居中对齐，如图 4-69、图 4-70、图 4-71 所示。

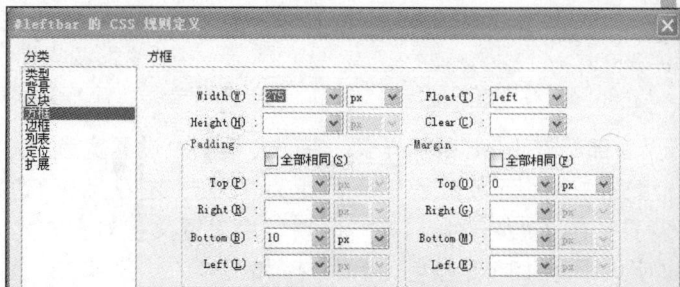

图 4-69 "方框"对话框

121

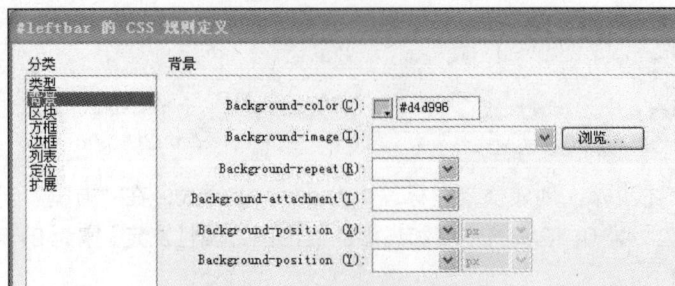

图 4-70 "背景"对话框

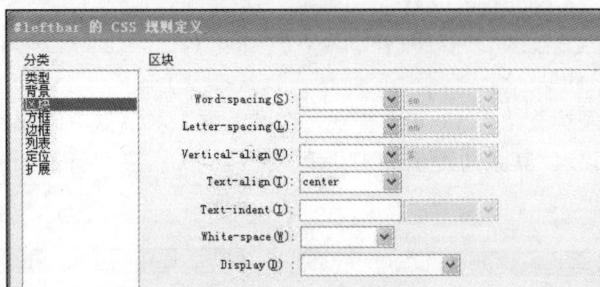

图 4-71 "区块"对话框

生成的源代码如下。

```
#leftbar {
width: 275px;
margin-top: 0px;
padding-bottom:10px;
background-color: #d4d996;
text-align: center;
float: left;//设置浮动方式;
}
```

（8）创建中部右栏标签（main）样式，在"方框"对话框中该块的宽为 700px；上、下填充间距为 20px；左、右填充间距为 0px；在"背景"中设置背景色为#f2d1a6。
生成的源代码如下。

```
#main {
width:700px;
background:#f2d1a6;
padding-top: 20px;
    padding-right: 0px;
padding-bottom: 20px;
padding-left: 0px;
}
```

（9）创建网页底部标签（footer）样式，在"方框"中设置宽为 100%、高为 50px；全部清除属性；填充的上间距为 25px、下间距为 15px、左右为 0；边距 4 边为 0；在"背景"中设置背景颜色为#725312；在"区块"中设置文字对齐方式为居中对齐；在"类型"中设置文字大小为 12px、颜色为#fff9f9，如图 4-72、图 4-73、图 4-74 和图 4-75 所示。

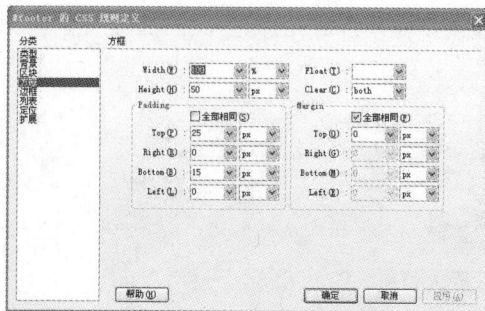

图 4-72 "方框"对话框

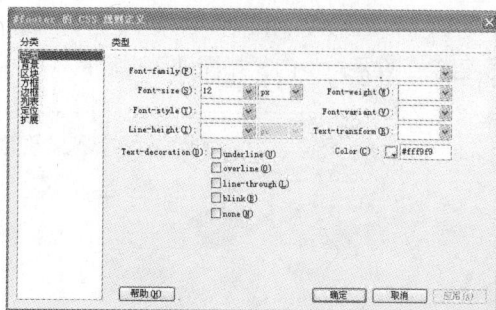

图 4-73 "类型"对话框

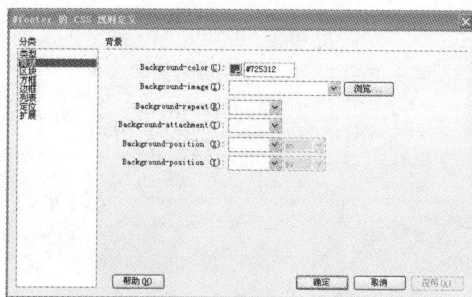

图 4-74 "背景"对话框

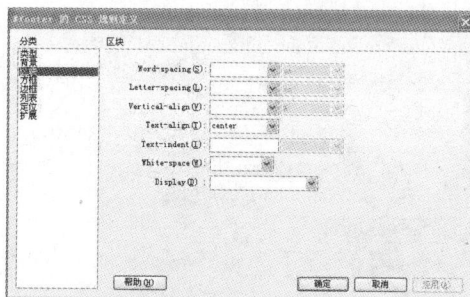

图 4-75 "区块"对话框

生成的源代码如下。

```
#footer {
clear:both; font-size:14px;
color:#fff9f9;
width:100%;
height:70px;
padding:25px 0px 15px 0px;//设置填充的上间距为25像素、下间距为15像素、左右为0;
text-align:center;
margin:0px;
background-color:#725312;
}
```

（10）在 DIV "banner" 中使用<img>插入图像 banner.jpg，在 DIV "leftbar" 中使用
<p>标签以段落的形式依次插入小图标、图像 self1.jpg、self2.jpg 并输入相应的文字，如名
胜景点、汉口江滩、辛亥革命博物馆等。

生成的源代码如下。

```
<DIV id="banner">
    <img src="images/banner.jpg" width="975" height="180" border="0"/>
</DIV>
<DIV id="leftbar">
    <p class="c1"><img src ="images/小图标.png" class="png"/> <span><strong>名胜景
点</strong></span>     <a href="#">MORE...</a></P>
    <p class="c2"><img src="images/self1.jpg" class="img1" /> <br />
    汉口江滩</p>
    <p class="c2"><img src="images/self2.jpg" class="img1" /> <br />
    辛亥革命博物馆 </p>
  </DIV>
```

（11）在 DIV "main" 中插入文字"湖北武汉汉阳古琴台"，由标签\<h2\>设定，内容文字包含在段落\<p\>内，如图 4-76 所示。

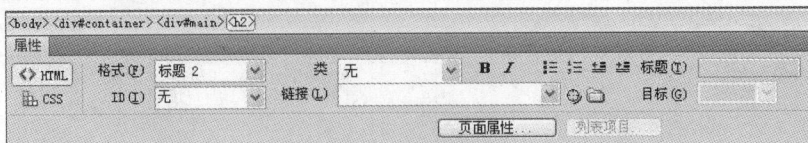

图 4-76　设置标题文字

生成的源代码如下。

```
<DIV id="main">
<h2>湖北武汉汉阳古琴台</h2>
<p class="content1">古琴台，又名伯牙台……（文字省略）保留了当年古建筑的风貌。
   </p>
<P class="content1">古琴台景区的主要景点有：  ……（文字省略）
 <img src="images/pic1.jpg" border="0" class="pic1"/>
"俞伯牙觅知音"的大型浮雕群。
</p>
   </DIV>
```

（12）在\<head\>\</head\>中加入 JavaScript 代码实现两栏等高，代码如下。

```
<SCRIPT type=text/javascript>
/*
  -------------------------------------------------
  PVII Equal CSS Columns scripts
  Copyright (c) 2005 Project Seven Development
   Version: 1.5.0
  -------------------------------------------------
*/
function P7_colH(){ //v1.5 by PVII-www.projectseven.com
 var i,oh,hh,h=0,dA=document.p7eqc,an=document.p7eqa;if(dA&&dA.length){
 for(i=0;i<dA.length;i++){dA[i].style.height='auto';}for(i=0;i<dA.length;i++){
 oh=dA[i].offsetHeight;h=(oh>h)?oh:h;}for(i=0;i<dA.length;i++){if(an){
 dA[i].style.height=h+'px';}else{P7_eqA(dA[i].id,dA[i].offsetHeight,h);}}}if(an){
 for(i=0;i<dA.length;i++){hh=dA[i].offsetHeight;if(hh>h){
 dA[i].style.height=(h-(hh-h))+'px';}}}else{document.p7eqa=1;}
 document.p7eqth=document.body.offsetHeight;
 document.p7eqtw=document.body.offsetWidth;}
 }
 function P7_eqT(){ //v1.5 by PVII-www.projectseven.com
 if(document.p7eqth!=document.body.offsetHeight||document.p7eqtw!=document
 .body.offsetWidth){
 P7_colH();}
 }
 function P7_equalCols(){ //v1.5 by PVII-www.projectseven.com
  if(document.getElementById){document.p7eqc=new
Array;for(i=0;i<arguments.length;i++){
 document.p7eqc[i]=document.getElementById(arguments[i]);}setInterval("P7_eqT()",10);}
 }
 function P7_eqA(el,h,ht){ //v1.5 by PVII-www.projectseven.com
  var
 sp=10,inc=10,nh=h,g=document.getElementById(el),oh=g.offsetHeight,
```

```
ch=parseInt(g.style.height);
    ch=(ch)?ch:h;var ad=oh-ch,adT=ht-ad;nh+=inc;nh=(nh>adT)?adT:nh;g.style
.height=nh+'px';
    oh=g.offsetHeight;if(oh>ht){nh=(ht-(oh-ht));g.style.height=nh+'px';}
    if(nh<adT){setTimeout("P7_eqA('"+el+"',"+nh+","+ht+")",sp);}
    }
</SCRIPT>
```

（13）保存文档为 web.html 并预览。

二、制作三行三列式网页（如图 4-77 所示）

图 4-77 三行三列式页面效果

（1）在本地站点中新建一个页面，代码如下。

```
<body>
<DIV id="container">
  <DIV id="banner">    </DIV>
  <DIV id="menu">    </DIV>
  <DIV id="leftbar">    </DIV>
  <DIV id="main">    </DIV>
    <DIV id="rightbar">    </DIV>
  <DIV id="footer">    </DIV>
</DIV>
</body>
```

（2）设置右边分栏的样式，未设置高度，通过内边距补齐高度，代码如下。

```
#rightbar
{
  width:200px;
  float:right;
  background:#eab36c;
  padding-bottom:70px;
}
```

（3）其他样式的定义与"三行两列式"网页制作方法相同。

工作任务二　表格的使用

【任务概述】

在网页制作技术的前期阶段，是利用表格来布局网页的，但是随着 Web 标准技术的日益成熟和普及，表格布局网页的方法已不再流行。表格着重用于在 HTML 页上显示表格式数据。本工作任务要求设计一个表格，如图 4-78 所示。

图 4-78　插入表格

【核心知识】

一、表格的创建和操作

1．创建表格

创建表格的方式有 3 种：在菜单栏中选择"插入→表格"命令；单击"插入"面板上"常用"选项卡中的表格按钮⊞；按"Ctrl+Alt+T"组合键。这 3 种方法都能弹出"表格"对话框，如图 4-79 所示。

"表格"对话框中的主要参数含义如下。

① 行数和列数：设置表格的行数和列数。

② 表格宽度：单位有"百分比"和"像素"两种，"百分比"是以浏览器的宽度为基准按比例显示表格的宽度，"像素"则可以精确的设置表格的实际宽度。设置时，可根据实际情况自由选择。

③ 边框粗细：设置表格边框的大小，单位为像素，默认值为"1"。当设置"表格宽度"为"0"时，在 Dreamweaver 中显示边框为虚线，在浏览器中则看不到边框。

④ 单元格边距：表示单元格中的内容和单元格

图 4-79　"表格"对话框

边框之间的距离，单位为像素。

⑤ 单元格间距：表示单元格与单元格之间，以及单元格与表格边框之间的距离，单位为像素。

⑥ 标题：有 4 种模式，分别为"无"、"左边"、"顶部"、"两者"，被设置为标题的表格，其内部文字会自动加粗。

⑦ 辅助功能：可以设置表格标题及表格标题的显示位置，包括"默认"、"顶部"、"底部"、"左"和"右"5 个选项。"摘要"项用于为表格添加文本说明，一般不会显示在浏览器中。

2．表格的操作

表格创建完成后，可以对表格进行一些操作，主要包括选择表格、调整表格、插入或删除行和列、拆分与合并单元格以及嵌套表格。

（1）选择表格

① 选择整个表格：将光标放置在表格内任意处，单击状态栏上表格对应的<table>标记，即可选中整个表格；按 Ctrl+A 组合键两次也可选中整个表格。

② 选择行：将光标放置在表格内需要选择的行的任意处，单击状态栏上表格对应的<tr>标记，即可选中光标所在处的整行。另外，将光标放置在需要选择的行左方边框附近，当鼠标指针变成一个黑色箭头时单击鼠标左键也可选中整行。

③ 选择列：将光标放置在需要选择的列上方边框附近，当鼠标指针变成一个黑色箭头时单击鼠标左键，即可选中整列。

④ 选择单元格：将光标放置在需要选择的单元格内，按住鼠标左键并向相邻单元格拖动鼠标即可选择该单元格，使用这种方法也可以实现对整行、整列和整个表格的选择。

（2）调整表格

将光标移至表格的边框上，待光标变成十字形时，按住鼠标左键并拖动，即可改变表格的行高或列宽。如果在按住 Shift 键的同时拖动鼠标，则可以保持其他列宽不变，但会导致整体表格的宽度发生变化。

（3）插入或删除行和列

① 插入行和列：将光标放置在需要插入行或列的单元格内，在菜单栏上选择"修改→表格→插入行或列"命令，或在单元格内单击鼠标右键，在弹出的快捷菜单中选择"表格→插入行或列"命令，都可弹出"插入行或列"对话框，在对话框内设置需要的参数，单击"确定"按钮，即可插入行或列。

② 删除行或列：与插入行或列相同，在菜单中选择相应的"删除行"或"删除列"命令即可。

（4）拆分与合并单元格

① 拆分单元格：选中要拆分的单元格后，在菜单栏上选择"修改→表格→拆分单元格"命令，或在单元格内单击鼠标右键，在弹出的快捷菜单中选择"表格→拆分单元格"命令，都可以弹出"拆分单元格"对话框，在对话框内设置需要的参数，单击"确定"按钮，即可拆分单元格。

② 合并单元格：选中要进行合并多个单元格后，在菜单栏上选择"修改→表格→合并单元格"命令，或在单元格内单击鼠标右键，在弹出的快捷菜单中选择"表格→合并单元格"命令，即可合并选中的单元格。

（5）嵌套表格

嵌套表格实际上就是在表格的某个单元格内再创建一个表格，只需要将光标放置在需要创建表格的单元格内，按照创建表格的方法操作即可创建嵌套表格。

二、表格属性设置

表格属性主要通过属性面板来设置，属性面板的内容分两种情况。

（1）选择单个或多个单元格时，属性面板中显示内容如图 4-80 所示。

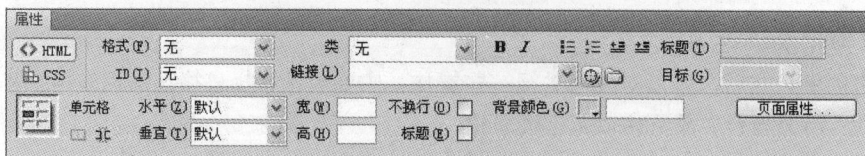

图 4-80　单元格属性面板

① "合并所选单元格，使用跨度"按钮 ：选中需要拆分的单元格后，单击该按钮即可合并单元格。

② "拆分单元格为行或列"按钮 ：选中需要拆分的单元格后，单击该按钮弹出"拆分单元格"对话框。在对话框内设置需要的参数，单击"确定"按钮，即可拆分单元格。

③ 水平：设置单元格内容的水平位置，有"默认"、"左对齐"、"居中对齐"和"右对齐" 4 种形式。

④ 垂直：设置单元格内容的垂直位置，有"默认"、"顶端"、"居中"、"底部"和"基线" 5 种形式。

⑤ 宽：设置单元格的宽度。

⑥ 高：设置单元格的高度。

⑦ 不换行：勾选该复选框后，即使输入文本的长度超过了单元格的宽度，也不会自动换行，而是延长单元格的宽度。

⑧ 标题：勾选该复选框后，光标所在单元格内的文本被设置为标题，文本自动加粗并居中对齐。

⑨ 背景颜色：用于设置单元格背景颜色，如果同时设置了背景图片和背景颜色，则会显示背景图片。

（2）选择整个表格时，属性面板中显示内容如图 4-81 所示。

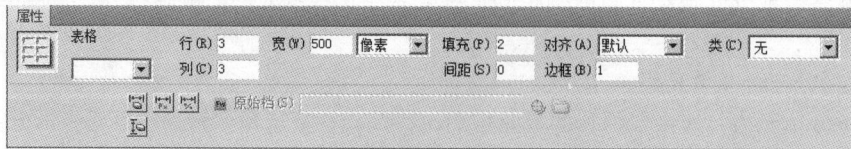

图 4-81　表格属性面板

① 表格：指定表格名称。

② 行：设置表格行数。

③ 列：设置表格列数。

④ 宽：设置表格宽度，单位有"百分比"和"像素"两种，"百分比"是以浏览器的宽

度为基准按比例显示表格的宽度；"像素"则可以精确的设置表格的实际宽度，可根据实际情况自由选择。

⑤ 填充：设置单元格内容与单元格边框之间的距离，单位为"像素"。

⑥ 间距：设置单元格与单元格或单元格与表格边框之间的距离，单位为"像素"。

⑦ 对齐：设置表格在页面中的位置，有"默认"、"左对齐"、"居中对齐"和"右对齐"4 中形式。

⑧ 边框：设置表格边框的大小，单位为"像素"，不需要显示边框时可将值设置为 0。

⑨ 类：用于为表格选择事先设定好的样式或已经存在的样式。

⑩ "清除列宽"按钮：可将表格的宽度变为可容纳表格内容的最小宽度。

⑪ "清除行高"按钮：可将表格的高度变为可容纳表格内容的最小高度。

⑫ "将表格宽度转换成像素"按钮：可将表格宽度的单位转换为"像素"。

⑬ "将表格宽度转换成百分比"按钮：可将表格宽度的单位转换为"百分比"。

三、导入和导出表格式数据

1．导入数据

可以将在另一个应用程序（例如 Microsoft Excel）中创建并以分隔文本的格式（其中的项以制表符、逗号、冒号或分号隔开）保存的表格式数据导入到 Dreamweaver 中并设置为表格格式。操作方法如下。

（1）选择"插入"→"表格对象"→"导入表格式数据"命令，如图 4-82 所示。

（2）在插入面板的"数据"类别中，单击"导入表格式数据"图标，如图 4-83 所示。

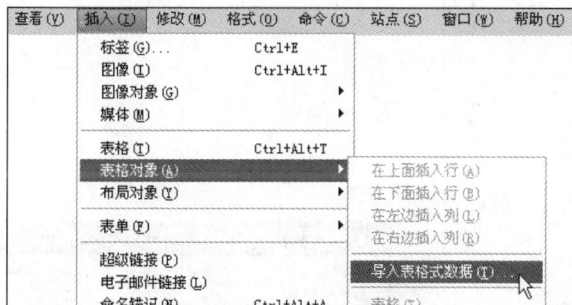

图 4-82　导入表格式数据　　　图 4-83　"插入"面板

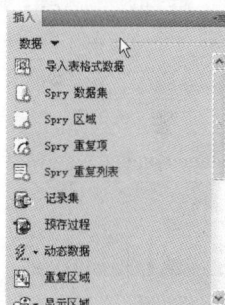

（3）选择菜单"插入"→"表格对象"→"导入表格式数据"，弹出"导入表格式数据"对话框，指定表格式数据选项，然后单击"确定"按钮，如图 4-84 所示。

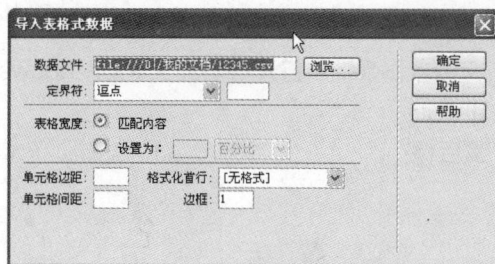

图 4-84　"导入表格式数据"对话框

① 数据文件：要导入文件的名称，单击"浏览"按钮选择一个文件。

② 定界符：要导入的文件中所使用的分隔符。如果选择"其他"，则弹出菜单的右侧会出现一个文本框，输入文件中使用的分隔符。

③ 表格宽度：表格的宽度。

④ 选择"匹配内容"使每个列足够宽以适应该列中最长的文本字符串。

⑤ 选择"设置"以像素为单位指定固定的表格宽度，或按占浏览器窗口宽度的百分比指定表格宽度。

⑥ 边框：指定表格边框的宽度（以像素为单位）。

⑦ 单元格边距：单元格内容与单元格边框之间的像素数。

⑧ 单元格间距：相邻的表格单元格之间的像素数。

⑨ 格式化首行：确定应用于表格首行的格式设置（如果存在）。从 4 个格式设置选项中进行选择：无格式、粗体、斜体或加粗斜体。

2．导出表格

可以将表格数据从 Dreamweaver 导出到文本文件中，相邻单元格的内容由分隔符隔开。可以使用逗号、冒号、分号或空格作为分隔符。当导出表格时，将导出整个表格，不能选择导出部分表格，操作方法如下。

（1）选择"文件"→"导出"→"表格"命令，如图 4-85 所示。

（2）在弹出的"导出表格"对话框中指定选项，如图 4-86 所示。

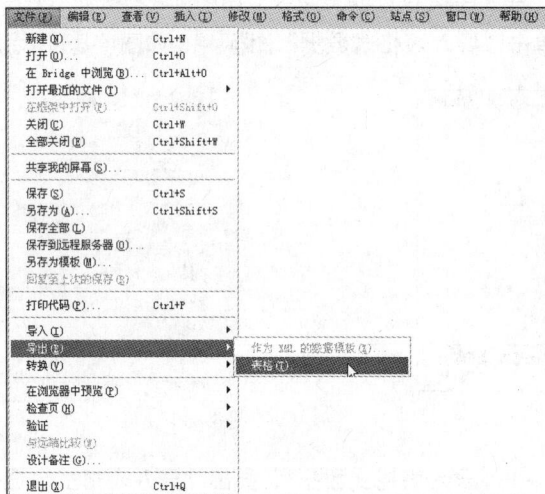

图 4-85　导出表格

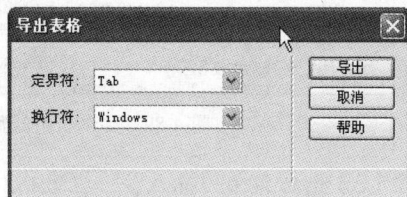

图 4-86　"导出表格"对话框

① 定界符：指定应该使用哪种定界符在导出的文件中隔开各项。

② 换行符：指定将在哪种操作系统中打开导出的文件（Windows、Macintosh 或 UNIX）。

（3）单击"导出"按钮。

（4）输入文件名称，然后保存。

四、排序表格

可以根据单个列的内容对表格中的行进行排序，还可以根据两个列的内容执行更加复杂的表格排序，但是不能对包含 colspan 或 rowspan 属性的表格（即包含合并单元格的表格）进行排序。

排序表格的方法如下。

（1）选择该表格或单击任意单元格，选择"命令"→"排序表格"命令，如图 4-87 所示。

（2）在"排序表格"对话框中设置选项，然后单击"确定"按钮，如图 4-88 所示。

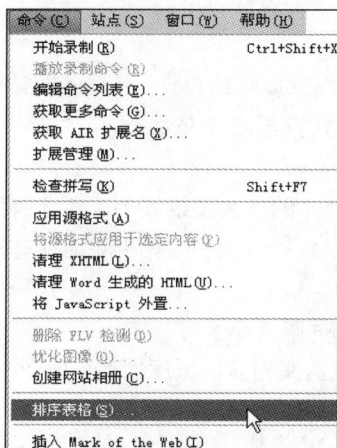

图 4-87　排序表格

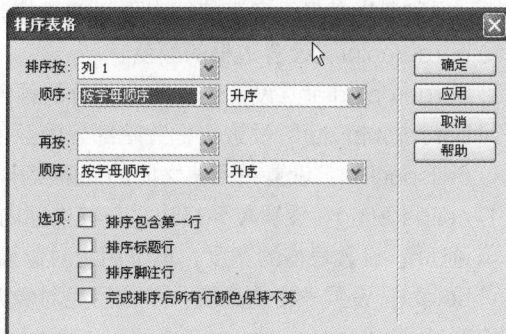

图 4-88　"排序表格"对话框

① 排序按：确定使用哪个列的值对表格的行进行排序。

② 顺序：确定是按字母还是按数字顺序以及是以升序（A 到 Z，数字从小到大）还是以降序对列进行排序。

当列的内容是数字时，选择"按数字顺序"。如果按字母顺序对一组由一位或两位数组成的数字进行排序，则会将这些数字作为单词进行排序（排序结果如 1、10、2、20、3、30），而不是将它们作为数字进行排序（排序结果如 1、2、3、10、20、30）。

③ 再按/顺序：确定将在另一列上应用的第二种排序方法的排序顺序。在"再按"弹出菜单中指定将应用第二种排序方法的列，并在"顺序"弹出菜单中指定第二种排序方法的排序顺序。

④ 排序包含第一行：指定将表格的第一行包括在排序中。如果第一行是不应移动的标题，则不选择此选项。

⑤ 排序标题行：指定使用与主体行相同的条件对表格的 thead 部分（如果有）中的所有行进行排序。

⑥ 排序脚注行：指定按照与主体行相同的条件对表格的 tfoot 部分（如果有）中的所有行进行排序。

⑦ 完成排序后所有行颜色保持不变：指定排序之后表格行属性（如颜色）应该与同一内容保持关联。如果表格行使用两种交替的颜色，则不要选择此选项以确保排序后的表格仍具有颜色交替的行。如果行属性特定于每行的内容，则选择此选项以确保这些属性保持与排序后表格中正确的行关联在一起。

五、扩展模式

"扩展表格"模式临时向文档中的所有表格添加单元格边距和间距，并且增加表格的边框以使编辑操作更加容易。利用这种模式，可以选择表格中的项目或者精确地放置插入点。

例如，可以扩展一个表格以便将插入点放置在图像的左边或右边，从而避免无意中选中该图像或表格单元格。

六、与表格相关的 HTML 标签

（1）<table></table>标签对用来创建一个表格。它有以下属性。

① bgcolor：设置表格的背景色。

② border：设置边框的宽度，若不设置此属性，则边框宽度默认为 0。在一些网站中，字体排列非常整齐却又没有表格线出现，就是将 border 属性设置成 0 的缘故。

③ bordercolor：设置边框的颜色。

④ bordercolorlight：设置边框明亮部分的颜色（当 border 的值大于或等于 1 时才有用）。

⑤ bordercolordark：设置边框昏暗部分的颜色（当 border 的值大于或等于 1 时才有用）。

⑥ cellspacing：设置单元格之间的间隔大小。

⑦ cellpadding：设置单元格边框与其内部内容之间的间隔大小。

⑧ width：设置表格的宽度，单位用绝对像素值或浏览器文档窗口宽度的百分比。

⑨ height：设置表格的高度，单位用绝对像素值或浏览器文档窗口高度的百分比。

（2）<tr></tr><td></td>。

先看一段显示表格的 HTML 的语句及其显示效果，就很容易理解这两个标签的用法与作用了。

```
<table border="1">
<tr>
<td>姓名</td><td>性别</td><td>年龄</td>
</tr>
<tr>
<td>张三</td><td>男</td><td>20</td>
</tr>
</table>
```

上面这段 HTML 代码在浏览器窗口中的显示效果如图 4-89 所示。

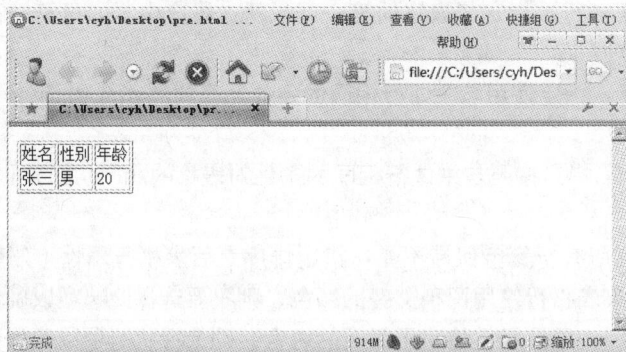

图 4-89　表格显示

对比上面的 HTML 代码与显示的表格，不难理解<tr></tr>标签对是用来创建表格中的每一行，此标签对只能放在<table></table>标签对之间使用，而在标签对之间加入文本将是无用的，因为在<tr></tr>之间只能紧跟<td></td>标签才是最有效的语法。<td></td>标签对用来创建表格中一行里的每一列单元格，此标签对只能放在<tr></tr>标签对之间的文本有效。

<tr>具有以下一些属性。

① align：如果一个单元格比其中嵌入的内容宽，在默认情况下，浏览器将把单元格的内容与其左侧对齐。为了改变某一行中的所有单元格内容的水平对齐（即左右对齐）方式，可以在<tr>标签中添加 align 属性。align 属性有 3 种设置值，即 left（左对齐）、center（居中）、right（右对齐）。

② valign 与 align 的作用差不多，区别在于它是用来设置单元格内容的垂直对齐方式、valign 的取值可以为 top（靠顶端对齐）、middle（居中间对齐）或 bottom（靠低端对齐）。

③ bgcolor：设置某一行的背景颜色。

<tr>标签还有一些属性与<table>标签的某些属性同名，这些属性用在<table>上，就是对整个表起作用，而用在<tr>就只对某一行起作用。就某一行而言，相同属性在<tr>标签具体有多少个属性，建议在关于标签的属性窗口中去查看。

<td>具有以下一些属性。

① width：指定单元格的宽度，单位用绝对像素值或总宽度的百分比来表示。与将单元格的大小设定为绝对像素数相比，使用表格整体宽度的百分比设置每个单元格的大小不失为更好的方法。如果将表格单元格的宽度指定为表格宽度的百分比，应确保在表格一行中的各<td>标签所指定的宽度的百分比之和不超过 100%。如果百分比之和小于 100%，那么浏览器将把剩余的百分比平均分配给这一行中的各个单元格。如果正在按表格宽度百分比的方式指定单元格的大小，则应确保通过设置<table>标签中的 width 属性将表格宽度设置成一个固定的像素值或是占 Web 浏览器文档窗口宽度的百分比。设置表格某一行的<td>标签中的宽度属性后，其他行的该属性值都会随之改变。如果两行上的单元格个数一样，不要试图将两行的<td>标签中的宽度属性设置为不同的值，来达到一些特殊的效果。

② height 与 width 属性类似，差别在于它用于指定单元格的高度，如果按表格总高度的百分比的方式来指定单元格的高度，也一定要设置表格的高度。为了设置表格的高度，可以将<table>标签中的 height 属性设置成一个像素值或是占 Web 浏览器应用窗口高度的百分比。

③ align：设置单元格内容在单元格空间中的水平对齐方式。与<tr>的 align 的属性相比，<td>的 align 属性只对一个单元格起作用，而<tr>的 align 属性是对一行中的所有单元格起作用。

④ valign 与 align 的作用差不多，区别在于它是用来设置单元格内容的垂直对齐方式。

⑤ colspan：设置一个单元格跨占的行数（默认值为 1）。

⑥ rowspan：设置一个单元格跨占的列数（默认值为 1）。

⑦ nowrap：禁止对单元格中过长的内容自动换行显示。

在<td></td>标签对中，还可以嵌入图像和超链接。下面是关于表格中属性和用法的例子。

```
<table width="100%" border="1" bgcolor=gray>
<tr bgcolor=yellow align=center>
<td width=50%>姓名</td> <td width=30%>性别</td> <td width=20%>年龄</td>
</tr>
<tr align=left>
<td><a href="zhangsan.html">张三</a></td> <td align=right>男</td>
<td>20</td>
</tr>
    <tr>
```

```
<td colspan=2>a</td><td rowspan=2>b</td>
</tr>
<tr>
<td>a</td><td>b</td>
</tr>
</table>
```

这段 HTML 语句显示的效果如图 4-90 所示。

（3）<th></th><caption></caption>。

<th></th>标签的用法与<td></td>的用法完全一样，只是它显示的效果通常是黑体居中文字。大多数表格式的数据包含一行或一列表头，用来说明某一列或某一行数据的属性类别，这种情况就可以利用<th></th>标签的特点来设置表头。<th></th>标签用来告诉浏览器将一个单元格的内容格式化为表头，它在表格中不是必须的，除非想将表格中的第一行或第一列设置为表头，用来与其行或列相区别。

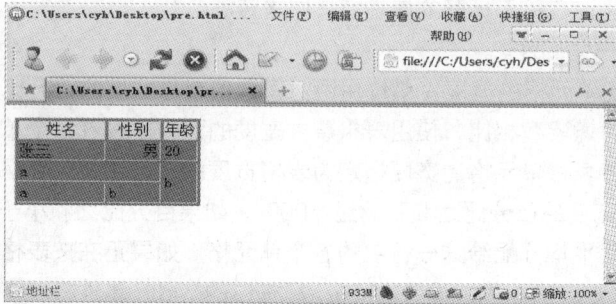

图 4-90　表格显示效果

对于有些表格，可能还会有一个标题来对表格进行概括性说明，这就可以使用<caption></caption>标签对来指定表格的标题或题目，新的 HTML 规范（从 HTML4.01 标准开始）规定，如果有标题元素，它必须紧跟在表格的起始标签<table>之后。下面是使用了<caption>和<th>标签的例子。

```
<table border=1>
  <caption>国家与球队表</caption>
  <tr>
  <th width="33%" colspan="2" valign="bottom">意大利</th>
  <th width="33%" colspan="2" valign="bottom">英格兰</th>
  <th width="33%" colspan="2" valign="bottom">西班牙</th>
  </tr>
  <tr>
  <td align="center">AC 米兰</td>
  <td align="center">佛罗伦萨</td>
  <td align="center">曼联</td>
  <td align="center">纽卡斯尔</td>
  <td align="center">巴塞罗那</td>
  <td align="center">皇家社会</td>
  </tr>
</table>
```

这段 HTML 代码在浏览器中显示的结果如图 4-91 所示。

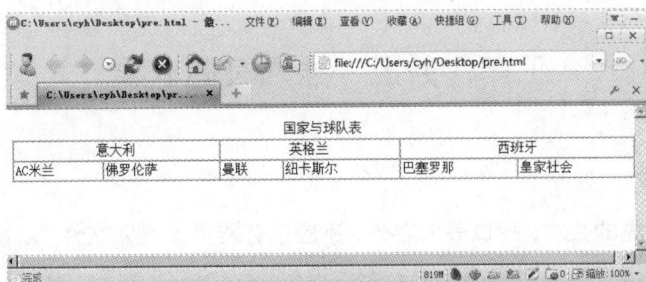

图 4-91 表格显示效果

【操作过程】

（1）在文档窗口中将插入点放到文档中，然后执行"插入"→"表格"或在"插入"面板的"常用"类别中，单击"表格"。

（2）在"插入表格"对话框中设置"行数"为 14，"列数"为 3，"宽度"为 80%，"边框"、"单元格边距"、"单元格间距"都为 0。单击"确定"按钮，Dreamweaver 将该表格插入到文档中，如图 4-92 所示。

（3）分别选择第 1 行、第 3 行的 3 个单元格，在属性面板中单击按钮 🔲，合并单元格。

（4）在表格中添加文字信息。

（5）打开插入栏"常用"，选择"水平线"，在第 1 行文字后，在第 3 行中分别插入水平线。

（6）在设计视图中按住 Ctrl 键使用鼠标左键选中第 1 行、第 2 行单元格，如图 4-93 所示。

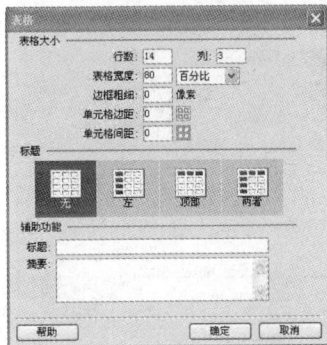

图 4-92 "表格"对话框

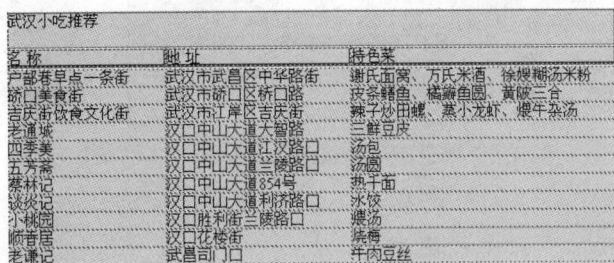

图 4-93 选择多个单元格

（7）在属性对话框中选择"标题"选项，将选中的单元格转换为标题单元格，如图 4-94 所示。

图 4-94 "属性"对话框

（8）根据需要，可设置属性面板中的"水平"、"垂直"属性来改变单元格中内容的对齐方式。

（9）选择"文件"→"保存"或按 Ctrl+S 组合键保存文档。

工作任务三　插入其他对象

【任务概述】

网页中除了常见的文本、图像等内容外,还应该有网页多媒体文件,如音频、视频、Flash 动画等,另外还包括可以在前端动态显示的行为和 JavaScript 脚本。这些与网页结合起来,能生成生动活泼的视频多媒体网页,更容易吸引用户的注意。

本工作任务要求在网页中插入 Flash banner,插入 JavaScript 脚本显示日期时间,添加行为,使页面打开时弹出一个窗口,改变状态栏文本。

【核心知识】

一、使用多媒体丰富页面效果

1. 插入和编辑 Flash

Flash 在网页浏览中一直扮演着重要的角色。自从有了 Flash 的加入,页面表现就更加丰富、精彩。在网页中插入的 Flash 动画文件格式是 SWF。

(1)单击选择"插入"→"媒体"→"SWF"命令,如图 4-95 所示。

(2)在打开的"选择文件"窗口中选中要插入的 Flash 文件,单击"确定"按钮,如图 4-96 所示。

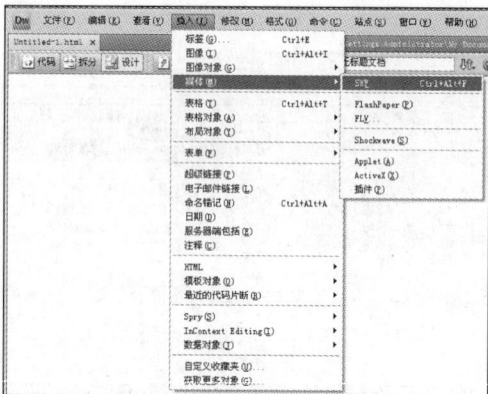

图 4-95　插入"Flash"命令

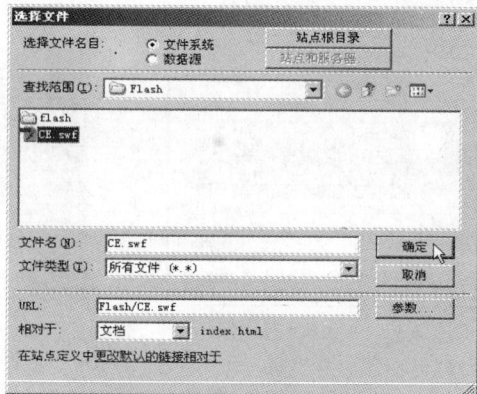

图 4-96　"选择文件"窗口

(3)在弹出的"对象标签辅助功能属性"窗口中,直接单击"确定"按钮。

(4)选中插入的 Flash 文件图标,单击"播放"按钮,可在页面上观看 Flash 动画效果,如图 4-97 所示。

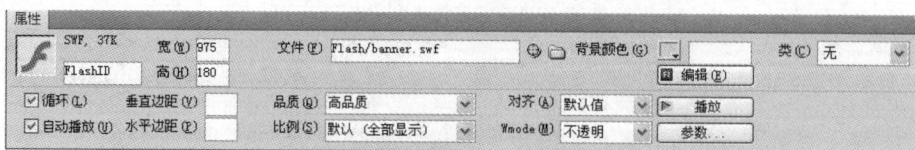

图 4-97　Flash 属性面板

（5）如选中刚插入的 Flash 文件，单击"编辑"按钮，Dreamweaver 会自动调用 Flash 来打开刚插入的 Flash 源文件。

2．在网页中使用 Flash 视频（FLV）

Flash 视频是一种全新的流媒体视频格式，它利用了网页上广泛使用的 Flash Player 平台，将视频整合到 Flash 动画中。网站的浏览者只要能看 Flash 动画，就也能看 FLV 格式视频，而无需再额外安装其他视频插件，FLV 视频的使用给互联网视频传播带来了极大便利。国外的 Youtube、Google Video，国内的土豆网、UUME 为代表的视频分享网站，都使用了 Flash 作为视频播放载体。

在网页中使用 Flash 视频的具体操作步骤如下。

（1）单击选择"插入"→"媒体"→"FLV"命令，如图 4-98 所示。

（2）在弹出的"插入 Flash 视频"窗口中，选中"累进式下载视频"项，如图 4-99 所示。

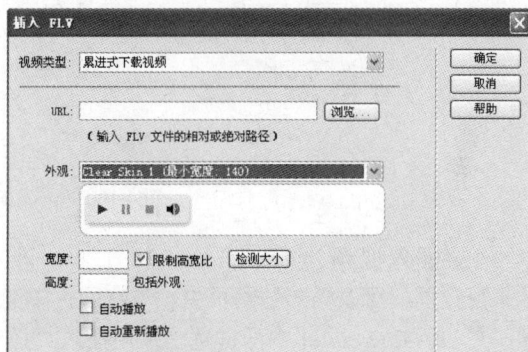

图 4-98　插入"Flash 视频"命令　　　　图 4-99　相关参数设置

累进式下载视频是将 Flash 视频文件下载到站点访问者的硬盘上，然后播放。选中该选项时，将允许用户边下载边播放。流视频会将 Flash 视频内容进行流处理并立即在 Web 页面中放映。需要注意的是，若要在 Web 页面中启用流视频，用户必须具有对 Flash Communication Server 的访问权限，这是唯一可对 Flash 视频内容进行流处理的服务器。

（3）单击"URL"旁的"浏览"按钮，指定一个"*.FLV"文件的相对路径。

（4）在"外观"下拉列表框中选中"Halo Skin 3（最小宽度: 280）"来指定将包含 Flash 视频内容的 Flash 视频播放组件的外观。

（5）在"宽度"与"高度"限定 Flash 视频的宽与高。

（6）如需要视频自动播放或播放后重播也可以选中"自动播放"及"自动重新播放"复选框。

3．插入音频

网页中除了文本和图像、动画、视频等内容以外，音频同动样起着重要的作用。需要注意的主要有两点，即音频文件要与网页在同一个站点内，同时还要了解音频的格式。

通常在网页中支持的音频文件有 MP3、MIDI、WMA、au、RM 等格式。在播放时，网页会根据音频文件格式的不同来调用相应的本地音频播放器。例如 Windows 系统中自带的 Windows Media Player。假设网页中的音频文件是 WMA（Windows Media Player 默认格式）或 MP3 时，系统将自动调用 Windows Media Player 播放器来插入该音频。而对于 RM 格式的音频，则要求客户端中安装有 Real Player 解码器或播放器，否则不能播放。因此，像此类非系统默认格式通常在网页制作与应用中要谨慎使用。

（1）单击选择"插入"→"媒体"→"插件"命令。

（2）在"选择文件"窗口中找到要插入的 MP3 文件，单击"确定"按钮。

（3）选中刚插入的图标，在"属性"栏中输入宽度及高度参数，按回车键确认，如图 4-100 所示。

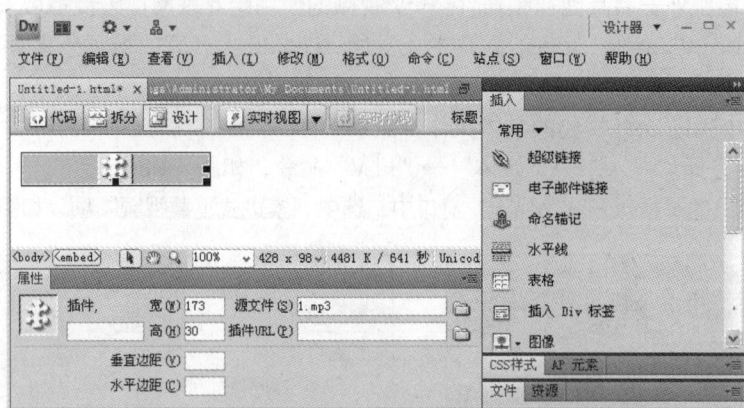

图 4-100　相关参数输入设置

4．插入视频

视频同样可以插入到网页中。与在网页中能听音乐一样，用户同样也可以在网络上看视频。在 Dreamweaver 中同样也是采用插入"插件"的方法来插入视频。

（1）依次选择"插入"→"媒体"→"插件"命令。

（2）在"选择文件"窗口中选中要插入的视频文件，单击"确定"按钮。

（3）选中"属性"菜单，设置"宽度"和"高度"。

二、使用行为和 JavaScript

1．事件

事件是为了执行行为的动作而制订的某些条件，是大多数浏览器理解的通用代码，比如在载入网页文档或者单击鼠标等条件下才会执行相关动作。因此，根据应用条件的对象不同，可指定的事件也会不同。

（1）与浏览器相关的事件，如表 4-2 所示。

表 4-2　　　　　　　　　　　　　　　　　与浏览器相关的事件

事件	说明
onLoad	HTML、图像、Flash、框架集等完全载入时
onUnload	从当前文档中移动到其他文档时
onError	在读取网页文档过程中发生 JavaScript 错误时
onAbort	在读取网页文档过程中按浏览器的"停止"（Stop）按钮中断载入时
onResize	调整浏览器或者框架的大小时
onScroll	拖动滚动条时

（2）与鼠标和键盘相关的事件，如表 4-3 所示。

表 4-3　　　　　　　　　　　　　　与鼠标和键盘相关的事件

事件	说明	事件	说明
onClick	单击鼠标时	onDblClick	双击鼠标时
onMouseOver	放置光标时	onMouseOut	光标移出热点区域时
onMouseDown	按下鼠标时	onMouseUp	松开鼠标按键时
onMouseMove	移动鼠标时	onKeyDown	按下键盘上的键时
onKeyPress	敲击键盘上的键时	onKeyUp	松开键盘上的键时

（3）与表单样式相关的事件，如表 4-4 所示。

表 4-4　　　　　　　　　　　　　　与表单样式相关的事件

事件	说明
onFocus	表单样式区域内部放置光标时
onBlur	表单样式区域外部放置光标时
onChange	修改表单样式的初始值时
onSelect	选择表单样式区域内的文本时
onSubmit	传达表单样式时
onReset	重新设置表单样式时

2．行为

行为（Behavior）是用来动态响应用户操作、改变当前页面效果或者执行特定任务的一种方法，行为是由事件（Event）和动作（Action）构成的。使用行为首先要选择应用行为的对象，然后选择发生的动作，最后需要确定动作在何种情况下发生的事件。

（1）使用内置行为

在 Dreamweaver CS4 中，无需编写触发事件及动作脚本代码，直接利用 Dreamweaver CS4 "行为"面板中的各项设置，就可以轻松实现丰富的动态页面效果，达到用户与页面交互的目的。"行为"面板可以通过选择菜单"窗口"→"行为"命令，或者直接按下快捷键 Shift+F4 来打开。

在"行为"面板中可以执行以下操作。

① 增加行为：单击"行为"面板列表框上面的"添加行为"按钮 +，在打开的下拉菜单中选择系统内置的行为。

② 删除行为：单击"行为"面板列表框，选中该行为，单击列表框上的"删除事件"按钮 − 即可删除行为。

③ 调整行为顺序：单击"增加事件值"按钮 ▲ 可以向上移动行为，单击"降低事件值"按钮 ▼ 可以向下移动行为。

（2）调用 JavaScript 行为

调用 JavaScript 动作允许用户使用"行为"指定一个自定义功能，或当发生某个事件应该执行一段 JavaScript 代码时，可以由用户自己编写或使用免费代码。如为一个对象添加当鼠标双击时关闭窗口的行为，操作如下。

① 执行"窗口"→"行为"命令，打开"行为"面板，单击"行为"面板列表框上面的 + 按钮添加行为，选择"调用 JavaScript"命令，如图 4-101 所示。

② 弹出"调用 JavaScript"对话框，在对话框中输入 windows.close()，如图 4-102 所示。

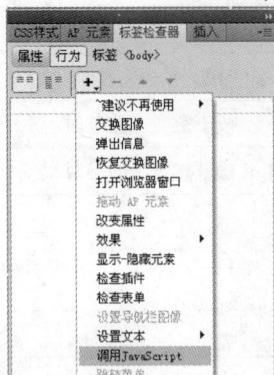

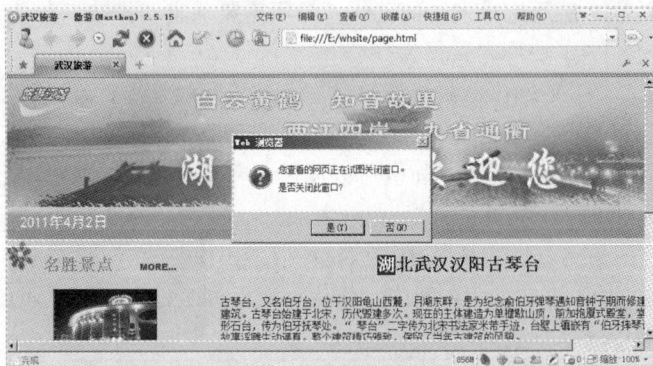

图 4-101 "调用 JavaScript"命令   图 4-102 "调用 JavaScript"对话框

③ 单击"确定"按钮，添加到行为面板，将事件设置为 onDblClick，如图 4-103 所示。

④ 保存文档，在浏览器中预览，双击页面弹出关闭页面对话框，如图 4-104 所示。

（3）第 3 方 JavaScript 库的支持

Dreamweaver CS4 最有用的功能之一就是它的扩展性。DreamWeaver CS4 也提供对多种 JavaScript 的第 3 方类库，如 Prototype、jQuery、YUI、ExtJS 等的支持。单击"行为"面板列表框上面的 + 按钮，选择"获取更多行为"选项，随后打开一个浏览器窗口，可进入 Exchange 站点，在该站点可浏览、搜索、下载并安装更多更新的行为。如果用户需要更多的行为，还可以到第 3 方开发人员的站点上搜索并下载。

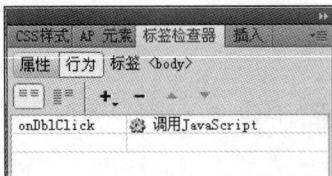

图 4-103 添加行为   图 4-104 调用 JavaScript 行为

三、常见行为及应用技巧

1．改变属性行为

使用改变属性行为可以更改对象的某个属性的值，该属性由浏览器决定。

（1）打开网页文档，选中要改变属性的图像。

（2）执行"窗口"→"属性"命令，在"属性"面板中的 ID 文本框中输入"pic1"，如图 4-105 所示。

图 4-105 "属性"面板

（3）执行"窗口"→"行为"命令，打开"行为"面板，单击"行为"面板列表框上面的 + 按钮添加行为，选择"改变属性"，弹出"改变属性"对话框。

（4）在对话框里的"元素类型"中选择"IMG"，"属性"勾选"选择"单选按钮，下拉列表选择 src，在"新的值"文本框中输入图片路径，如图 4-106 所示。

（5）在"行为"面板中，将事件设置为 onMouseMove，如图 4-107 所示。

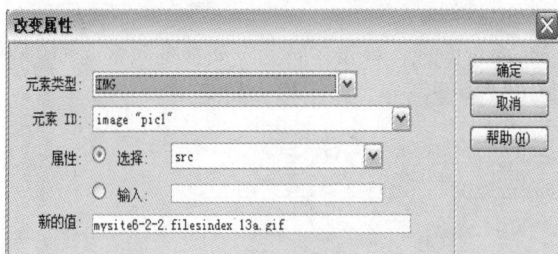

图 4-106 "改变属性"对话框

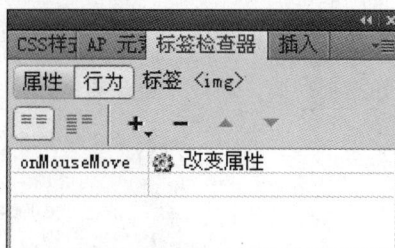

图 4-107 添加事件

2．检查浏览器行为

检查浏览器行为是根据网页访问者使用的浏览器，分别连接不同文件的行为。该行为不仅可以根据浏览器的类型来显示不同的网页文件，而且还可以根据一个浏览器的不同版本，显示出不同的网页文件。两个文件中一个指定为 URL，另一个指定为替代 URL，根据条件来连接 URL 或者替代 URL。

（1）选中附加行为的对象，在"属性"面板中的"链接"文本框中输入#，如图 4-108 所示。

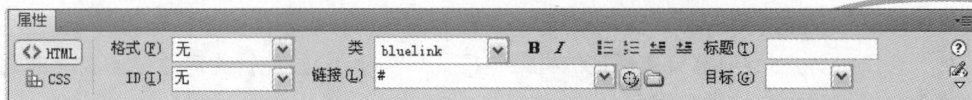

图 4-108 设置链接

（2）执行"窗口"→"行为"命令，打开"行为"面板，单击"行为"面板列表框上面的 + 按钮添加行为，选择"建议不再使用"→"检查浏览器"，弹出"检查浏览器"对话框。

"检查浏览器"对话框指定一个 Netscape Navigator 或 Internet Explorer 版本，在相邻的下拉列表中，选择选项以指定如果浏览器是指定的浏览器版本或更高级版本该进行何种操作。选项包括"转到 URL"、"前往替换 URL"和"留在此页"。

（3）设置"检查浏览器"对话框，如图 4-109 所示。

（4）在"行为"面板中，将事件设置为 onClick，如图 4-110 所示。

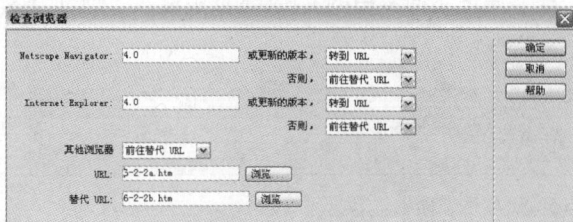

图 4-109 设置"检查浏览器"对话框

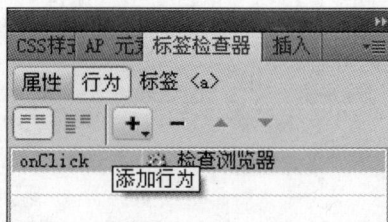

图 4-110 添加事件

（5）保存文档，在浏览器中浏览，单击"单击这里检查浏览器版本"，页面跳转到相应页面，表示该浏览器符合条件中的设置。

3．检查插件行为

检查插件行为用来检查访问者的计算机中是否安装了特定的插件，从而决定将访问者带到不同的界面。

执行"窗口"→"行为"命令，打开"行为"面板，单击"行为"面板列表框上面的 + 按钮添加行为，选择"检查插件"命令，弹出"检查插件"对话框，如图 4-111 所示。

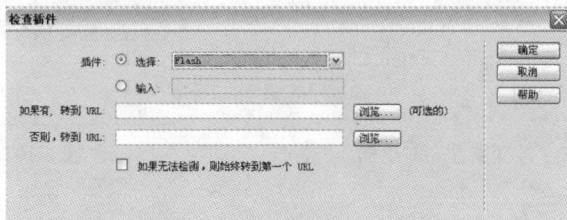

图 4-111 "检查插件"对话框

检查插件对话框主要有以下参数。

① 从"插件"下拉列表中选择一个插件，或选择"输入"单选按钮，并在右边文本框中输入插件名称。

② 在"如果有，转到 URL："文本框中，为具有该插件的浏览器用户指定一个 URL。

③ 在"否则，转到 URL："文本框中，为不具有该插件的浏览器用户指定一个替代 URL。

4．转到 URL 行为

转到 URL 行为在当前窗口或指定的框架中打开一个新页面，此行为对通过一次单击更改两个或多个框架的内容特别有用。

（1）执行"窗口"→"行为"命令，打开"行为"面板，单击"行为"面板列表框上面的 + 按钮添加行为，选择"转到 URL"，弹出"转到 URL"对话框，如图 4-112 所示。

图 4-112 "转到 URL"对话框

（2）在"转到 URL"对话框中单击"浏览"按钮，弹出"选择文件"对话框，选择文件或者在 URL 文本框中直接输入文档路径和文件名。

（3）在"行为"面板中添加事件，保存文档。

5. 跳转菜单行为

（1）单击"行为"面板列表框上面的 + 按钮添加行为，选择"跳转菜单"，弹出"跳转菜单"对话框，并设置"跳转菜单"对话框，如图 4-113 所示。

（2）添加事件，如图 4-114 所示。

图 4-113　设置"跳转菜单"对话框

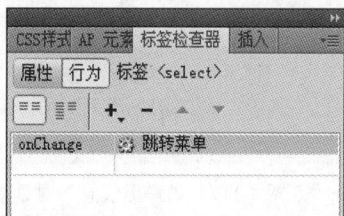

图 4-114　添加事件

6. 跳转菜单开始行为

跳转菜单开始行为在商业网站中被广泛应用，"跳转菜单开始"行为与"跳转菜单"行为密切相关，"跳转菜单开始"行为允许将"前往"按钮和一个"跳转菜单"行为关联起来，该按钮形式多样，可以是图像也可以是文本。当单击该按钮时，则打开了在跳转菜单中选择的链接。在普通页面中跳转菜单不需要这样的按钮，直接在跳转菜单中选择就可以载入 URL，但是如果跳转菜单位于一个框架中，而跳转菜单项链接到其他框架中的网页，则需要这种按钮，方便浏览者重新选择已在跳转菜单中选择的项。

（1）选中作为跳转按钮的对象，执行"窗口"→"行为"命令，打开"行为"面板，单击"行为"面板列表框上面的 + 按钮添加行为，选择"跳转菜单开始"命令。

（2）弹出"跳转菜单开始"对话框，选定页面中存在的将被跳转按钮激活的下拉菜单。

7. 打开浏览器窗口行为

使用打开浏览器窗口行为可以在一个新窗口中打开 URL，并可以指定新窗口的属性，如窗口大小、名称等。

（1）选中添加行为的对象，执行"窗口"→"行为"命令，打开"行为"面板，单击"行为"面板列表框上面的 + 按钮添加行为，选择"打开浏览器窗口"，弹出"打开浏览器窗口"对话框。

（2）设置"打开浏览器窗口"对话框，在"要显示的 URL"文本框内填入网页路径，如图 4-115 所示。

（3）添加事件 onClick，如图 4-116 所示。

图 4-115　设置"打开浏览器窗口"对话框

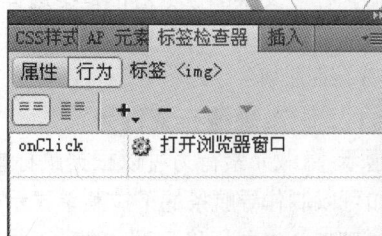

图 4-116　添加事件

8．弹出信息行为

弹出信息行为弹出一个带有特定消息的 JavaScript 警告框，该警告框只有一个"确定"按钮，因此，此行为只能提供信息，不能提供选择。

（1）选中添加行为的对象，单击"行为"面板列表框上面的 + 按钮添加行为，选择"弹出信息"，弹出"弹出信息"对话框并设置，如图 4-117 所示。

（2）添加事件 onClick，如图 4-118 所示。

图 4-117 "弹出信息"对话框 　　　　　图 4-118 添加事件

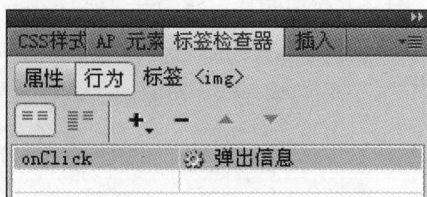

9．设置状态栏文本行为

设置状态栏文本行为可以在浏览器底部的状态栏中显示用户设定的消息。

（1）选中添加行为的对象，执行"窗口"→"行为"命令，打开"行为"面板，单击"行为"面板列表框上面的 + 按钮添加行为，选择"设置文本"→"设置状态栏文本"，弹出"设置状态栏文本"对话框。

（2）输入文字，单击"确定"按钮，如图 4-119 所示。

（3）添加事件 OnMouseOver，如图 4-120 所示。

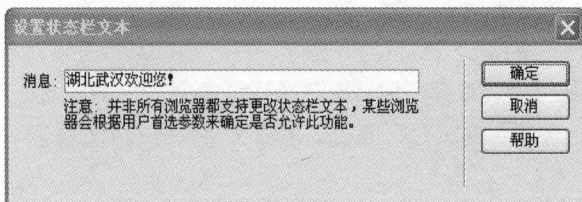

图 4-119 "设置状态栏文本"对话框 　　　　　图 4-120 添加事件

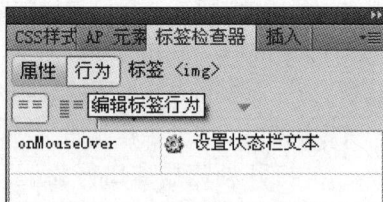

10．交换图像行为

交换图像行为是将一幅图像替换为另一幅图像，该行为由两幅图像组成。

（1）选中添加行为的对象，并在"属性"面板中命名为 image1，执行"窗口"→"行为"命令，打开"行为"面板，单击"行为"面板列表框上面的 + 按钮添加行为，选择"交换图像"，弹出"交换图像"对话框。

（2）在"交换图像"对话框中选择图像并单击"设定原始档为"复选框，可在载入网页时将新图像载入缓存，避免出现图像延迟。

（3）添加事件。

11．显示-隐藏元素行为

显示-隐藏元素行为可以根据鼠标事件显示或隐藏页面中的元素，改善与用户之间的交互。如可以制作导航条的下拉菜单显示/隐藏的效果，即当鼠标移动到导航条相关字段时，显示下拉菜单；当鼠标移开时，隐藏下拉菜单。制作方法如下。

（1）单击"插入"→"布局"→"标准"→"绘制 AP Div"命令，如图 4-121 所示。

（2）插入 AP Div，并设置 AP Div 与导航条之间的位置及 AP Div 背景颜色。

（3）将光标置于 AP Div 中，单击"插入"→"表格"，插入对象，如一个 3 行 1 列的表格，边框设置为 0，宽度为 100%。

（4）在单元格中输入文字，设置文字在单元格内居中对齐。

图 4-121 "布局"面板

（5）选中页面中的有关对象，执行"窗口"→"行为"命令，打开"行为"面板，单击"行为"面板列表框上面的 + 按钮添加行为，选择"显示-隐藏元素"，弹出"显示-隐藏元素"对话框，选中对话框中的"div 'apDiv1'"，单击"显示"按钮，单击"确定"按钮，添加到"行为"面板，如图 4-122 所示。

（6）将事件设置为 onMouseOver，以实现当鼠标移动到导航条相关字段时，显示下拉菜单，如图 4-123 所示。

图 4-122 "显示-隐藏元素"对话框

图 4-123 设置事件

（7）单击"行为"面板列表框上面的 + 按钮添加行为，选择"显示-隐藏元素"，弹出"显示-隐藏元素"对话框，选中对话框中的"div 'apDiv1'"，单击"隐藏"按钮，单击"确定"按钮，添加到"行为"面板，如图 4-124 所示。

（8）将事件设置为 onMouseOut，以实现当鼠标移开时，隐藏下拉菜单，如图 4-125 所示。

图 4-124 "显示-隐藏元素"对话框

图 4-125 设置事件

（9）单击"窗口"→"AP 元素"选项，展开"AP 元素"面板，在面板中双击左侧眼睛图标列 ，眼睛睁开 表示 AP 元素可见；眼睛闭上 时，隐藏 AP 元素为不可见。这里将"apDiv1"的初始状态设置为 不可见，如图 4-126 所示。

（10）保存文档，在浏览器中预览效果，当鼠标经过添加行为的文字时，出现下拉菜单列表，如图 4-127 所示。

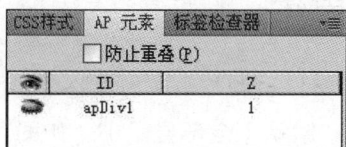

图 4-126 AP 元素的不可见

图 4-127 "显示-隐藏元素"效果

12. 预先载入图像行为

当网页中的图像过大时，加载会出现白块现象，为了避免这个现象，可以让比较大的图片预先载入浏览器缓存中。

（1）在 Dreamweaver CS3 中新建一个网页，在页面中输入文字"预先载入图像行为"，并为文字添加链接，"目标"为"_blank"，如图 4-128 所示。

（2）在设计视图中，鼠标单击到网页任意区域内，执行"窗口"→"行为"命令，打开"行为"面板，单击"行为"面板列表框上面的 ＋ 按钮添加行为，选择"预先载入图像"命令。

（3）弹出"预先载入图像"对话框，在"图像源文件"文本框中填入要预先载入图像的路径和名称；或者单击"浏览"，弹出"选择图像源文件"对话框。如果要载入多张图像，单击"添加项"按钮 ＋，重复本步骤即可；单击"确定"按钮，添加行为。

（4）在行为面板中将事件设为 onLoad，如图 4-129 所示。

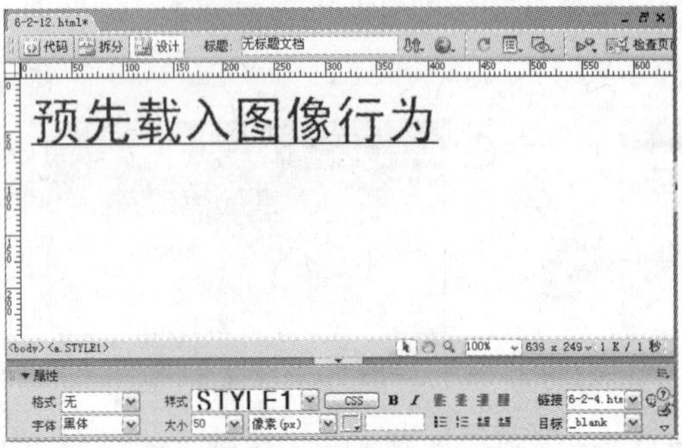

图 4-128　新建网页

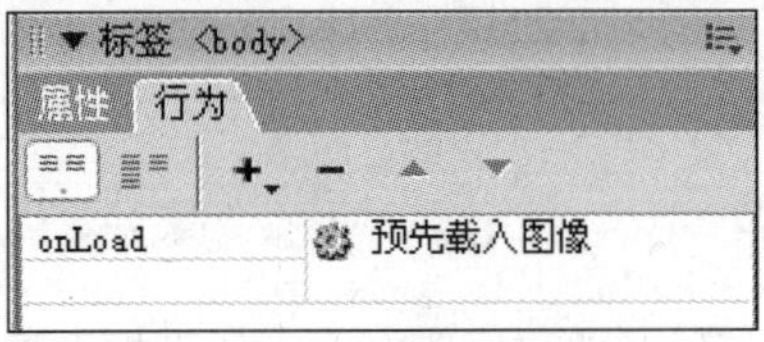

图 4-129　添加行为

在源代码的<body>处也出现一段代码。

```
<body onload="MM_preloadImages('4.6/image/1.jpg')">
```

这段代码就是在网页加载时预先载入图像所指的位置和文件名，如果有多个预先载入图像，这段代码会变得更长。

【操作过程】

一、在页面中插入 Flash

（1）打开网页 web.html，将 DIV "banner"中的图像删除；单击插入栏"常用"中的"媒体"，选择 SWF，如图 4-130 所示。

（2）打开"选择文件"对话框，选择要打开的 Flash 动画 swf 文件。单击"确定"按钮后，Flash 动画被插入到了页面中，如图 4-131 所示。

（3）单击 Flash 文件，在"属性"面板设置它的属性。选中"循环"选项时影片将持续播放；如果没有选中该选项，则影片在播放一次后即停止播放，建议勾选。通过"自动播放"设置 Flash 文件是否在页面加载时就播放，建议勾选。通过"品质"可以选择 Flash 影片的画质，选择"高品质"以最优状态显示。在"比例"中可以选择"默认（全部显示）"、"无边框"、"严格匹配"3 种，这里使用"默认（全部显示）"，如图 4-132 所示。

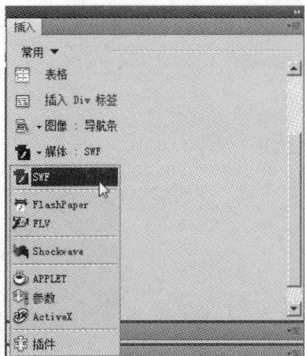

图 4-130 选择 Flash

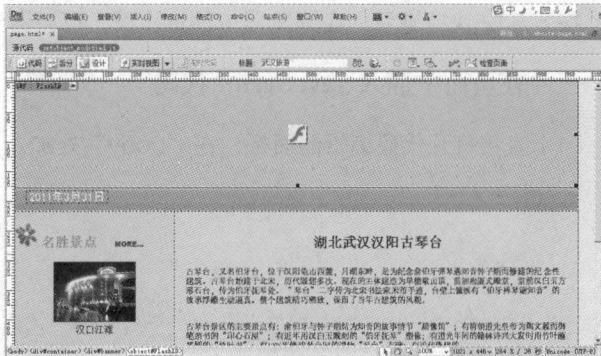

图 4-131 插入 Flash 动画

图 4-132 设置 Flash 的属性

（4）为了测试动画在"网页编辑窗口"中的预览效果，选中 Flash 文件，单击属性面板的"播放"按钮（它是播放/停止的切换按钮），如图 4-133 所示。

图 4-133 播放 Flash

查看 Dreamweaver 的源代码，如图 4-134 所示。添加的代码为黑色部分的内容。

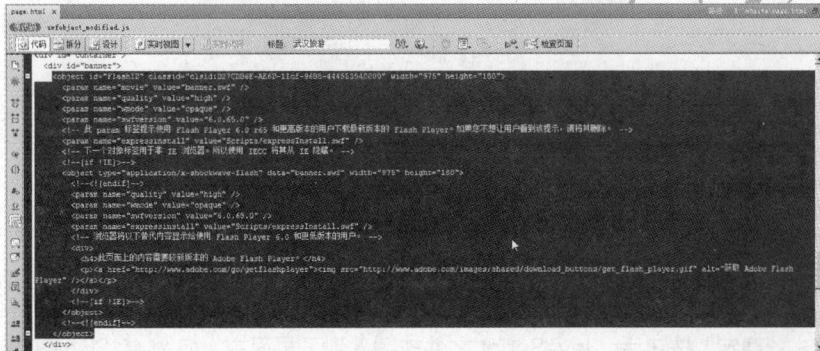

图 4-134 Dreamweaver 的源代码

按下 F12 快捷键后，在浏览器中预览页面，可以看到 Flash 动画播放的效果。

二、在页面中插入 JavaScript 代码

（1）直接打开代码编辑器面板，在"body"处加入 JavaScript 代码。

```
<script language="JavaScript">
<!--
var y=new Date();
var gy=y.getYear();
var dName=new Array("星期天","星期一","星期二","星期三","星期四","星期五","星期六");
var mName=new Array("1月","2月","3月","4月","5月","6月","7月","8月","9月","10月","11月","12月");
if (version < 1.3)
{
if (gy<2000)
{
document.write("<FONT COLOR=\"black\" class=\"p1\">"+"19"+y.getYear()+"年 " + mName[y.getMonth()] + y.getDate() + "日" + dName[y.getDay()] + "" + "</FONT>");
}
else
document.write("<FONT COLOR=\"black\" class=\"p1\">"+y.getYear()+" 年 " + mName[y.getMonth()] + y.getDate() + "日" + dName[y.getDay()] + "" + "</FONT>");
}
else
{
document.write("<FONT COLOR=\"black\" class=\"p1\">"+y.getFullYear() +" 年 "+ mName[y.getMonth()] + y.getDate() + "日" + dName[y.getDay()] + "</FONT>");
}
//-->
</script>
```

（2）将 JavaScript 代码放置在后缀名为.js 的文本文件中，通过脚本引入，如图 4-135 所示。

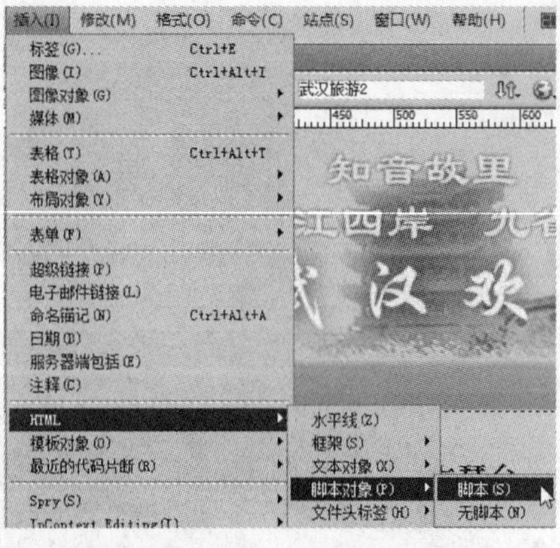

图 4-135　插入 JavaScript 代码

弹出"脚本"对话框，在类型下拉列表中选择"text/javascript"，"源"中选择后缀名为.js 的文件，单击"确定"按钮后，JavaScript 文件被插入到了页面中，如图 4-136、图 4-137 所示。

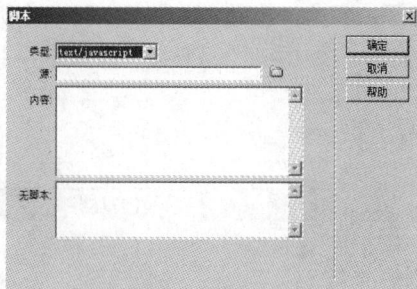

图 4-136 "脚本"对话框

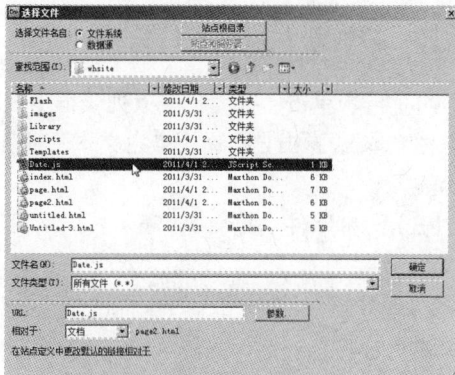

图 4-137 选择 Javascript 文件

三、添加弹出信息行为

（1）选中要添加行为的对象，这里选择状态栏标签选择器中的<body>标签，如图 4-138 所示。

（2）选择"窗口"→"行为"命令打开行为面板。单击"行为"浮动面板中的加号按钮并从弹出的菜单中选择"弹出信息"，如图 4-139 所示。

图 4-138 选择标签

图 4-139 选择"弹出信息"

（3）随后弹出"弹出信息"对话框。在文本框中输入要显示的信息，如图 4-140 所示。

（4）单击"确定"按钮完成设置。由于光标是在页面中，而不是在页面中的对象上，因此，行为对象就是整个文档，"行为"浮动面板列表中会出现一项对整个文档附加的行为，事件可以设置为 onLoad，表示载入网页时弹出消息框，如图 4-141 所示。

图 4-140 弹出信息

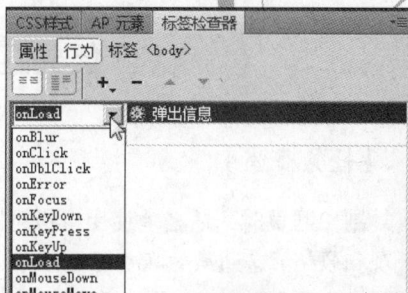

图 4-141 设置事件

149

四、设置状态栏文本行为

（1）再次单击"行为"面板列表框上面的 + 按钮添加行为，选择"设置文本"→"设置状态栏文本"，弹出"设置状态栏文本"对话框。输入文字，按"确定"按钮即可，如图 4-142 所示。

（2）添加事件 onLoad，表示载入网页时就设置状态栏文本，如图 4-143 所示。

图 4-142　"设置状态栏文本"对话框

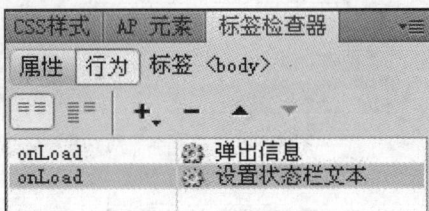

图 4-143　添加事件

五、保存网页

保存网页并预览，网页打开的同时弹出了消息框。单击"确定"按钮后，消息框消失，网页继续运行，状态栏上出现设置的文本，如图 4-144 所示。

图 4-144　预览效果

工作任务四　创建及使用模板与库

【任务概述】

制作网页时，适当地使用模板可以节约大量的时间。而且，模板将确保站点拥有统一的外观和风格，这通常意味着它更易于用户进行导航。另外，Dreamweaver 还提供了一个有用的称为库项目的特性，用来帮助用户将重复的元素（例如导航条或者公司徽标）插入到所创建的每个 Web 页中。

本工作任务要求创建模板，并应用模板分别制作介绍"汉口江滩"和"辛亥革命博物馆"的网站内页。

【核心知识】

一、模板的基本概念

Dreamweaver 模板是一种特殊类型的文档，用于设计"锁定的"页面布局。模板创作者设计页面布局，并在模板中创建可在基于模板的文档中进行编辑的区域。在模板中，设计者控制哪些页面元素可以由模板用户（如作家、图形艺术家或其他 Web 开发者）进行编辑。简单地说，模板是一种用来产生固定特征和共同格式的文档基础，是用户进行批量生产文档的起点。当希望编写某种带有共同格式和特征的文档时，可以通过一个模板产生出新的文档，然后再在该新文档的基础上进行编写。在编辑网页时，只需要输入每个文档中不同的内容就可以了。

模板最强大的用途之一在于一次更新多个页面。从模板创建的文档与该模板保持连接状态（除非你以后分离该文档），可以修改模板并立即更新所有基于该模板的文档中的设计。

模板的建立与其他文档相同，只不过在保持上有所差异。在一个模板中，用户可以根据需要设置可编辑区域与不可编辑区域，从而保证页面的某些区域是可以修改的，而某些区域则不能修改。

利用模板面板，可以完成大多数的模板操作。要显示模板面板，可以在右侧导航面板中选择"资源"，如图 4-145 所示。

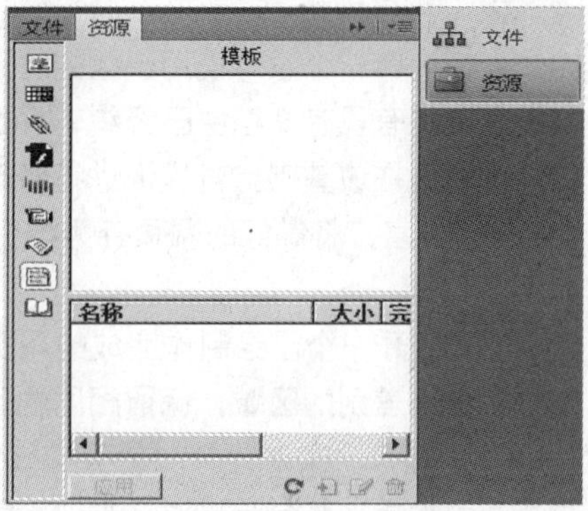

图 4-145　"资源"面板

二、在网站中使用模板的基本流程

用户可以先创建空白的模板，然后在其中输入需要显示在所有文档中的内容，也可以将现有的文档存储为模板。模板实际上也是文档，只是它的扩展名是 .dwt。当创建模板后，会自动在本地站点目录中添加一个新 Templates 目录，然后将这些模板文件存储到该目录中。

三、创建模板

1.新建模板

（1）在模板面板中，单击右上角的三角形按钮，打开模板面板菜单；也可以通过在面板中单击鼠标右键来打开快捷菜单。

（2）选择"新建模板"命令（如图 4-146 所示），会在模板面板的模板列表中出现一个新的未命名的模板。或者在模板面板的右下角，先单击编辑模板按钮，然后再单击添加模板按钮，同样也可以创建一个新模板，可以重新命名，如图 4-147 所示。

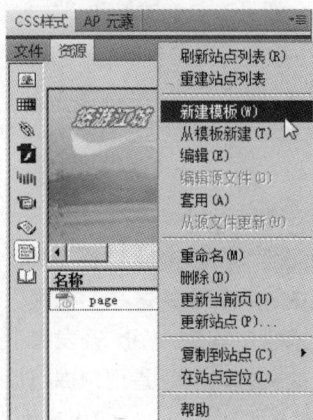

图 4-146　新建模板　　　　　　　　图 4-147　模板命名

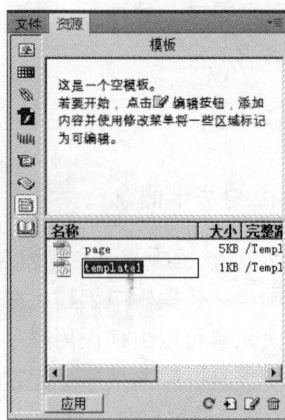

2．另存模板

当在编辑一个没有使用模板的普通文档时，也可以将现有文档存储为模板，这样生成的模板中会带有现有文档中已经编辑好的内容。用户可以再在该基础上对模板进行修改，使之符合需要。直接将做好的网页存为模板的方法如下。

（1）打开一个已经制作完成的网页，删除网页中存在差别的区域，保留相同的区域。

（2）选择"文件"→"另存模板"，将网页另存为模板，将会弹出对话框。设置站点、新建的模板名，单击"保存"按钮，即可存储模板。模板名称会出现在模板列表中，如图 4-148 所示。

图 4-148　"另存模板"对话框

3．创建可编辑区域

可编辑区域就是那些在利用模板生成的新文档中可以被编辑的区域，即用于放置各个文档之间相异的内容的区域。

不可编辑区域则是那些多个文档之间共有内容所在的区域，也称为锁定区域。在生成的新文档中，不允许编辑位于锁定区域中的内容，只能在可编辑区域进行编辑和修改，从而维护文档风格的统一。

创建可编辑区域的步骤如下。

（1）应将光标置于要插入可编辑区域的位置，或通过单击编辑窗口状态栏上的标签选中可编辑区域。

（2）然后单击"插入"→"模板对象"→"可编辑区域"命令，弹出"新建可编辑区域"窗口，输入新的可编辑区域名称（也称为可编辑区域标记），单击"确定"按钮关闭此窗口，完成当前可编辑区域标记的编辑，如图 4-149 所示。

新添加的可编辑区域有蓝色标签，标签上是可编辑区域的名称，如图 4-150 所示。

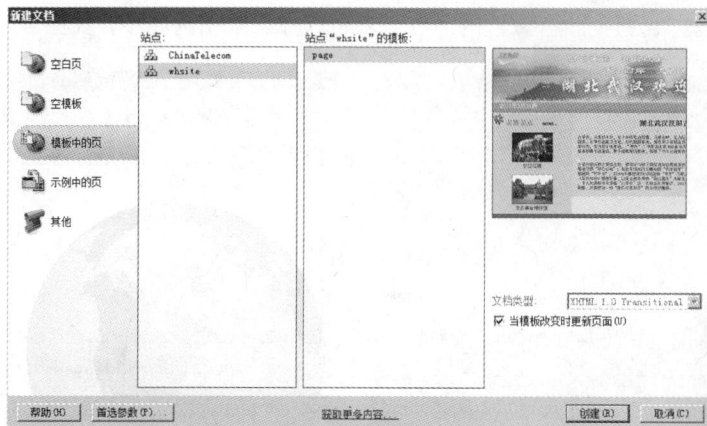

图 4-149　"新建可编辑区域"对话框　　　　图 4-150　可编辑区域的页面效果

（3）执行"文件"→"保存"命令保持该模板，在执行退出该模板。

4．删除可编辑区域

如要删除可编辑区域，将光标置于要删除的可编辑区域之内，单击右键，选择"模板"→"删除模板标记"命令，光标所在的可编辑区域即被删除，如图 4-151 所示。

图 4-151　删除模板

四、应用模板

1．从模板新建

（1）执行"文件"→"新建" 命令，弹出新建文档对话框，选择"模板中的页"选项卡，在对话框的列表框中选择正在编辑的站点，然后在中间的列表框中就会显示刚创建的模板文件，如图 4-152 所示。

图 4-152　从模板新建

（2）单击"创建"按钮确认操作，即可创建一个应用该模板的页面。这时新建的文档窗口右上方会出现模板标签，表示该页面是由模板创建的，并且整个页面被黄色的边框包围起来，如图 4-153 所示。

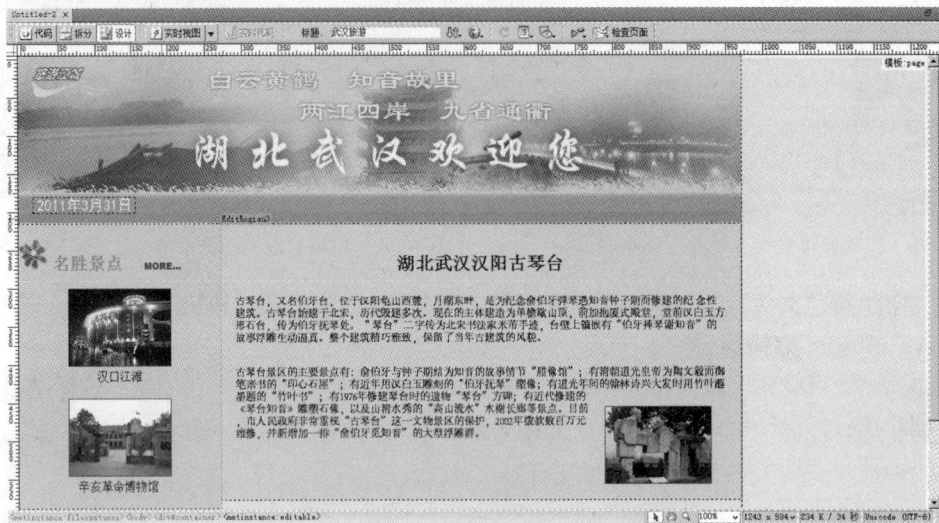

图 4-153　创建的新页面

（3）在新建文档中单击模板中的可编辑区域，可以根据需要在整个区域任意编辑，如输入文本，加入图像、媒体，插入表格等。

在该新建文档中单击模板中的可编辑区域以外的部分，系统会发出提示音，而光标也无法进入这些区域，这说明不能在这些区域进行编辑。

2．利用模板面板

（1）执行"文件"→"打开"命令，打开一个文件，显示"资源"面板，在面板的左边选择模板图标以显示模板面板。

（2）打开要应用模板的页面，选中资源面板中的模板，然后单击"应用"按钮，模板就会应用在当前的网页上。或通过在面板中单击鼠标右键来打开一个菜单，在其中选择"应用"命令，弹出如图 4-154 所示的对话框。

（3）在"将内容移到新区域"的下拉列表中选择可编辑区名称，如图 4-155 所示。

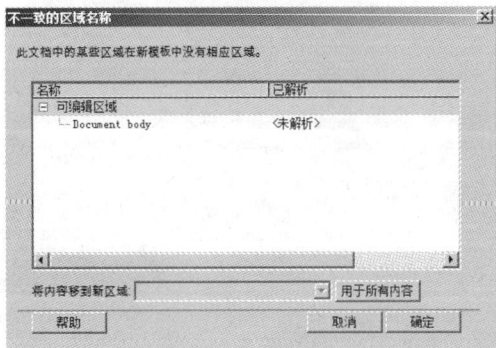

图 4-154　应用模板对话框

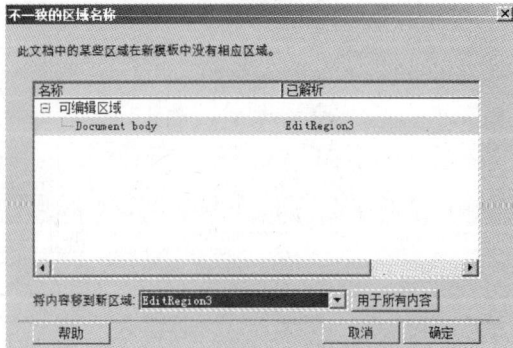

图 4-155　设置移到区域

五、页面与模板脱离

应用模板后的文档并不是一成不变的。当需要修改整个页面时，可以将其脱离模板的控制。如果可以让使用了模板的文档脱离模板的控制，用户就可以修改可编辑区域的内容了。

首先打开一个应用了模板的文档，然后执行"修改"→"模板"命令，在其子菜单中选择"从模板中分离"选项，就可以完成上述的工作，如图 4-156 所示。

图 4-156　从模板分离

在文档中执行了"从模板中分离"命令后，不可编辑区域会自动转变为可编辑区域，而不是将不可编辑区域删除，此时文档如图 4-157 所示。

可以看出，此时文档中没有任何边框包围的显示区。实际上该文档已变成普通的文档，用户可以对文档的任何部分进行编辑，而对模板的修改也不能反应到该文档中，因为该文档已与模板完全分离。

图 4-157　脱离了模板的文档

六、更新页面

利用模板特性，还可以对站点中所有应用同一模板的文档进行批量更新。站点必须经常更新，才能赢得更多的访问。要改变文档的风格，可以修改相应的模板文件，在多个文档中应用新的风格。

可以通过修改模板来同时更新网站上的多个或所有文档。

（1）在模板面板的模板列表区双击模板，或单击模板面板右下角的打开模板按钮，则打开该模板。

（2）在打开的模板文件中，进行任意修改。然后执行"文件"→"保存"命令，保存模板。这时会自动弹出如图 4-158 所示的对话框。

"要基于此模板更新所有文件吗？"是询问要更新的文本框中使用了该模板的页面，如果更新单击"更新"按钮，不更新则单击"不更新"按钮。单击更新按钮会弹出对话框，更新完毕后如图 4-159 所示。

图 4-158　更新模板

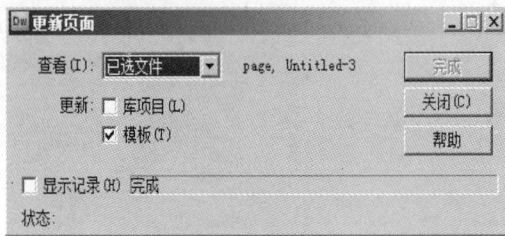

图 4-159　更新完毕

修改模板后，比较更新前的文档和更新后的文档，会发现基于模板创建的文档在该模板修改后得到了更新，且更新的规则如下：对模板锁定区的所有修改均反映到文档中。对模板可编辑区的修改情况略为复杂，新建的可编辑区在文档中如实反映，对原来可编辑区中的改变不反映到文档中。

总之，虽然模板的优势是明显的，但是还存在一些解决不了的问题。例如，很多情况下存在这样的一个问题，并不是所有的页面在同一个位置上都出现相同的内容，可能一个网站中有 1/3 的页面使用站点的蓝色标志，而有另外 1/3 的页面使用站点的红色标志，最后剩下 1/3 的页面则不出现任何站点的标志。那么在这种情况下，需要建立多个模板，并将多个模板分别应用于风格略有不同的各类页面。

七、管理模板

在 Dreamweaver 中，用户可以对模板文件进行各种管理操作，例如重命名和删除等。

（1）重命名模板

要重命名模板，可以采用如下的方法。

在模板列表中，单击要重新命名的模板项名称，即可激活其文本编辑状态；也可以单击面板右上角的三角形按钮，打开面板菜单，然后执行重命名命令。

如果希望取消对模板的命名，在文本编辑状态尚处于激活状态，可以按下 Esc 键，否则，只能重新输入。

对模板的重命名实际上就是对模板文件的重命名，可以从站点窗口的相关目录中看到重新命名后的模板文件,因此,也可以在站点窗口中直接对模板进行重命名。

(2)删除模板

要删除模板,可以采用如下方法。

在模板列表中,选中要删除的模板项,然后单击面板右上角的三角形按钮,打开面板菜单,选择"删除"命令,或直接单击模板面板右下角的"删除"按钮。

删除模板的操作实际上就是从本地站点的目录中删除相应的模板文件。因此,也可以直接在站点窗口中找到要删除的模板文件,然后将之删除。

这种删除操作应该慎重,因为文件被删除后,就无法恢复了。

八、库

在 Dreamweaver 中,另一种维护文档风格的方法是使用库项目。如果说模板从整体上控制了文档的风格,库项目则从局部上维护了文档的风格。

(1)库的概念

库项目也称为库元素,可以看成是网页上能够被重复使用的零件。在 Dreamweaver 中,可以将单独的文档内容(例如一幅图像或一段文字)定义成库项目,也可以将多个文档内容的组合(例如排列成固定形状的多个层)定义成库项目。

在不同的文档中放入相同的库元素,可以得到完全一致的效果,就如将源文档中相应的内容复制到目标文档中的同一位置。

利用库项目,同样可以实现对文件风格的维护。很多网页带有相同的内容,但是又不希望从同一模板中派生这些文档时,就可以利用库元素的机制。将这些文档中的共有内容定义为库元素,然后放置到文档中。一旦在站点中对库项目进行了修改,那么通过站点管理特性,就可以实现对站点中所有放入该库元素的文档进行更新。

执行"窗口"→"资源"命令,即会打开资源面板,在其中选择"库"按钮命令,就可以打开库面板,如图 4-160 所示。

(2)创建库

选中页面相应内容,单击库面板中的新建库按钮,则在库面板中添加了一个库元素,同时在库预览区显示了该该元素的内容,如图 4-161 所示。

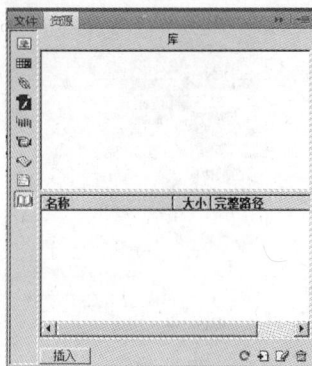

图 4-160　库面板

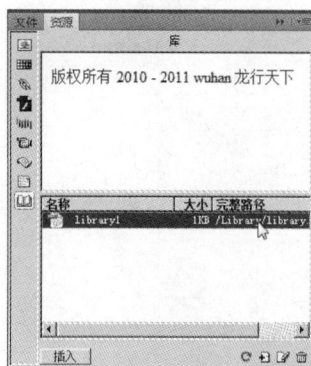

图 4-161　新建的库项目

(3)应用库

在文档中,将插入点放置到要插入库元素的位置。在库面板上单击插入库按钮,或将库元素直接拖入到文档中，则文档中加入一个名为 library1 的库元素。

（4）脱离库

选择文档中应用的库元素，单击属性面板的"从源文件中分离"按钮，则文档中的库元素与库脱离了。库元素不再被置成高亮显示，可以在文档中任意修改该部分。当然，由于该部分与库元素脱离，对库元素的修改也不会反应到该部分。

（5）修改库

通过修改库元素可以同时更新使用该库的所有文档。

在库面板的列表中选中库，用鼠标单击编辑库按钮，则打开该库文件。在修改了库文件后，如果需要对以前使用过该库的文档进行更新，可以执行"修改"→"库"→"更新页面"命令，或者单击库面板的菜单按钮，从中选择"更新页面"命令。文档中应用的库元素均根据库的修改做出了相应的更改。

若只想更新使用该库的当前文档，则选择执行"修改"→"库"→"更新当前页"命令；若要更新多个使用了该库的文档，则执行"修改"→"库"→"更新页面"命令。

【操作过程】

一、创建模板，定义模板的可编辑区

（1）打开已经制作完成的网页（如 web.html），选择"文件"→"另存模板"，在弹出的"另存模板"对话框中的"站点"下拉列表设置模板保持的站点；"现存的模板"选框显示当前站点中的所有模板；"另存为"文本框用来输入模板的名称，如输入"page"。

（2）将光标置于要插入可编辑区域的位置，将正文文字所在的区域选中，单击鼠标右键，弹出快捷菜单，选择"模板"→"创建可编辑区域"即可。

二、新建文件

（1）单击"文件"→"新建"命令，打开"新建文档"对话框，选择"模板中的页"及模板，勾选"当模板改变时更新页面"，单击"创建"按钮，如图 4-162 所示。

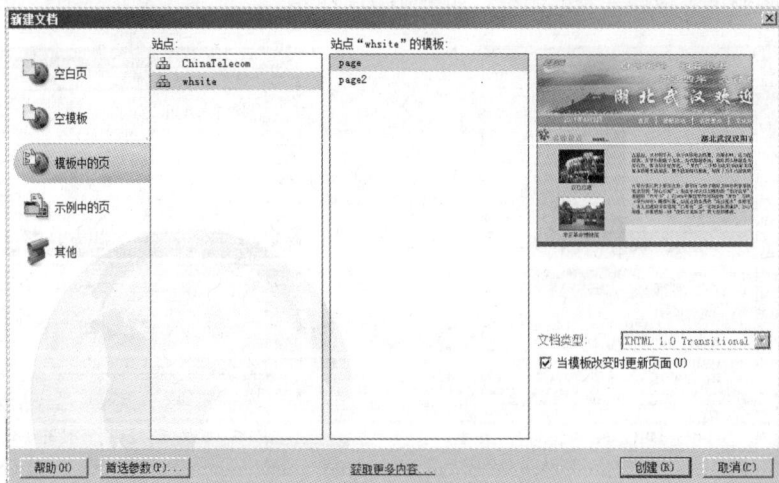

图 4-162　选择由模板创建新页面

（2）在创建的页面中，在可编辑区域内将原来的内容删除，再输入文字和图片，如图4-163所示。

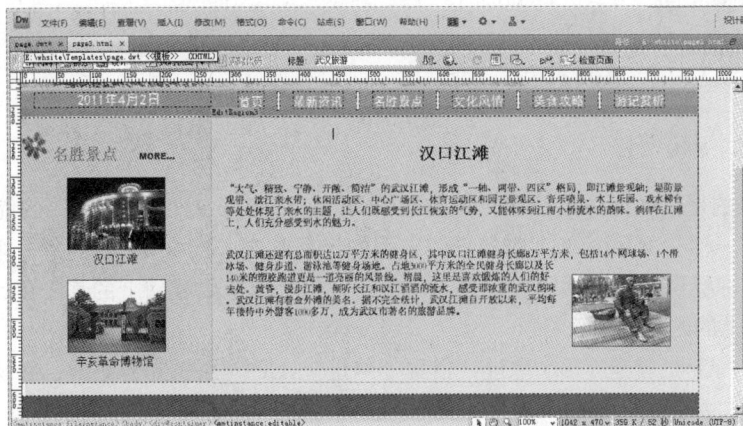

图4-163 可编辑区域内更改文字和图片

（3）单击"文件"→"保存"命令，将文件保存并命名。

（4）同理，制作"辛亥革命博物馆"子页，效果如图4-164所示。

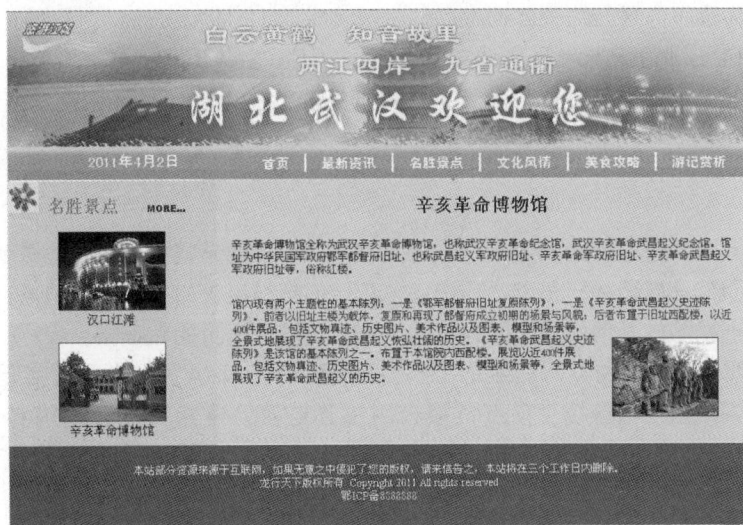

图4-164 效果图

工作任务五 创建网页超级链接

【任务概述】

对于一个完整的网站来说，各个页面之间应该是有一定的从属关系或者链接关系的，这就需要在页面文件之间建立超级链接。超级链接是构成网页最为重要的部分，单击文档中的超级链接，即可非常方便地从一个位置到另一个位置。一个完整的网站往往包含了相当多的链接。

本工作任务要求制作链接，单击页面左侧栏的文字"汉口江滩"或"辛亥革命博物馆"后，将打开相应页面。

【核心知识】

一、URL 与超链接

URL 代表的是全球资源定位器，是英文"Uniform Resource Locator"的缩写。URL 的功能就是提供一种在 Internet 上查找任何东西的标准方法。Internet 上的每一个网页都具有一个唯一的名称标识，这种地址可以是本地磁盘，也可以是局域网上的某一台计算机，更多的是 Internet 上的站点。

简单地说，URL 就是 Web 地址，俗称"网址"。URL 由 3 部分组成，即协议类型、主机名和路径及文件名。

如 http://www.******.com/wh/index.htm，它的含义如下。

① http://：代表超文本传输协议，通知****.com 服务器显示 Web 页，通常不用输入。

② www：代表一个 Web（万维网）服务器。

③ ****.com/：这是装有网页的服务器的域名或站点服务器的名称。

④ wh/：为该服务器上的子目录。

⑤ index.htm：index.htm 是文件夹中的一个 HTML 文件（网页）。

超链接是指从一个网页指向一个目标的连接关系。在 html 文件中用<a>标记一个链接。其基本格式为：

```
<a href="url">链接指针</a>
```

网页上的超链接一般分为 3 种：第 1 种是绝对 URL 的超链接，简单地讲就是网络上的一个站点、网页的完整路径；第 2 种是相对 URL 的超链接，如将网页上的某一段文字或某标题链接到同一网站的其他网页上面去；第 3 种称为同一网页的超链接。

因此，按照链接路径的不同，网页中超链接一般分为 3 种类型。内部链接是同一网站域名下的内容页面之间互相链接。锚点链接也叫书签链接，常常用于那些内容庞大烦琐的网页，通过单击命名锚点，能指向页面里的特定段落，便于浏览者查看网页内容。外部链接是针对搜索引擎与其他站点所做的友情链接。

如果按照使用对象的不同，网页中的链接又可以分为文本超链接、图像超链接、E-mail 链接、锚点链接、多媒体文件链接和空链接等。

二、在 Dreamweaver 中制作基本链接

1. 在属性面板上使用 ◎ 图标

通过使用 ◎ 图标（称为"指向文件图标"），可以创建指向另一个打开的文档的链接、站点窗口内文件的链接或者是一个文档内的可视锚点。

当有文件被选取之后，可以在属性面板上和站点地图窗口中看到 ◎ 图标。另外当按住 Shift 键创建拖动选项时也会出现 ◎ 图标，如图 4-165 所示。

图 4-165　指向文件图标

① 打开一个页面，在文档窗口选取要创建链接的文本和图像。

② 从属性面板上拖动 图标指向在站点窗口中所要链接的文档，这时在打开的文档中就会出现一个锚点，如图 4-166 所示。链接框中的内容会自动根据新的链接而更新。

图 4-166　将"文件指向"图标拖动到站点窗口的文档中

拖动鼠标时会出现一个带箭头的线，指示要拖动的位置。指向文件后只需要释放鼠标左键，即会自动生成链接。

若打开的文档为一个二级页面，且它要链接到首页，那么只需在文档窗口中选取要创建链接的文本，从属性面板上将 图标拖动到站点窗口中的页面图标上即可完成。

2. 为文档中被选中的文字创建链接

先选中要作为链接的文字，按住 Shift 键，然后用鼠标拖动选中的文本。此时可以看到，拖动时出现文件指向图标，以及用于标明拖动方向的箭头。

拖动鼠标，将它移动到站点窗口中的文档图标上。在目标位置上释放鼠标，即可构建相应链接。同时可以看到，目标端点处文档的 URL 被填入属性面板的 Link 框中，如图 4-167 所示。

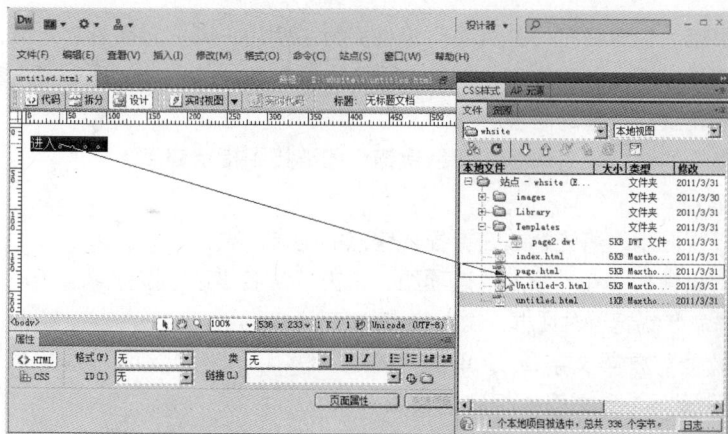

图 4-167　为文档中被选中的文字创建链接

3．使用 Link 属性面板创建链接

创建链接最常用的方法是使用 Link 属性面板，步骤如下。

（1）在文档窗口中选择文本或者其他需要创建链接的对象，打开其属性面板，在 Link 栏中输入链接文件的路径，如图 4-168 所示。

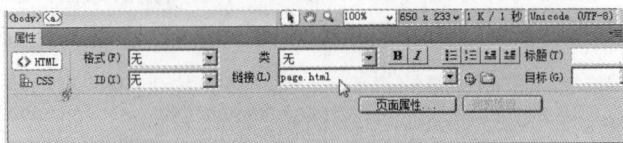

图 4-168　用属性面板创建超级链接

（2）在使用链接属性面板创建链接时，也可以单击链接栏右边的文件夹图标，将会弹出如图 4-169 所示的对话框，提示用户从磁盘选择链接目标文件。

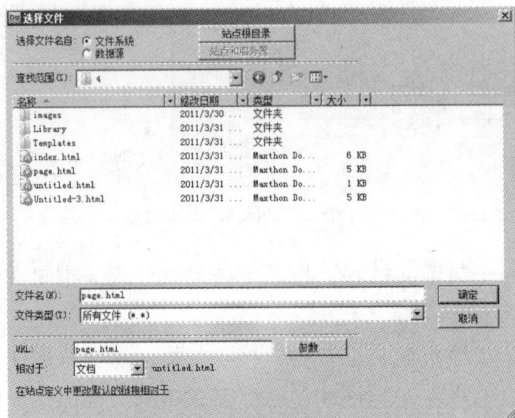

图 4-169　从磁盘选择链接文件

打开"相对于"的下拉列表，可以指定 URL 的路径类型。如选择文档，则使用相对路径，绝对路径在 URL 栏中可直接输入；如果选择站点根目录，则使用基于根目录的路径。

三、创建锚点链接

如果一个页面的内容较多，则页面会较长。为了使用户浏览起来更加方便，可以在页面的某个分项内容的标题上设置锚点，然后在页面上设置锚点的链接，那么用户就可以通过链接快速地直接跳转到感兴趣的内容。

创建锚点链接的过程分为两步，即创建锚点和链接到指定锚点。

1．创建锚点

（1）在设计视图下，将光标放在要插入锚点的地方。

（2）打开对象面板，在"插入"选项组，单击"命名锚记"按钮 。

（3）弹出"命名锚记"对话框，输入锚点的名
称（锚点的名称最好是英文字母），单击"确定"
按钮后，锚点即被插入到文档中相应的位置，如
图 4-170 所示。

图 4-170　输入锚记名称

2．链接到指定锚点

首先选中要作为链接的文字，然后在属性面板的链接框中，输入锚点名称及相应前缀。

如果要链接的目标锚点位于当前文档，则可以在属性面板的链接框中，输入一个"#"号，然后再输入链接的锚点名称。例如，要链接当前文档中名为 top 的锚点位置，则需要输入"#top"。

如果要链接的目标锚点位于其他文档中，则需要先输入该文档的 URL 地址和名称，然后输入"#"号，再输入锚点名称，例如，要链接当前目录下 index.html 文档中的 top 锚点的位置，可以输入"index.html#top"。

在一个文档中锚点的名称是唯一的，不能在同一文档中出现相同的锚点名称。

四、创建 E-mail 链接

在网页制作中，还经常看到这样的一些超级链接。单击该链接以后，会弹出邮件发送程序，联系人的地址也已经填写好了。E-mail 链接在任何情况下单击都会打开一个邮件窗口，实现步骤如下。

（1）先选定要链接的图片或文字，然后执行"插入"→"电子邮件链接"命令，或者在插入面板组中单击 按钮。

（2）弹出"电子邮件链接"对话框，在该对话框的文本文本框内输入要链接的文本，然后在 E-mail 文本框内输入邮箱地址即可，如图 4-171 所示。

图 4-171　创建 E-mail 链接

（3）可以利用属性面板来创建 E-mail 链接。首先选中要加入 E-mail 链接的文本，打开属性面板，然后在链接的文本框中直接输入"mailto:电子邮件地址"，如 mailto:benfsz@163.com，即可创建链接到 Email 该地址的链接。

五、创建图像映像

映像图是创建复杂的图像交互的好方法。当创建一个映像图时，可以对图像中的一个部分分别创建链接，它将告诉浏览器图像的这些部分应该链接到特点的 URL 中。Dreamweaver 的映像图编辑器能使用户非常简单地创建和编辑客户端的映像。在图像的属性面板中有绘制工具，可以利用它们直接在网页上绘制用来激活超链接的热区。

映像图有两类，即服务器端和客户端。客户端的映像图在图像的 HTML 描述中保持着超链接信息，而服务器端的映像图的超链接信息保存在一个专门的映像文件中。由于服务器不需要来解释浏览者单击在什么位置，所以客户端的映像图运行得比服务器端快。当浏览者在客户端的映像图中单击一个热区时，相关的 URL 信息被直接发送到服务器。如果想使映像图工作在更古老的浏览器中，则必须使用服务器端的映像图。

在已存在文件中，可以在同一个文件中同时使用服务器端和客户端的映像图。对两种映像图均支持的浏览器将赋予客户端映像图以优先权。为了使文件中包含服务器端映像图，将不得不在 HTML 编辑器中书写相应的 HTML 代码，但这样的工作量会非常大。

设置客户端映像图的方法如下。

1．给热区命名

在属性面板上的 Map（映像名称）区域，输入需要的映像名称。如果在同一文档中使用了多个映像图，则应该保证这里输入的名称是唯一的，如图 4-172 所示。

2. 创建热区

单击属性面板上相应的创建热区工具按钮，然后在图像上需要创建热区的位置拖动鼠标，即可创建热区。

① 要创建矩形热区，可以首先单击属性面板上的"矩形热点工具" 按钮，然后在图上拖动鼠标左键，即可勾勒出矩形热区，如图 4-173 所示。

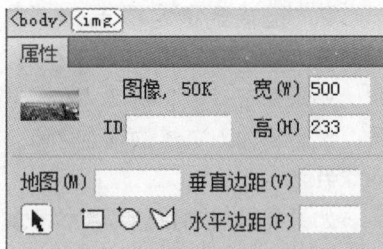

图 4-172　利用属性面板设置映像图

图 4-173　创建矩形热区

② 要创建圆形热区，可以首先单击属性面板上的"圆形热点工具" 按钮，然后在图上拖动鼠标即可勾勒出圆形热区，如图 4-174 所示。

图 4-174　创建圆形热区

164

③ 要创建多边形热区，可以首先单击属性面板上的"多边形热点工具" 按钮，然后在图上多边形的每个端点位置上单击鼠标左键，即可勾勒出多边形热区，如图 4-175 所示。

图 4-175　创建多边形热区

3．编辑热区链接

单击属性面板上选取热区工具按钮，可以将鼠标指针恢复为标准状态，这时将允许从图像上选取热区。被选中的热区边框上会出现控制点，拖动控制手柄，可以改变热区的形状。如果希望删除热区，可以在选中热区后，按下键盘上的 Delete 键。

选中热区后，可以在属性面板上设置该热区对应的 URL 链接地址，如图 4-176 所示。

图 4-176　设置热区链接

六、制作导航条

网页中的导航条一般由多个显示文本的图像链接组成，移动鼠标光标到一个图像链接上，这个图像被替换成另一个图像。Dreamweaver 提供了制作导航条的快捷功能。

（1）单击"插入"→"图像对象"→"导航条"命令，或在常用插入面板中单击导航条，如图 4-177 所示。

（2）打开导航条对话框，如图 4-178 所示。

在导航条里，每个图像链接被称作一个项目，所有的项目都显示在"导航条元件"选框里。单击"+"按钮，将增加一个项目，在"导航条元件"选框里选中一个项目，单击"-"按钮，将删除选中的这个项目。单击向上或向下的箭头按钮，可以调整这个项目在导航条里的排列位置。

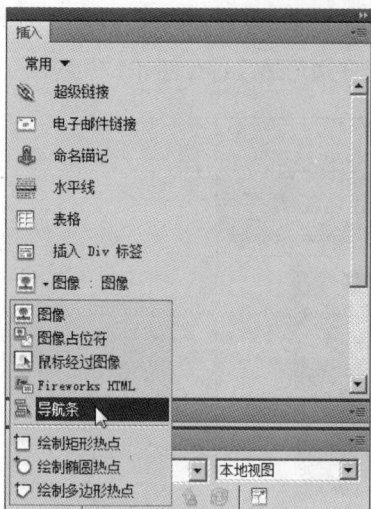

图 4-177　插入导航条　　　　　　　　　　　图 4-178　　插入导航条

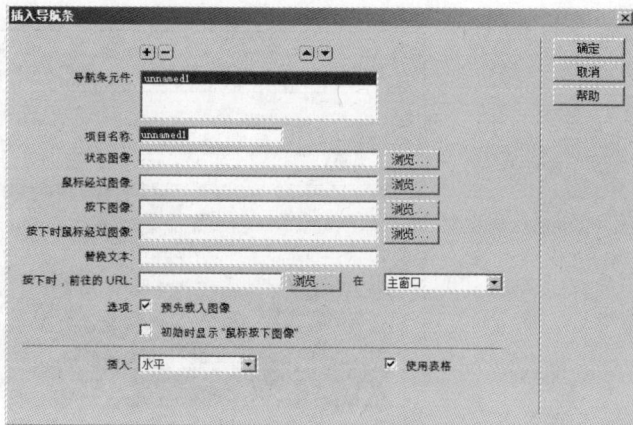

① "项目名称"文本框用来设置项目的"命名"。

② "状态图像"文本框用来设置这个项目原始图像的路径。

③ "鼠标经过图像"文本框用来设置当鼠标经过这个项目的原始图像时，将改变为其他图像的路径。

④ "按下图像"文本框是设置当鼠标在这个项目的图像上按下左键时，将改变为其他图像的路径。

⑤ "按下时鼠标经过图像"文本框是设置当鼠标按下左键后经过这个项目的图像时，将交换成其他图像的路径。

⑥ "替换文本"文本框用来设置当图像无法在浏览器中显示时，将显示的文本说明。

⑦ "按下时，前往的 URL"文本框用来设置当单击这个图像时，打开的网页路径。

⑧ "在"下拉列表框用来设置打开网页的目标浏览器窗口。

⑨ 如果选中"预先载入图像"前的复选框，则当访问者浏览这个页面时，上述设置的所有图像将在页面下载的同时全部下载。

⑩ 如果选中"初始时显示'鼠标按下图像'"前的复选框，则访问者浏览这个页面时，先显示在"按下图像"文本框中设置的图像。

⑪ "插入"下拉列表框用来设置导航条的排列方式，有两个选项，即水平和垂直。

⑫ 选中"使用表格"复选框，则导航条将借助表格排版，每个图像链接将位于表格的一个单元格内。

七、设置链接样式

链接样式的设置通过 CSS 样式表来完成，可以针对页面的整体链接设置样式，也可以针对页面的局部链接设置定制样式。

1．整体链接样式

CSS 标准定义了名为"伪类"的样式，它允许为特定的标签定义显示样式，诸如在用户选择超链接时改变显示样式。创建伪类的方法和常规类相似，但有两个显著的不同之处，它们在连接到标签后使用的是冒号而不是句点，而且它们有预先定义好的名称，不能随便给它们取名字。常用的 CSS 整体链接样式有 4 种，分别为 a:link 、a:active、a:visited 和 a:hover。

a:link：设置正常状态下链接文字的样式。

a:active：设置鼠标单击时链接的外观。

a:visited：设置访问过的链接外观。

a:hover：设置鼠标放置在链接文字之上时，文字的外观。

在下面的一段代码中设置了链接文字正常状态是无下划线，而当鼠标放置上面时颜色改变并出现下划线；当该链接访问过后，文字又改变颜色并无下划线；当鼠标单击时颜色改变并出现下划线。

```
a:link{color: #FF3366;font-family:"体";text-decoration:none;}
a:hover{ color: #FF6600;font-family:"宋体";text-decoration:underline;}
a:visited{ color: #339900;font-family:"宋体";text-decoration:none;}
a:active{ color: #FF6600;font-family:"宋体";text-decoration:underline;}
```

由于 CSS 优先级的关系(后面比前面的优先级高)，一定要按照 a:link、a:visited、a:hover、a:actived 的顺序设置。

2．自定义链接样式（局部链接样式）

为"链接文字"设置正常状态下的局部链接样式的方法如下。

（1）定义：如 a.lianjie:link{color:#000000;text-decoration:none;}

（2）应用：<a href="#" class="lianjie">链接文字</a>

3．Dreamweaver 可视化实现

选择"窗口"→"CSS 样式"命令，切换到"CSS 样式"面板。单击"新建 CSS 规则"按钮，会弹出一个"新建 CSS 规则"对话框。选择"复合内容 (基于选择的内容)"，首先定义链接的默认样式，因此在选择器下拉列表中选择 a:link，在"规则定义"选项中，选择"仅限该文档"，这样 CSS 样式就被定义在该文档中了，如图 4-179 所示。

单击"确定"关闭对话框。这时会打开样式表编辑器，进入样式表的定义。在左边的分类中选择"类型"，如果希望链接下面没有下划线，可在"修饰"处选择"无"，如图 4-180 所示。

图 4-179　新建 CSS 规则

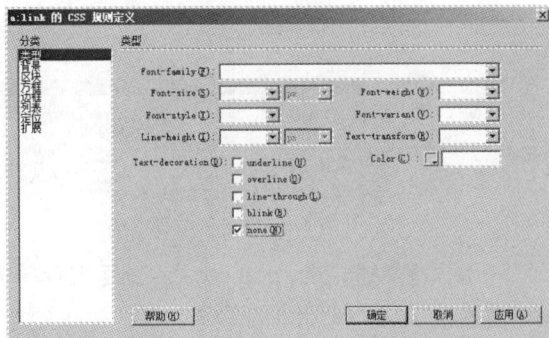

图 4-180　规则定义

继续单击 CSS 样式面板的"新建 CSS 规则"按钮，按照同样的方法建立 a:visited、a:hover、a:active 样式，每个样式设置不同的效果。在 CSS 样式面板中将出现建立的 CSS 规则，如图 4-181 所示。

167

【操作过程】

（1）打开网站中的模板文件，选择左侧页面的"汉口江滩"文字，在属性面板的"链接"位置拖动 🔘 图标指向在站点窗口中所要链接的文档"jiangtan.html"。

（2）选择图中的"汉口江滩"图像，选择"属性面板"左侧"地图"选项中的"矩形热点工具"，当鼠标指针转变为十字形态时，在当前选定的图像上单击鼠标，框选设置链接的部分。此时，用透明的蓝色显示指定图像热点区域，如图 4-182 所示。

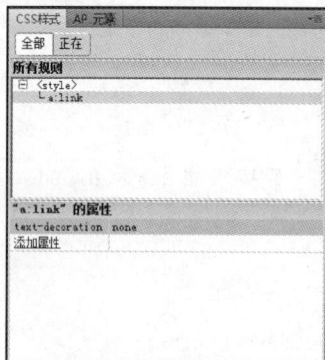

图 4-181　建立好的样式　　　　　　图 4-182　热点区域

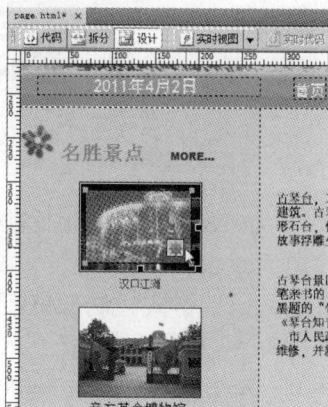

（3）选中图像中的热区，在属性面板上拖动 🔘 图标指向在站点窗口中的文档"jiangtan.html"，给图像热点设置超级链接，如图 4-183 所示。

（4）选择左侧页面的"辛亥革命博物馆"文字，在属性面板的"链接"位置拖动 🔘 图标指向在站点窗口中所要链接的文档"xinhai.html"。再选择图中的"辛亥革命博物馆"图像，选择"属性面板"左侧"地图"选项中的"矩形热点工具"，创建矩形热区，并在属性面板的"链接"位置拖动 🔘 图标指向在站点窗口中所要链接的文档"xinhai.html"。

（5）保存文件，弹出"更新模板文件"对话框，单击"更新"按钮确定基于此模板更新所有文件，如图 4-184 所示。

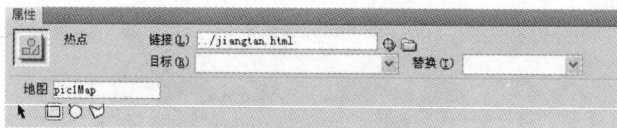

图 4-183　设置超级链接　　　　　　图 4-184　"更新模板文件"对话框

（6）预览文档"jiangtan.html"，即可实现单击页面左侧栏的文字"汉口江滩"或"辛亥革命博物馆"，然后打开相应页面。

小　结

现在，大多数 Web 页面都采用了 DIV+CSS 技术布局，不需要先考虑网页的外观和布局设计，而是思考网页信息的语义和结构。它意味着网页设计师首先必须清楚自己设计的页面要显示的信息，并根据这些信息把一个网页分成不同的内容块，以及每块内容的目的，然后再根据这些内容的目的用不同语义元素建立相应的 HTML 结构。

例如，假设要设计的页面模块包括：Logo（站点名称或标志）、导航条、主页面内容、页脚（网页版权信息）。先使用 DIV 元素来将这些结构定义出来，例如：

```
<DIV id="header"></DIV>
<DIV id="navibar"></DIV>
<DIV id="maincontent"></DIV>
<DIV id="footer"></DIV>
```

上面 HTML 代码不是布局，而是页面结构。DIV 元素可以包含任何内容块，也可以嵌套另一个 DIV。内容块可以包含任意的 HTML 元素，如标题元素（h1~h6）、段落元素（p）、图片元素（img）、表格元素（table）等。

当理解了这些结构，就可以在 DIV 上定义对应的 id 属性进行布局了，即定义 CSS 样式。CSS 样式可以包括指定每个内容块应显示在页面上什么地方，定义内容块的背景颜色、字体、边框以及对齐属性等。其中，DIV 是结构化标签，而 background-color、font-size、margin 等是表现的属性，前者属于 HTML，后者属于 CSS。这样就实现了网页结构与内容表现的分离。

表格是用于在 HTML 页上显示表格式数据的强有力工具，主要的技术有设置表格的相关属性、拆分合并单元格、嵌套表格、导入导出数据操作、对表格进行排序等。

在 Dreamweaver 环境中，可利用"插入"→"媒体"在网页中插入 Flash、MP3 等各种动画、视频、音频多媒体信息，可使用"行为"面板和 JavaScript 脚本增加各种特效。模板技术则为统一站点内各页面的风格、更新页面提供了方便。当更新模板时，基于模板而成的网页都将自动更新。

思考与练习

（1）Web 标准是什么？DIV+CSS 页面的特点有哪些？

（2）DIV+CSS 网页制作开发流程是怎样的？

（3）Dreamweaver 中模板/库的作用是什么？

（4）请举例说说 HTML 标签及应用。

（5）请举例说说 CSS 及应用。

（6）扩展练习：用 DIV+CSS 实现网页布局，如图 4-185 所示。

图 4-185　DIV+CSS 网页布局效果图

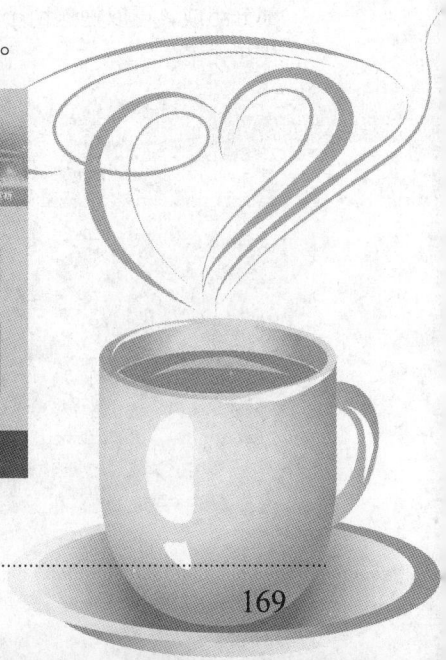

操作提示如下。

① 页面结构分析及实现

a. 分析页面结构。整个页面容器 container 中分 banner、menu、main、footer 这 4 个部分。其中，menu 块中再分为 date 显示日期，links 显示导航条。导航条用 ul 列表实现。

b. 参考代码如下。

```
<DIV id="container">
  <DIV id="banner"><DIV>
  <DIV id="menu">
 <DIV id="date"></DIV>
<DIV id="links">
    <ul>
        <li>首页</li>
        <li ></li>
        <li >最新资讯</li>
        <li ></li>
        <li>名胜景点</li>
        <li ></li>
        <li>文化风情</li>
        <li></li>
        <li >美食攻略</li>
        <l></li>
        <li >游记赏析</li>
    </ul>
</DIV>
  </DIV>
  <DIV id="main"></DIV>
  <DIV id="footer"></DIV>
</DIV>
```

c. 定义各 DIV 的 CSS 样式。

d. Dreamweaver 设计窗口在 banner 块中加入 Flash 文件，在 footer 块中输入文字。

② main 块的实现方法

a. 分析结构：main 块中的内容是一个图文列表，每个重复单元都由图片和文字标题两部分组成，可以把这两个元素都放入 a 标签中（如设置链接为空链接），然后外面套 li。结构代码如下。

```
<DIV id="main">
  <ul>
  <li><a href="#"><img src="images/photo/黄鹤楼.jpg" alt=""/><strong>黄鹤楼
</strong></a></li>
    <li><a href="#"><img src="images/photo/长江一桥.jpg" alt=""/> <strong>长江一桥
</strong></a></li>
    <li><a href="#"><img src="images/photo/长江二桥.jpg" alt=""/> <strong>长江二桥
</strong></a></li>
    <li><a href="#"><img src="images/photo/归元寺.jpg" alt=""/> <strong>归元禅寺
</strong></a></li>
    <li><a href="#"><img src="images/photo/宝通寺.jpg" alt=""/> <strong>宝通禅寺
</strong></a></li>
    <li><a href="#"><img src="images/photo/辛亥园.jpg" alt=""/> <strong>辛亥革命纪
念园</strong></a></li>
```

```
        <li><a href="#"><img src="images/photo/ 东 湖 .jpg" alt=""/> <strong> 东 湖
</strong></a></li>
        <li><a href="#"><img src="images/photo/ 磨 山 .jpg" alt=""/> <strong> 磨 山
</strong></a></li>
    </ul>
      </DIV>
```

b．定义 CSS 样式。

（a）设置 ul 整体的 CSS 样式。参考代码如下。

```
#container #main ul {
    height:320px;
    border-style:none;
    list-style:none;
    margin: 0px;
    padding-top: 20px;
    padding-right: 20px;
    padding-bottom: 20px;
    padding-left: 50px;
}
```

（b）设置 li 及 li 内的 a 标签的样式。li 向左浮动。右与下的外边距使各元素能居于合适的位置。设置 li 内的 a 标签为块元素。定义光标为手形。参考代码如下。

```
#container #main ul li {
    float:left;
    margin:0 12px 12px 0;
    display:inline;
}
#container #main ul li a {
    display:block;
    width:210px;
    height:180px;
    cursor:hand;
    text-decoration:none;
    text-align:center;
    overflow:hidden;
}
```

（c）设置图片的样式，设置边框。参考代码如下。

```
#container #main ul li a img {
    width:200px;
    height:133px;
    border:1px solid #ccc;
}
```

（d）定义元素标题文字的样式。定义为块元素，设置宽和高以及行距等样式。设置溢出为隐藏。这样的设置保证了标题文字以两行显示而且多出来的部分会自动隐藏掉。参考代码如下。

```
#container #main ul li a strong {
    display:block;
    width:210px;
    height:30px;
    line-height:15px;
```

```
    font-weight:100;
    color:#333;
    overflow:hidden;
}
```

（e）设置链接的悬停效果。设置图片的边框变为更深的灰色。设置标题文字变为蓝色#03c。参考代码如下。

```
#container #main ul li a:hover img {
    border-color:#333;
}
#container #main ul li a:hover strong {
    color:#03c;
}
```

模块五 ASP 动态页面设计

【学习目标】

（1）了解在 Dreamweaver 中制作动态网页的常规步骤。
（2）了解表单及各个表单对象的作用。
（3）掌握连接数据库的两种方法。
（4）掌握表单的制作方法。
（5）掌握数据库中数据显示的页面和查询页面的制作方法。

Adobe Dreamweaver CS4 是一个功能强大且便捷的网页设计工具，同时该软件融合了动态页面的开发功能，支持多种服务器技术。应用其可视化编程环境和 API（Application Programming Interface，应用程序编程接口）就能够开发出经典实用的 Web 应用程序，方便对前、后台页面进行整合，非常适合用来开发中小型动态网站。

工作任务一 创建 ASP 数据库连接

【任务概述】

本工作任务要求了解连接数据库的两种方法，并在 Dreamweaver 中创建本地 DSN 连接。

【核心知识】

Web 应用程序 ASP 必须通过 ODBC 或 ADO（ActiveX Data Objects，活动数据对象）接口来访问数据库。

ODBC（Open Database Connectivity，开放式数据库连接）是数据库服务器的一个标准协议，它向访问网络数据库的应用程序提供了一种通用的语言。

ADO 是在 Microsoft 的新的数据库应用开发接口（API）——OLE DB 技术上实现的。ADO 是一个 ASP 内置的 ActiveX 服务器组件，通过创建数据库特定的 OLE DB 连接，可以消除 Web 应用程序和数据库之间的 ODBC 层，从而提高连接的速度。它也可以与 ASP 结合，建立提供数据库信息的网页和对数据库进行查询、插入、更新、删除等操作。

【操作过程】

一、创建本地 DSN 连接

可以使用数据源名称（DSN）在 Web 应用程序和数据库之间建立 ODBC 连接。DSN 是一种名称，它包含使用 ODBC 驱动程序连接到指定数据库所需的全部参数。

在运行 Dreamweaver 的 Windows 计算机上定义一个 DSN 连接的方法如下。

（1）在 Dreamweaver 中打开一个 ASP 页，选择"窗口"→"数据库"命令，打开"数据库"面板，如图 5-1 所示。

（2）单击该面板上的加号"+"按钮，然后从菜单中选择"数据源名称（DSN）"，打开"数据源名称（DSN）"对话框，如图 5-2 所示。

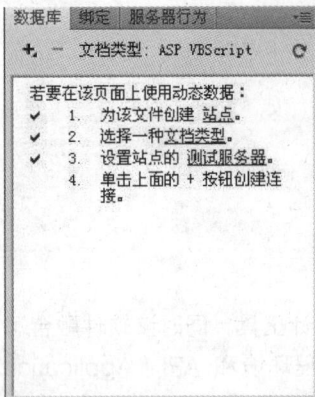

图 5-1 "数据库"面板

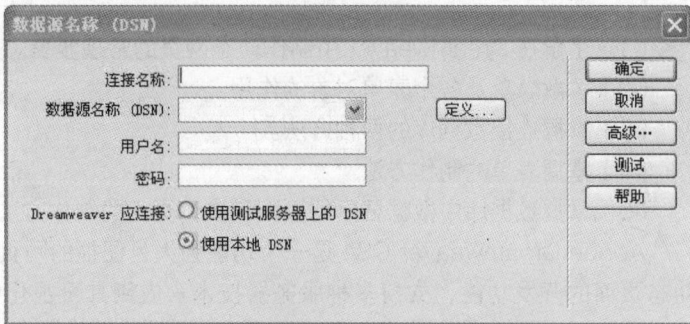

图 5-2 "数据源名称（DSN）"对话框

（3）为新连接输入名称，不要使用空格或特殊字符。

（4）选择"使用本地 DSN"选项，并从"数据源名称（DSN）"菜单中选择要使用的 DSN。

（5）如果未定义本地 DSN，可单击"定义"打开 Windows ODBC 数据源管理器设置。

① 打开"ODBC 数据源管理器"，单击"系统 DSN"标签，出现"系统 DSN"对话框，单击"添加"按钮，如图 5-3 所示。

② 在"创建新数据源"对话框中，选择数据源类型，单击"完成"按钮，如图 5-4 所示。

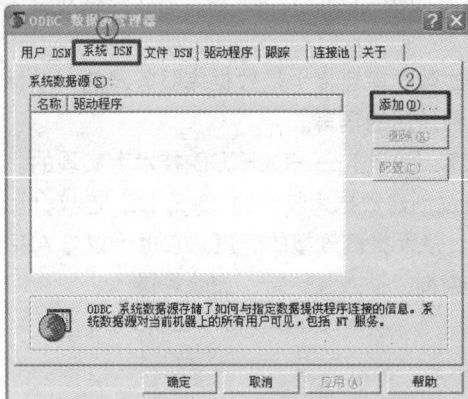

图 5-3 "ODBC 数据源管理器"对话框

图 5-4 选择数据源类型

③ 在"ODBC Microsoft Access 安装"对话框，在"数据源名"文本域中输入数据源名，如 news，如图 5-5 所示。

④ 单击"选择"按钮，打开"选择数据库"对话框，选择站点中的数据库，如图 5-6 所示。

⑤ 设置完毕，单击"确定"按钮，回到"ODBC 数据源管理器"对话框，会看到刚刚添加的数据源，如图 5-7 所示。

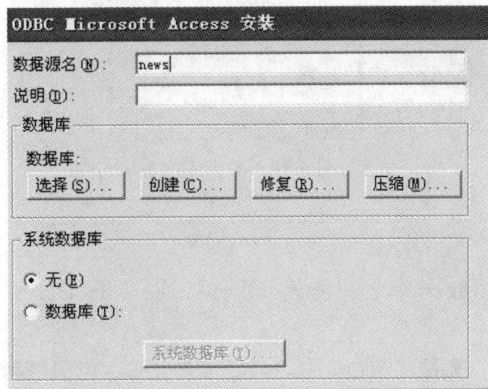

图 5-5 "ODBC Microsoft Access 安装"对话框

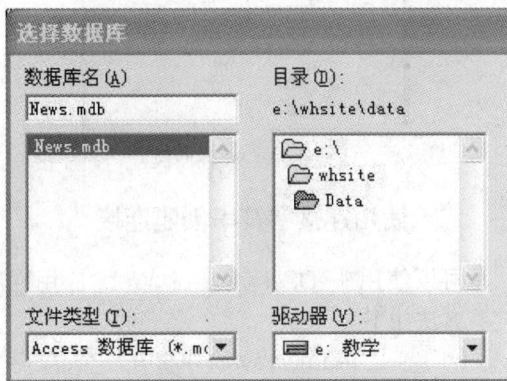

图 5-6 选择数据库

（6）单击"确定"按钮，回到"数据源名称（DSN）"对话框，选择数据源名称，如图 5-8 所示。

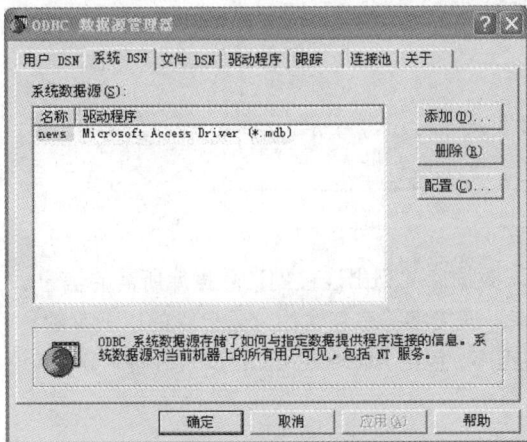

图 5-7 "ODBC 数据源管理器"对话框

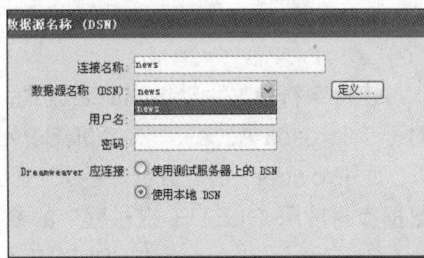

图 5-8 "数据源名称（DSN）"对话框

（7）可根据需要设置"用户名"和"密码"。

（8）单击"测试"连接到数据库，然后单击"确定"按钮。

在 Dreamweaver 中创建本地 DSN 创建连接后，在站点中会出现一个"Connections"的文件夹，刚才的连接操作会转换成代码放置在 ASP 文件中，如图 5-9 所示。

在 Dreamweaver 的"数据库"面板中会出现连接的数据库，如图 5-10 所示。

图 5-9　文件面板

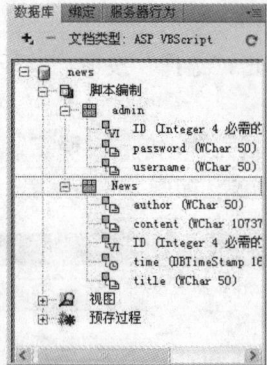

图 5-10　数据库面板

二、使用连接字符串创建连接

可以使用非 DSN 连接在 Web 应用程序和数据库之间创建 ODBC 或 OLE DB 连接，方法如下。

（1）在 Dreamweaver 中打开一个 ASP 页，选择"窗口"→"数据库"命令，打开"数据库"面板。

（2）单击面板上的加号"+"按钮，然后从菜单中选择"自定义连接字符串"，完成各个选项并单击"确定"，如图 5-11 所示。

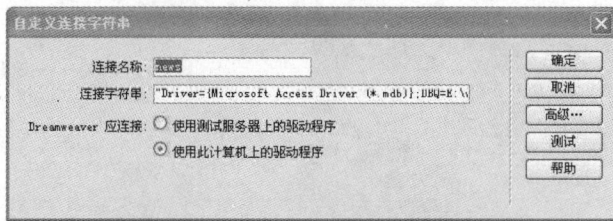

图 5-11　"自定义连接字符串"对话框

连接字符串是手动编码的表达式，它会标识数据库并列出连接到该数据库所需的信息。对于 Microsoft Access 和 SQL Server 数据库，连接字符串包含由分号分隔的以下参数。

① Provider：指定数据库的 OLE DB 提供程序，包括 Access、SQL Server 和 Oracle。数据库的常用 OLE DB 提供程序的参数：

Provider=Microsoft.Jet.OLEDB.4.0;...

Provider=SQLOLEDB;...

Provider=OraOLEDB;...

如果没有包含"Provider"参数，则将使用 ODBC 的默认 OLE DB 提供程序，而且必须为数据库指定适当的 ODBC 驱动程序。

② Driver：指定在没有为数据库指定 OLE DB 提供程序时所使用的 ODBC 驱动程序。

③ Server：指定承载数据库的服务器（如果 Web 应用程序在其他服务器上运行）。

④ 数据库：数据库的名称。

⑤ DBQ：指向基于文件的数据库（如在 Microsoft Access 中创建的数据库）的路径。该路径是在承载数据库文件的服务器上的路径。

⑥ UID ：指定用户名。

⑦ PWD ：指定用户密码。

⑧ DSN ：数据源名称（如果使用）。根据在服务器上定义 DSN 的方式，可以省略连接字符串的其他参数。例如，如果在创建 DSN 时定义其他参数，则 DSN=Results 可以作为有效的连接字符串。

下面是一个连接字符串示例，它将创建与名为 news.mdb 的 Access 数据库的 ODBC 连接。

```
"Provider=Microsoft.JET.Oledb.4.0;
Data Source=E:\whsite\Data\News.mdb"
```

或者

```
"Driver={Microsoft Access Driver (*.mdb)};
DBQ=E:\whsite\Data\News.mdb"
```

（3）单击"测试"连接到数据库，然后单击"确定"按钮。

在 Dreamweaver 中成功创建连接脚本后，在站点内会出现一个"Connections"的文件夹，刚才的连接代码将放置在一个 ASP 文件中。

工作任务二　资讯列表显示页的制作

【任务概述】

本工作任务要求掌握在 Dreamweaver 中制作动态网页的常规步骤，并能在一个 ASP 网页上显示数据库中的资讯标题列表。网页效果如图 5-12 所示。

图 5-12　资讯列表显示页

【核心知识】

一、ASP 简介

ASP 文件是以.asp 为扩展名的文本文件。这个文本文件可以包括文本、HTML 标记、脚

网页设计 综合应用技术

本命令各部分的任意组合。ASP 不同于脚本语言，它有自己特定的语法，所有的 ASP 命令都必须包含在 < % 和 %>之内，如< % test="English" %>。ASP 通过包含在 < % 和 %> 中的表达式将执行结果输出到客户浏览器，<%=test%>就是将前面赋给变量 test 的值 English 发送到客户浏览器中。当变量 test 的值为 Mathematics 时，有以下程序。

```
This weekend we will test < % =test %>.
```

在客户浏览器中则显示如下程序。

```
This weekend we will test Mathematics.
```

在 ASP 页面中添加服务器端脚本，可使用@ LANGUAGE 指令，格式如下。

```
<%@ LANGUAGE = ScriptingLanguage %>
```

其中，ScriptingLanguage 参数是一个字符串，指定用于解释脚本命令的脚本引擎，取值可以是"VBScript"或"JScript"，默认值为 VBScript。

二、在 Dreamweaver 中制作动态网页的常规步骤

在 Dreamweaver 中制作动态网页，常规的步骤一般如下所述。

1．设计页面

创建一个 ASP 动态网页最常用的方法是创建一个显示内容的表格，然后将动态内容导入该表格的一个或多个单元格中，这样可以用一种结构化的格式来表示各种类型的信息。

2．创建动态内容源

在 Dreamweaver 中，如将数据库中的数据显示在网页上，动态 Web 站点需要创建动态内容源。动态内容源是一个可从中检索并显示在 Web 页中使用的动态内容的信息存储区。动态内容源不仅包括存储在数据库中的信息，还包括通过 HTML 表单提交的值、服务器对象中包含的值以及其他内容源。

将数据库用作动态网页的内容源时，必须首先创建一个要在其中存储检索数据的记录集。记录集在存储内容的数据库和生成页面的应用程序服务器之间起一种桥梁作用。Web 页不能直接访问数据库中存储的数据，而是需要与记录集进行交互。记录集是通过数据库查询从数据库中提取的信息（记录）的子集。记录集临时存储在应用程序服务器的内存中以实现更快的数据检索。

（1）创建动态内容源（如数据库）与处理该页面的应用程序服务器之间的连接。使用"绑定"面板创建数据源，然后可以选择数据源并将其插入到页面中，如图 5-13 所示。

（2）通过创建记录集指定要显示数据库中的什么信息，或指定希望在该页面中包括什么变量。还可以在"记录集"对话框内测试查询，并可以进行任何必要的调整，然后再将其添加到"绑定"面板。

图 5-13 绑定面板

（3）选择动态内容元素并将其插入到选定页面。

3．向 Web 页添加动态内容

Dreamweaver 的菜单驱动型界面使得添加动态内容元素非常简单，只需从"绑定"面板中选择动态内容源，然后将其插入到当前页面内的相应文本、图像或表单对象中即可。

将动态内容元素或其他服务器行为插入到页面中时，Dreamweaver 会将一段服务器端脚本插入到该页面的源代码中。该脚本指示服务器从定义的数据源中检索数据，然后将数据呈现在该网页中。

4．向页面添加服务器行为

除了添加动态内容外，还可以通过使用服务器行为将复杂的应用程序逻辑结合到 Web 页中。服务器行为是预定义的服务器端代码片段，这些代码向网页添加应用程序逻辑，从而提供更强的交互性能。

Dreamweaver 提供指向并单击（point-and-click）界面，使得将动态内容和复杂行为应用到页面就像插入文本元素和设计元素一样简单。可使用的服务器行为，如图 5-14 所示。

5．测试和调试页面。

完成以上步骤后需要测试和调试页面，方法如前所述。

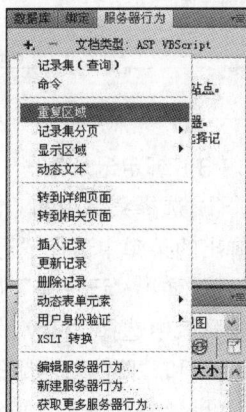

图 5-14 服务器行为面板

【**操作过程**】

（1）选择"文件"→"新建"→"模板中的页"→"创建"命令，新建一个网页，并命名为"list.asp"，如图 5-15 所示。

图 5-15 "新建文档"对话框

（2）插入表格。

① 将光标定位在页面可编辑区，选择"插入"→"表格"命令，打开表格设置对话框，插入一个 2 行 2 列的表格，在属性面板中设置表格边框为 0、间距为 2、边距为 2、居中对齐，如图 5-16 所示。

图 5-16 表格属性设置

② 分别在单元格中输入文字，如图 5-17 所示。

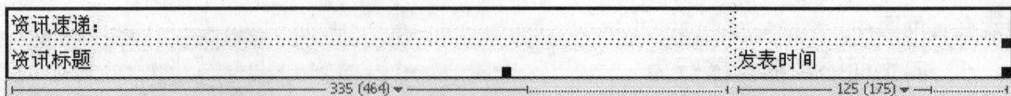

资讯速递：	
资讯标题	发表时间

图 5-17　输入文字

（3）绑定记录集。

① 选择菜单中的"窗口"→"绑定"命令，打开"绑定"面板，在面板中单击 按钮，在弹出的菜单中选择"记录集（查询）"选项，如图 5-18 所示。

② 弹出"记录集"对话框，在对话框中的"连接"下拉列表中选择"news"，在"表格"下拉列表中选择"News"，在"列"中勾选"全部"单选按钮，在"排序"下拉列表中选择"time"和"降序"，如图 5-19 所示。

③ 单击"确定"按钮，创建记录集，如图 5-20 所示。

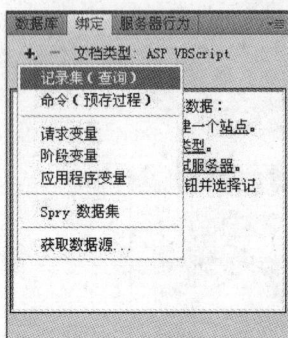

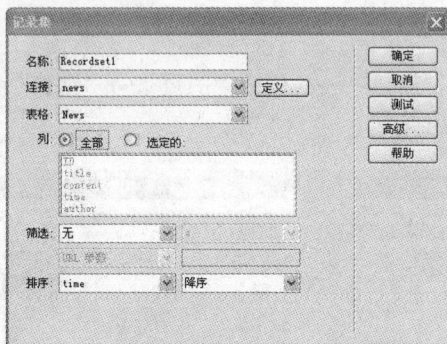

图 5-18　绑定面板　　　　　　图 5-19　记录集设置对话框　　　　　　图 5-20　记录集

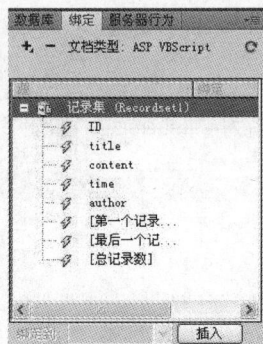

（4）添加动态内容。

① 选中文字"资讯标题"，在"绑定"面板中展开记录集，选中 title 字段，单击"插入"按钮绑定字段。

② 选中文字"发表时间"，在"绑定"面板中展开记录集，选中 time 字段，单击"插入"按钮绑定字段，如图 5-21 所示。

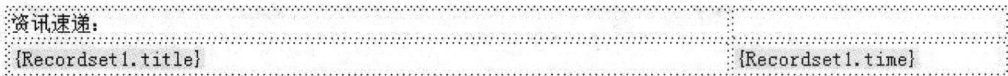

资讯速递：	
{Recordset1.title}	{Recordset1.time}

图 5-21　插入动态文本

（5）添加服务器行为。

① 选中表格的第 2 行所有单元格，选择菜单中的"窗口"→"服务器行为"命令，打开"服务器行为"面板。

② 在面板中单击 按钮，在弹出的菜单中选择"重复区域"选项，如图 5-22 所示。

③ 弹出"重复区域"对话框，在对话框中的"记录集"下拉列表中选择"Recordset1"，"显示"勾选"10 记录"单选按钮，如图 5-23 所示。

④ 单击"确定"按钮，创建"重复区域"服务器行为，如图 5-24 所示。

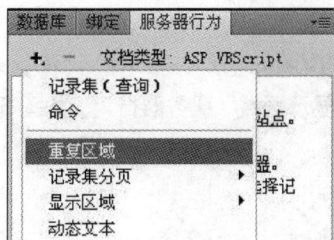

图 5-22　服务器行为面板

图 5-23　"重复区域"对话框

图 5-24　重复行为

⑤ 选择"插入"栏上的"数据"类别，然后单击 [图标] 记录集分页 ，在下拉菜单中选择"记录集导航条"，如图 5-25 所示。

⑥ 弹出"记录集导航条"对话框，在对话框中的"记录集"下拉列表中选择"Recordset1"，"显示"勾选"文本"单选按钮，如图 5-26 所示。

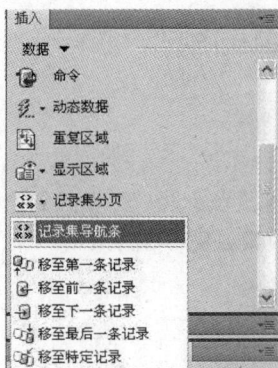

图 5-25　"插入→数据"工具栏

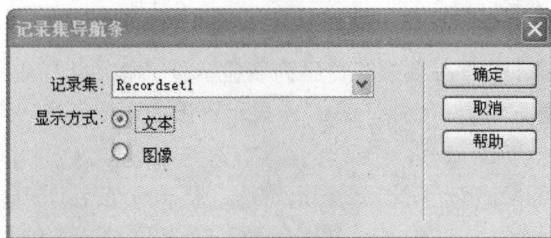

图 5-26　"记录集导航条"对话框

⑦ 单击"确定"按钮，创建"记录集导航条"服务器行为。选中记录集导航条所在的表格，进行调整并设置"对齐方式"为居中对齐，如图 5-27 所示。

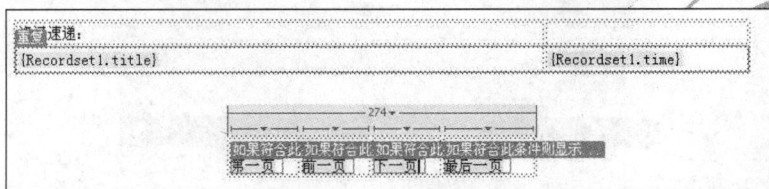

图 5-27　记录集导航条

（6）添加"如果记录集为空则显示区域"服务器行为。

① 选择"插入"→"表格"命令，打开表格设置对话框，插入一个 1 行 1 列的表格，在属性面板中设置表格边框为 0、居中对齐，输入文字"抱歉，暂时没有信息。"。

② 选中该表格，打开"服务器行为"面板，单击 + 按钮，在弹出的菜单中选择"显示

区域"→"如果记录集为空则显示区域",如图 5-28 所示。

弹出"如果记录集为空则显示区域"对话框,在对话框中的"记录集"下拉列表中选择"Recordset1",单击"确定"按钮,创建"如果记录集为空则显示区域"服务器行为,如图 5-29 所示。

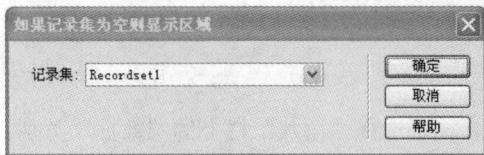

图 5-28　服务器行为面板　　　　　图 5-29　"如果记录集为空则显示区域"对话框

(7)保存文件,预览。

工作任务三　资讯详细信息显示页的制作

【任务概述】

本工作任务要求在资讯列表显示页"list.asp"中单击相关的资讯标题,并链接到资讯详细信息显示页"detail.asp",显示资讯的详细内容。详细页的效果如图 5-30 所示。

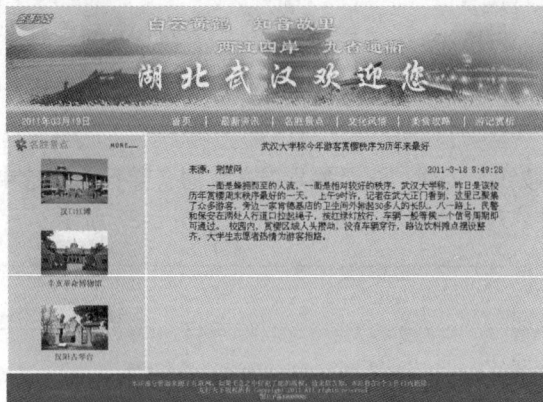

图 5-30　详细页

【操作过程】

一、在"list.asp"网页中添加"转到详细页面"服务器行为

(1)选中动态文本{Recordset1.title},单击"服务器行为"面板中的 ➕ 按钮,在弹出的

菜单中选择"转到详细页面"选项，弹出"转到
详细页面"对话框。

（2）在对话框中的"详细信息页"文本框
中输入"detail.asp"，单击"确定"按钮，创建
"转到详细页面"服务器行为，如图 5-31 所示。

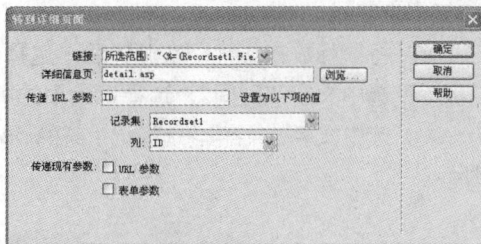

二、制作详细信息页"detail.asp"

（1）选择"文件"→"新建"→"模板中

图 5-31　创建"转到详细页面"服务器行为

的页"→"创建"命令，新建一个网页，并命名为"detail.asp"。

（2）插入表格。

① 选择"插入"→"表格"，打开表格设置对话框，插入一个 3 行 1 列的表格，在属性
面板中设置表格边框为 0、间距为 2、边距为 2、居中对齐。

② 使用单元格属性面板中的拆分按钮，将第 2 行拆分为 2 列，如图 5-32 所示。

③ 分别在单元格中输入文字，设置单元格属性等，如图 5-33 所示。

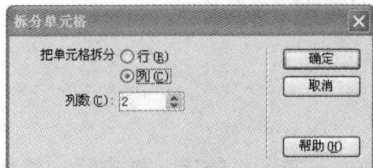

图 5-32　拆分单元格

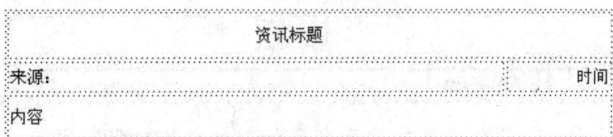

图 5-33　输入文字

（3）绑定记录集。

① 在"绑定"面板中单击 + 按钮，选择"记录集（查询）"选项。

② 在弹出"记录集"对话框中的"连接"下拉列表中选择"news"，在"表格"下拉列
表中选择"News"，"列"勾选"全部"单选按钮，在"筛选"下拉列表中选择"ID"、"="、
"URL 参数"和"ID"，如图 5-34 所示。

③ 单击"确定"按钮，创建记录集，如图 5-35 所示。

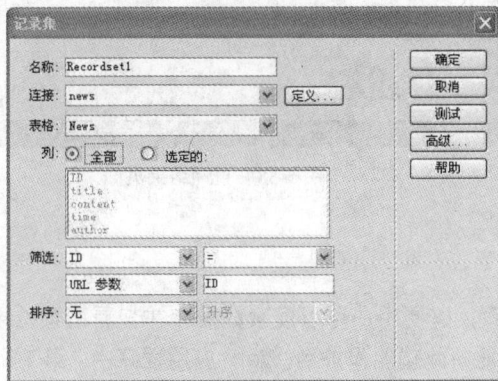

图 5-34　"记录集"对话框

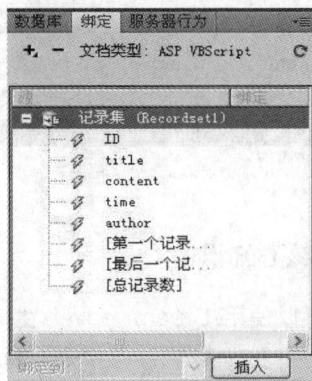

图 5-35　绑定面板

（4）添加动态内容。

① 选中文字"资讯标题"，在"绑定"面板中展开记录集，选中 title 字段，单击"插入"

按钮绑定字段。

② 将鼠标放在文字"来源"后，选择记录集的 author 字段，单击"插入"按钮。

③ 选中文字"时间"，选择记录集的 title 字段，单击"插入"按钮绑定字段。

④ 选中文字"内容"，选择记录集的 content 字段，单击"插入"按钮绑定字段，如图 5-36 所示。

<table>
<tr><td colspan="2" align="center">{Recordset1.title}</td></tr>
<tr><td>来源：{Recordset1.author}</td><td>{Recordset1.time}</td></tr>
<tr><td colspan="2">{Recordset1.content}</td></tr>
</table>

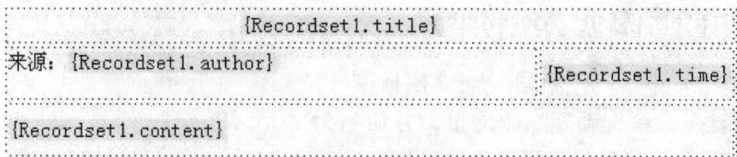

图 5-36　绑定字段

（5）保存文件。

（6）预览网页"list.asp"，并单击相关的资讯标题即可链接到"detail.asp"。

工作任务四　资讯信息查询功能的实现

【任务概述】

本工作任务要求实现资讯信息的查询功能，即在表单中输入查询关键字，提交后，将显示符合查询条件的相关信息。该功能的实现主要有两个页面：一个是搜索页，制作有表单如图 5-37 所示；另一个是数据的显示页面，如图 5-38 所示。

图 5-37　搜索页

图 5-38　查询结果页面

【核心知识】

可以使用 Dreamweaver 生成 组页面，以便用户可以搜索数据库并查看搜索结果。

在大多数情况下，至少需要两个页面才能将此功能添加到 Web 应用程序中。第 1 个页面包含用户可以在其中输入搜索参数的 HTML 表单。尽管此页面不执行任何实际的搜索，但它仍被称为"搜索页"。所需的第 2 个页面是结果页，它执行大部分搜索工作。结果页执行以下任务：读取搜索页提交的搜索参数、连接到数据库并查找记录、使用找到的记录建立记录集、显示记录集的内容。也可以添加详细页，详细页为用户提供有关结果页上的特定记录的信息。

例如，要查找资讯中关于"樱花"的信息。在搜索页上的表单中，输入"樱花"，然后单击"提交"按钮将这个值发送给服务器。在服务器上，这个值被传递给结果页的 SQL 语句，然后该语句创建一个记录集，其中只包含内容中有樱花关键字的所有信息。

一、搜索页中的表单

Web 上的搜索页通常包含用户在其中输入搜索参数的表单字段。搜索页至少必须具有一个带有"提交"按钮的 HTML 表单。

表单是动态网页的灵魂。在网页中使用表单，可以为网站收集访问者输入的信息如收集用户资料、获取用户订单等；还可根据访问者输入的信息，自动生成页面反馈给访问者；还能够实现访问者与网站或网站管理员交互。

通常表单的工作过程如下。

（1）访问者在浏览有表单的页面时，可填写必要的信息，然后单击"提交"按钮。

（2）这些信息通过 Internet 传送到服务器上。

（3）服务器上有专门的程序对这些数据进行处理，如果有错误会返回错误信息，并要求纠正错误。

（4）当数据完整无误后，服务器反馈一个输入完成信息。

一个完整的表单包含两个部分：一部分是在网页中进行描述的表单对象，即表单本身；另一部分是应用程序，它可以是服务器端，也可以是客户端，用于对表单的处理。

二、认识表单对象

在 Dreamweaver 中，表单输入类型称为表单对象。可以通过选择"插入"→"表单对象"命令来插入表单对象，或者通过从"插入"栏的"表单"面板来插入表单对象，如图 5-39 所示。

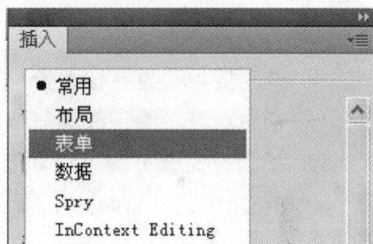

图 5-39 "插入"工具栏

1．表单

使用▢可在页面上插入表单。任何其他表单对象，如文本域、按钮等，都必须插入表单之中，这样浏览器才能正确处理这些数据。

2．文本域

使用▢可在页面上插入文本域。文本域可接受任何类型的字母数字项。输入的文本可以显示为单行、多行或者显示为项目符号或星号（用于保护密码），如图 5-40 所示。

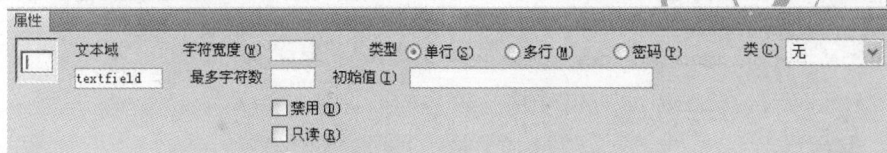

图 5-40 "文本域"属性

选择文本域对象，在属性检查器中设置以下选项。

① 字符宽度：指定域中最多可显示的字符数。此数字可以小于"最多字符数"，"最多字符数"指定在域中最多可输入的字符数。例如，"字符宽度"设置为 20（默认值），而用户输入了 100 个字符，则在该文本域中只能看到其中的 20 个字符。虽然在该域中无法看

到这些字符，但域对象可以识别它们，而且它们会被发送到服务器进行处理。

② 最多字符数：指定用户在单行文本域中最多可输入的字符数。可以使用"最多字符数"将邮政编码的输入限制为 6 位数字，将密码限制为 10 个字符等。如果将"最多字符数"框保留为空白，则用户可以输入任意数量的文本。如果文本超过域的字符宽度，文本将滚动显示。如果用户的输入超过了最多字符数，则表单会发出警告声。

③ 行数：（在选中了"多行"选项时可用）设置多行文本域的域高度。

④ 只读：使文本区域成为只读文本区域。

⑤ 类型：指定域为单行、多行还是密码域。当用户在密码文本域中键入时，输入内容显示为项目符号或星号，以保护它不被其他人看到。

⑥ 初始值：指定在首次加载表单时域中显示的值。例如，可以通过在域中包含说明或示例值的形式，指示用户在域中输入信息。

⑦ 类：可以将 CSS 规则应用于对象。

3．复选框

使用☑可在页面上插入复选框。复选框允许在一组选项中选择多项，用户可以选择任意多个适用的选项，如图 5-41 所示。

图 5-41　"复选框"属性

① 选定值：设置在该复选框被选中时发送给服务器的值。

② 初始状态：确定在浏览器中加载表单时，该复选框是否处于选中状态。

③ 动态：使服务器可以动态确定复选框的初始状态。例如，可以使用复选框显示存储在数据库记录中的"Yes/No"信息。在设计时，并不知道该信息。在运行时，服务器将读取数据库记录，如果值为"Yes"，则选中该复选框。

④ 类：对象应用层叠样式表（CSS）规则。

4．单选按钮

使用◉可在页面上插入单选按钮。单选按钮代表互相排斥的选择。选择一组中的某个按钮，就会取消选择该组中的所有其他按钮。例如，用户可以选择"男"或"女"，如图 5-42 所示。

图 5-42　"单选按钮"属性

5．单选按钮组

使用☷可在页面上插入单选按钮组。"单选按钮组"插入共享同一名称的单选按钮的集合，如图 5-43 所示。

6．列表/菜单

使用☰可在页面上插入列表/菜单。在一个滚动列表中显示选项值，用户可以从该滚动列表中选择多个选项。"列表"选项在一个菜单中显示选项值，用户只能从中选择单个选项。

菜单与文本域不同,在文本域中用户可以随心所欲键入任何信息,甚至包括无效的数据;对于菜单而言,可以具体设置某个菜单返回的确切值,如图 5-44 所示。

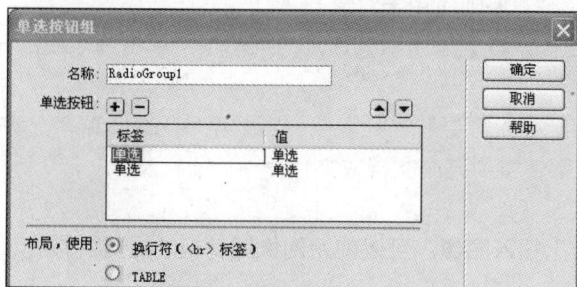

图 5-43 "单选按钮组"对话框

图 5-44 "菜单/列表"属性

① 列表/菜单:为该菜单指定一个名称,该名称必须是唯一的。

② 类型:指定该菜单是单击时下拉的菜单("菜单"选项),还是显示一个列有项目的可滚动列表("列表"选项)。如果希望表单在浏览器中显示时仅有一个选项可见,则选择"菜单"选项。若要显示其他选项,用户必须单击向下箭头。

③ 选择"列表"选项可以在浏览器显示表单时列出一些或所有选项,以便用户可以选择多个项。

a. 高度:(仅"列表"类型)设置菜单中显示的项数。

b. 选定范围:(仅"列表"类型)指定用户是否可以从列表中选择多个项。

④ 列表值:打开一个对话框,可通过它向表单菜单添加项,如图 5-45 所示。

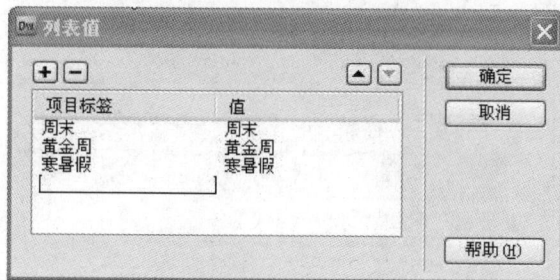

图 5-45 "列表值"对话框

a. 使用加号"+"和减号"-"按钮添加和删除列表中的项。

b. 输入每个菜单项的标签文本和可选值。

c. 列表中的每项都有一个标签(在列表中显示的文本)和一个值(选中该项时,发送给处理应用程序的值)。如果没有指定值,则改为将标签文字发送给处理应用程序。

d. 使用向上和向下箭头按钮重新排列列表中的项。

⑤ 菜单项在菜单中出现的顺序与在"列表值"对话框中出现的顺序相同。在浏览器中加载页面时，列表中的第一项是选中的项。

⑥ 类：可以将 CSS 规则应用于对象。

⑦ 初始化时选定：设置列表中默认选定的菜单项，单击列表中的一个或多个菜单项。

7. 跳转菜单

使用 可在页面上插入可导航的列表或弹出式菜单。跳转菜单允许插入一种菜单，在这种菜单中的每个选项都链接到某个文档或文件。

8. 图像域

使用 可在页面上插入图像。可以使用图像域替换"提交"按钮，以生成图形化按钮。

9. 文件域

使用 可在页面上插入空白文本域和"浏览"按钮。文件域使用户可以浏览到其硬盘上的文件，并将这些文件作为表单数据上传。

10. 按钮

使用 可在页面上插入文本按钮。按钮在单击时执行任务，如提交或重置表单。可以为按钮添加自定义名称或标签，或者使用预定义的"提交"或"重置"标签之一，如图 5-46 所示。

图 5-46 "按钮"属性

认识了表单对象，那么创建和使用表单时就可以根据需要进行选择，如图 5-47 所示。

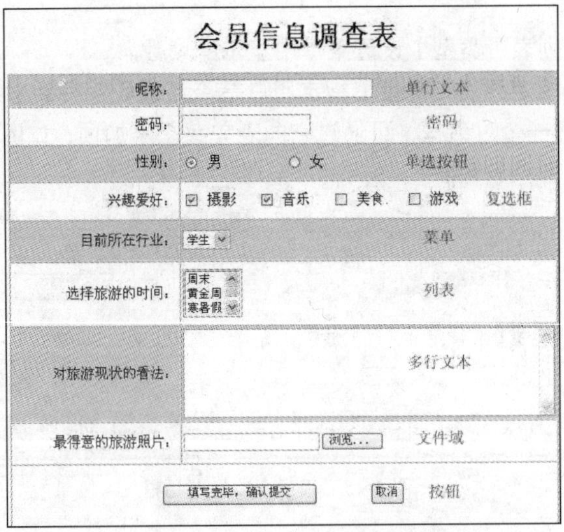

图 5-47 表单

三、表单属性的设置

用鼠标选中表单，在属性面板上可以设置表单的各项属性，如图 5-48 所示。

图 5-48　表单的属性

（1）在"动作"文本框中指定处理该表单的动态或脚本的路径。

（2）在"方法"下拉列表中，选择将表单数据传输到服务器的方法。表单"方法"如下。

① POST：在 HTTP 请求中嵌入表单数据。

② GET：将值追加到请求该页的 URL 中。

③ 默认：使用浏览器的默认设置将表单数据发送到服务器。通常，默认方法为 GET 方法。

提示：不要使用 GET 方法发送长表单。URL 的长度限制在 8192 个字符以内。如果发送的数据量太大，数据将被截断，从而导致意外的或失败的处理结果。而且，在发送机密用户名和密码、信用卡号或其他机密信息时，不要使用 GET 方法，因为用 GET 方法传递信息不安全。

（3）在"目标"弹出式菜单指定一个窗口，在该窗口中显示调用程序所返回的数据。

① _blank：在未命名的新窗口中打开目标文档。

② _parent：在显示当前文档的窗口的父窗口中打开目标文档。

③ _self：在提交表单所使用的窗口中打开目标文档。

④ _top：在当前窗口的窗体内打开目标文档。此值可用于确保目标文档占用整个窗口，即使原始文档显示在框架中。

四、与表单相关的 HTML 标签

1. 表单的结构

```
<form  action="URL"  method="post"  name="name">
……
</ form >
```

2. 使用文本框

① 单行文本域：<input　type="text"　name="输入值" >

② 密码域：<input　type="password"　name="输入值" >

③ 多行文本域：<textarea　name="输入值" rows="行数" cols="宽度">输入</textarea>

3. 使用复选框和单选按钮

① 复选框：<input name="输入值"　type="checkbox"　checked="checked" />

② 单选按钮：<input name="输入值"　type="radio"　checked="checked"/>

4. 创建下拉菜单和列表

```
<select name="输入值" size="1">
  <option value="输入值" selected="selected" >输入</option>
  <option value="输入值">输入</option>
    …………
</select>
```

5. 创建按钮

① 普通按钮

```
<input type="submit"　name="输入值"　value="提交" />
```

189

```
<input type="reset"   name="输入值"   value="重置" />
<input type="button"  name="输入值"   value="按钮" />
```

② 图像按钮：<input type="image" name="输入值" src="图象名" />

五、结果页中的记录集过滤器

用户单击表单的"搜索"按钮时，搜索参数即发送到服务器上的结果页。由服务器上的结果页（而不是浏览器上的搜索页）负责从数据库检索记录。如果搜索页只向服务器提交一个搜索参数，可以创建一个具有过滤器的基本记录集，该过滤器能够排除不满足搜索页所提交的搜索参数的记录。如果具有多个搜索条件，则必须使用高级"记录集"对话框来定义记录集，如图 5-49 所示。

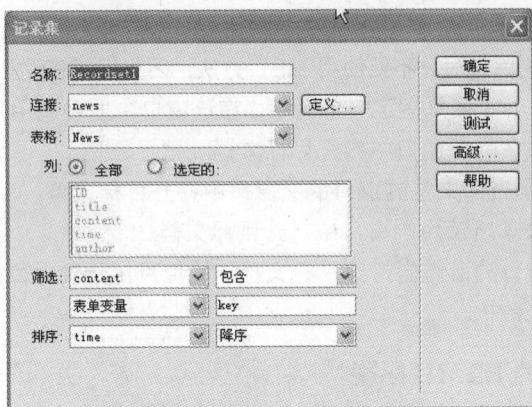

图 5-49   "记录集"对话框

（1）输入记录集的名称并选择一个连接。

（2）该连接应该连接到包含希望用户搜索的数据库。

（3）在"表"弹出菜单中，选择数据库中要搜索的表。

（4）在单参数搜索中，可以只在一个表中搜索记录。若要同时搜索多个表，必须使用高级的"记录集"对话框，并定义一个 SQL 查询。通过单击"高级"按钮切换到高级对话框。

（5）若要使记录集中只包括某些表列，则单击"已选定"，然后按住 Ctrl 键单击（Windows）或按住 Command 单击（Macintosh）列表中所需的列。

（6）下一步将使用该对话框获取搜索页发送的参数，并创建一个记录集过滤器来排除不满足参数的记录。

① 在"筛选"区域中的第 1 个弹出菜单中，选择要在其中搜索匹配记录的数据库表中的一列。

② 从第 1 个菜单旁边的弹出菜单中，选择等号（默认值）。

③ 从第 3 个弹出式菜单中，选择"表单变量"（如果搜索页上的表单使用 POST 方法），或者选择"URL 参数"（如果搜索页上的表单使用 GET 方法）。

④ 搜索页使用表单变量或是 URL 参数将信息传递到结果页。

⑤ 在第 4 个框中，输入接受搜索页上的搜索参数的表单对象的名称。对象名称也兼作为表单变量名称或 URL 参数。可以通过下面的方法获取此名称：切换到搜索页，单击表单上的表单对象以选择它，并在属性检查器中查看对象的名称。

（7）（可选）单击"测试"，输入一个测试值，然后单击"确定"连接到数据库并创建一个记录集实例。

（8）测试值模拟本来应由搜索页返回的值。单击"确定"关闭测试记录集。

（9）如果对该记录集感到满意，可单击"确定"。

在页面中插入一个服务器端脚本，该脚本在服务器上运行时将检查数据库表中的每条记录。如果某一记录中的指定字段满足过滤条件，则将该记录包含在记录集中。此脚本会生成一个只包含搜索结果的记录集。

【操作过程】

一、制作表单页面

（1）选择"文件"→"新建"→"模板中的页"→"创建"命令，新建一个网页，并命名为"search.asp"。

（2）插入表单。

在网页中添加表单对象，首先必须创建表单。将插入点放在希望表单出现的位置。选择"插入"→"表单"，或选择"插入"栏上的"表单"类别，然后单击"表单"图标▢，页面中出现一个红色的轮廓线。

表单在浏览网页中属于不可见元素，当页面处于"设计"视图中时，用红色的虚轮廓线指示表单。如果没有看到此轮廓线，可检查是否选中了"查看"→"可视化助理"→"不可见元素"。

（3）插入表格。

借助表格，布局各个表单元素和说明文字。

① 选择"插入"→"表格"，插入一个 1 行 1 列的表格，在属性面板中设置表格边框为 0、居中对齐。

② 在单元格中输入文字，如"请输入查询资讯的关键字："。

（4）插入各个表单对象。

① 将光标放在文字后，在"插入"栏的"表单"面板中，单击文本字段按钮▢，插入文本字段。在属性面板中，将"文本域"设置为"key"、"字符宽度"设置为 50、"类型"设置为"单行"。

② 将光标放在文本域之后，在"插入"栏的"表单"面板中，单击按钮▢，分别插入"提交"按钮，如图 5-50 所示。

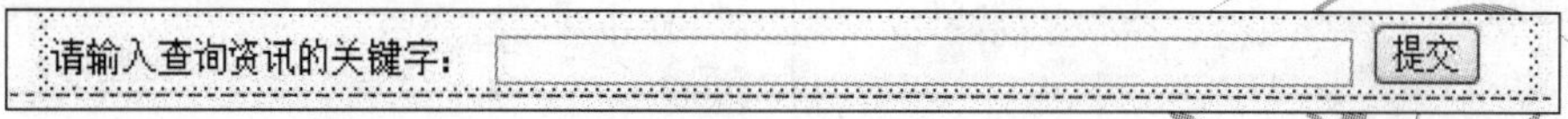

图 5-50　创建表单

（5）设置表单属性。

用鼠标选中表单 form，在属性面板上设置表单的属性，在"动作"中输入表单，提交后转到页面 result.asp，如图 5-51 所示。

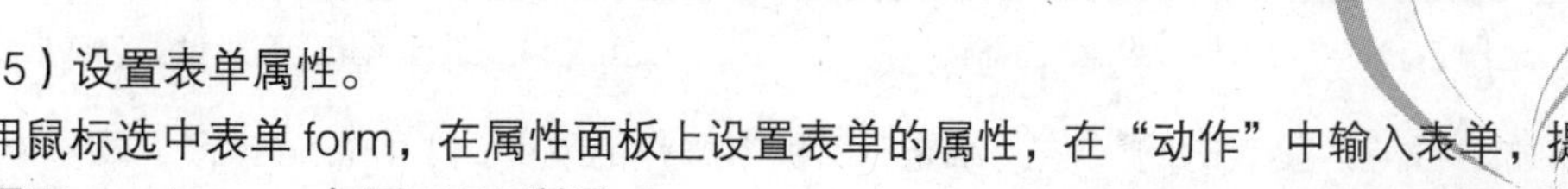

图 5-51　表单的属性

191

二、制作查询结果的显示页面

（1）选择"文件"→"新建"→"模板中的页"→"创建"，新建一个网页，并命名为"result.asp"。

（2）插入表格。

① 选择"插入"→"表格"，打开表格设置对话框，插入一个 2 行 2 列的表格，在属性面板中设置表格边框为 0、间距为 2、边距为 2、居中对齐。

② 分别在单元格中输入文字，如图 5-52 所示。

| 资讯速递： | |
| 资讯标题 | 发表时间 |

图 5-52　输入文字

（3）绑定记录集。

① 在"绑定"面板中单击 + 按钮，选择"记录集（查询）"选项，弹出"记录集"对话框，在对话框中的"连接"下拉列表中选择"news"，"表格"下拉列表中选择"News"，"列"勾选"全部"单选按钮，"筛选"下拉列表中选择"content"、"包含"、"表单变量"和"key"，在"排序"下拉列表中选择"time"和"降序"，如图 5-53、图 5-54 所示。

② 单击"确定"按钮，创建记录集。

（4）添加动态内容。

① 选中文字"资讯标题"，在"绑定"面板中展开记录集，选中 title 字段，单击"插入"按钮绑定字段。

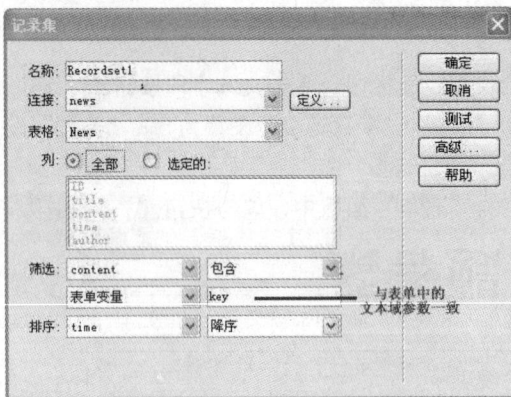

图 5-53　"记录集"设置对话框

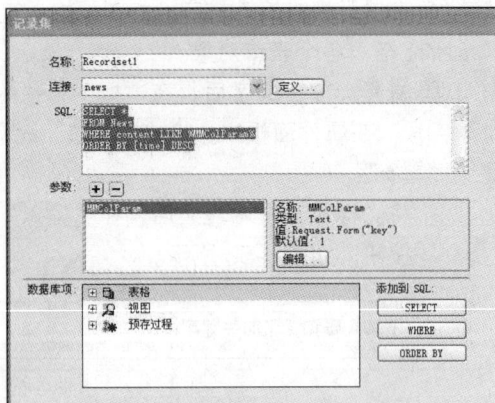

图 5-54　"记录集"高级设置对话框

② 选中文字"发表时间"，在"绑定"面板中展开记录集，选中 time 字段，单击"插入"按钮绑定字段，如图 5-55 所示。

| 资讯速递： | |
| {Recordset1.title} | {Recordset1.time} |

图 5-55　插入动态文本

（5）添加服务器行为。

① 选中表格的第 2 行所有单元格或在状态栏上单击该行标签<tr>，选择菜单中的"窗口"→"服务器行为"命令，打开"服务器行为"面板。

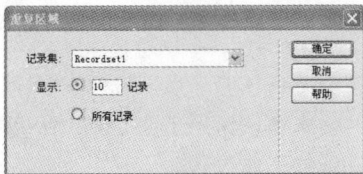

图 5-56 "重复区域"对话框

② 在面板中单击 ✚ 按钮，在弹出的菜单中选择"重复区域"选项，在对话框中的"记录集"下拉列表中选择"Recordset1"，"显示"勾选"10 记录"单选按钮，如图 5-56 所示。

③ 单击"确定"按钮，创建了"重复区域"服务器行为，如图 5-57 所示。

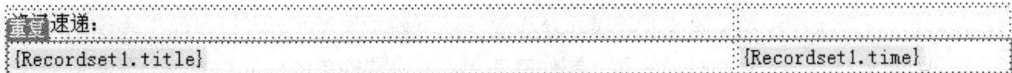

图 5-57 重复行为

④ 选择"插入"栏上的"数据"类别，然后单击"记录集分页"，在下拉菜单中选择"记录集导航条"。

⑤ 在弹出的"记录集导航条"对话框中，"记录集"下拉列表中选择"Recordset1"，"显示"勾选"文本"单选按钮，单击"确定"按钮，创建"记录集导航条"服务器行为，如图 5-58 所示。

（6）添加"如果记录集为空则显示区域"服务器行为。

① 选择"插入"→"表格"，打开表格设置对话框，插入一个 1 行 1 列的表格，在属性面板中设置表格边框为 0、居中对齐，输入文字"抱歉，暂时没有信息。"。

② 选中该表格，打开"服务器行为"面板，单击 ✚ 按钮，在弹出的菜单中选择"显示区域"→"如果记录集为空则显示区域"，如图 5-59 所示。

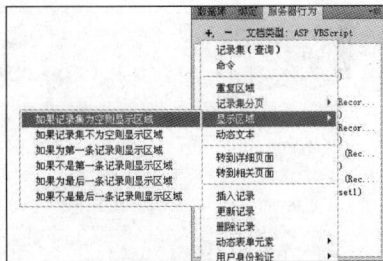

图 5-58 "记录集导航条"对话框　　　　图 5-59 服务器行为面板

（7）弹出"如果记录集为空则显示区域"对话框中，在对话框中的"记录集"下拉列表中选择"Recordset1"，单击"确定"按钮，创建"如果记录集为空则显示区域"服务器行为，如图 5-60 所示。

图 5-60 "如果记录集为空则显示区域"对话框

（8）保存文件。

小　结

本模块讲解了在 Dreamweaver 中应用 ASP 技术制作资讯主页和详细页及资讯信息查询功能的工作过程。

资讯主页和详细页是用于组织和显示记录集数据的页面集。这些页面为访问者提供了概要视图和详细视图。主页中列出了所有记录并包含指向详细页的链接，而详细页则显示每条记录的附加信息。制作主页资讯列表显示页主要利用创建记录集，然后绑定相关字段，最后创建“重复区域”和“转到详细页面”服务器行为来实现。制作资讯详细信息显示页主要利用创建记录集并做了筛选设置，然后绑定相关字段来实现某个选定资讯的详细内容的显示。资讯信息查询功能主要由两个页面来实现：一个页面是搜索页，制作有表单，并设置表单的提交；另一个页面主要利用创建记录集并做了筛选设置，然后绑定相关字段，创建“重复区域”服务器行为来实现查询到的数据信息显示。并且，在制作显示多条资讯的页面时，使用了“记录集导航条”来进行分页，增加了“如果记录集为空则显示区域”服务器行为，使得资讯显示功能更加完善。

思考与练习

（1）在 Dreamweaver 中制作动态网页的常规步骤是什么?

（2）如何创建与数据库的连接?

（3）动态网页在实现什么功能时要对记录集做筛选设置?

（4）扩展练习：请设计并制作关于展示武汉小吃的资讯页，要求能动态显示数据库中的图片信息，如图 5-61 所示。

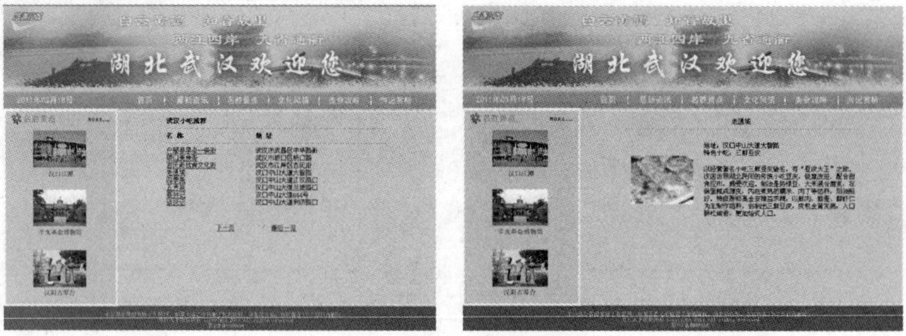

图 5-61　资讯页效果图

操作提示如下。

① 在站点的数据库中新建数据表，并输入数据。

a. 如在站点的数据库“News.mdb”中新建数据表“snack”，设计视图如图 5-62 所示。

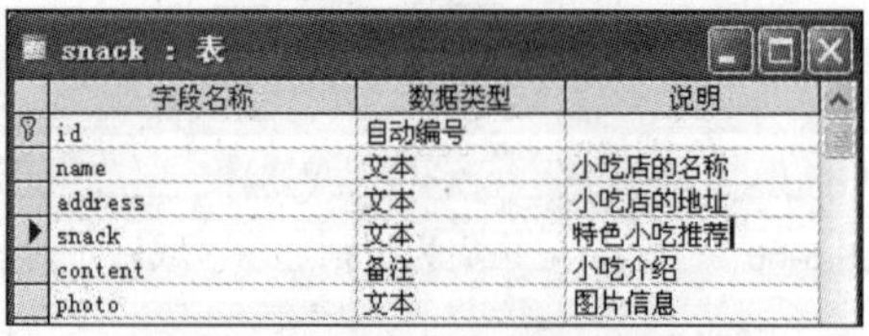

snack : 表

字段名称	数据类型	说明
id	自动编号	
name	文本	小吃店的名称
address	文本	小吃店的地址
snack	文本	特色小吃推荐
content	备注	小吃介绍
photo	文本	图片信息

图 5-62　表 snack 的设计视图

b. 在数据表中输入数据，其中，"图片"一栏输入图片在站点中的存放路径，如图 5-63 所示。

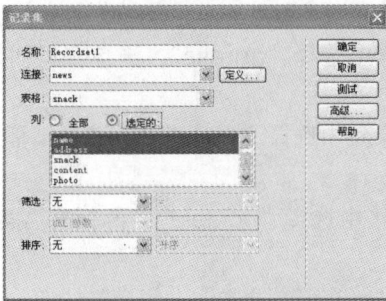

图 5-63 输入数据

② 主页的制作。

a. 选择"文件"→"新建"→"模板中的页"→"创建"命令，新建一个网页，并命名为"snack1.asp"。

b. 插入表格，设置水平居中。

c. 绑定记录集。

在"记录集"对话框的"连接"下拉列表中选择"news"，"表格"下拉列表中选择"snack"，"列"可勾选"选定的"单选按钮，按住 Ctrl 键单击字段 name 和 address，如图 5-64 所示。

d. 插入动态字段{Recordset1.name}和{Recordset1.address}。

e. 在状态栏标签选择器中选择表格的最后一行<tr>标签，添加服务器行为"重复区域"，设置每页显示的记录数目。

f. 添加记录集导航条，并选中所在的表格设置水平居中。

g. 选中动态字段{Recordset1.name}，添加服务器行为"转到详细页"，如图 5-65 所示。

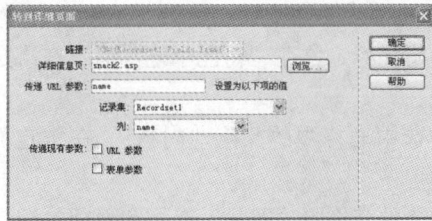

图 5-64 "记录集"对话框

图 5-65 "转到详细页"对话框

h. 保存文档，最后效果如图 5-66 所示。

图 5-66 设计窗口中的文档

③ 详细页的制作。

195

a. 选择"文件"→"新建"→"模板中的页"→"创建",新建一个网页,并命名为"snack2.asp"。

b. 插入表格,并在单元格中插入一幅图,如图5-67所示。

c. 绑定记录集。

在记录集对话框中,"连接"下拉列表中选择"news","表格"下拉列表中选择"snack","列"可勾选"全部"单选按钮,"筛选"下拉列表中选择"name"、"="、"URL参数"和"name",如图5-68所示。

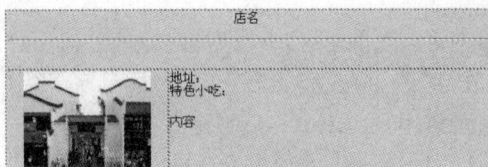

图 5-67 插入表格

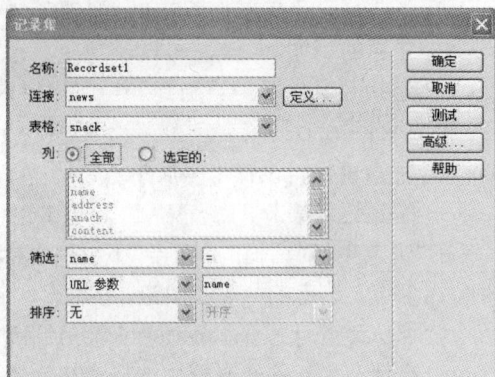

图 5-68 "记录集"对话框

d. 插入动态字段。

选中表格中的文字"店名",在绑定面板的记录集中选择"name",再单击"插入"按钮。

将光标定位在"地址"后,在绑定面板的记录集中选择"adress",再单击"插入"按钮。

将光标定位在"特色小吃"后,在绑定面板的记录集中选择"snake",再单击"插入"按钮。

选中表格中的文字"内容",在绑定面板的记录集中选择"content",再单击"插入"按钮。

选中表格中的图片,在绑定面板的记录集中选择"photo",再单击"绑定"按钮。

e. 保存文档,效果如图5-69所示。

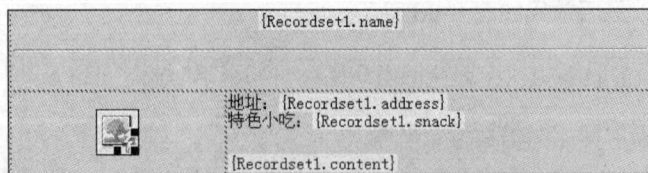

图 5-69 设计窗口中的文档

④ 打开主页"snack1.asp",单击店名即可链接到详细页"snack2.asp"。

模块六 后台管理功能设计

【学习目标】

（1）了解网站后台管理系统的基本功能。

（2）掌握 Dreamweaver 各种服务器行为的应用。

（3）能利用 Dreamweaver 开发一个基本的网站后台管理系统，实现管理员登录后对网站资讯的添加、修改和删除的功能。

网站后台管理系统 WMS（Web Management System）是内容管理系统 CMS（Content Manage System）的一个子集。通过这个系统，可以方便快捷的管理、发布、维护网站的内容，而不再需要硬性的写 HTML 代码或手工建立每一个页面。

后台管理系统的大致功能如下。

① 管理员管理：可以新增管理员及修改管理员密码。

② 信息管理：可以设置信息分类及介绍。

③ 上传文件管理：管理上传的图片及其他文件。

④ 下载中心：可分类增加各种文件，如驱动和技术文档等文件的下载。

⑤ 留言管理：管理信息反馈及注册会员的留言、回复。

⑥ 调查管理：发布修改新调查。

⑦ 友情链接：新增、修改友情链接。

⑧ 数据库连接：编辑在线表、添加数据表、编辑数据库等。

工作任务一 管理员登录页面的制作

【任务概述】

本工作任务要求制作一个管理员用户登录的表单页面，页面效果如图 6-1 所示。

图 6-1 管理员登录页面

【核心知识】

Web 应用程序可以包含让注册用户登录站点的页。登录页由以下构造块组成。

① 注册用户的数据库表。使用注册用户的数据库表格来验证在登录页中输入的用户名和密码是否有效。

② 使用户可以输入用户名和密码的 HTML 表单。

③ 确保输入的用户名和密码有效的"登录用户"服务器行为。

当用户单击登录页上的"提交"按钮时，"登录用户"服务器行为将对用户输入的值和注册用户的值进行比较。如果这些值匹配，该服务器行为会打开一个页面。如果这些值不匹配，则该服务器行为将会打开另一页（通常是提示用户登录尝试失败的页）。

（1）在"服务器行为"面板（"窗口"→"服务器行为"）中，单击加号"+"按钮并从弹出菜单中选择"用户身份验证"→"登录用户"，打开登录用户对话框。如图 6-2 所示。

（2）指定访问者在输入用户名和密码时所使用的表单和表单对象。

（3）指定包含所有注册用户的用户名和密码的数据库表和列。该服务器行为将对访问者在登录页上输入的用户名及密码和这些列中的值进行比较。

图 6-2　"登录用户"对话框

（4）指定在登录过程成功时所打开的页。

（5）指定在登录过程失败时所打开的页。所指定的页通常会提示用户登录过程已失败，并且让用户重试。

（6）如果要让用户在试图访问受限页前进到登录页，并且在登录后返回到该受限页，则选择"转到前一 URL"选项。

（7）如果用户未先登录就试图通过打开受限页来访问站点，则受限页可以使该用户前进到登录页。当用户成功登录后，登录页会将该用户重定向到原来的受限页。当在这些页上完成"限制对页的访问"服务器行为的对话框后，要确保在"如果访问被拒绝，则转到"框中指定登录页。

（8）指定是仅根据用户名和密码，或是同时根据授权级别来授予对该页的访问权，并单击"确定"按钮。

当用户成功登录时，将为该用户创建一个包含其用户名的会话变量。

【操作过程】

（1）选择"文件"→"新建"→"模板中的页"→"创建"命令，新建一个网页，并命名为"login.asp"。

（2）制作表单。

① 插入表单。

a. 选择"插入"栏上的"表单"类别。

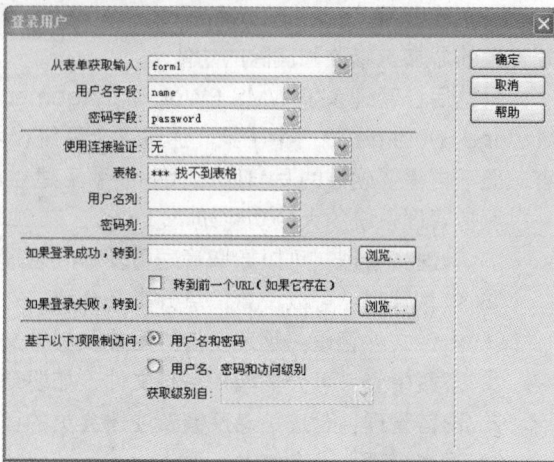

b. 将插入点放在希望表单出现的位置，然后单击"表单"图标□，页面中出现一个红色的轮廓线。

② 插入表格。

a. 选择"插入"→"表格"，插入一个 3 行 2 列的表格，在属性面板中设置表格边框为 0、间距为 2、边距为 2、居中对齐。

b. 在单元格中输入文字，如图 6-3 所示。

③ 插入各个表单对象。

a. 将光标放在第 1 行第 2 列单元格内，在"插入"栏的"表单"面板中，单击文本字段按钮□，插入文本字段。在属性面板中，将"文本域"设置为"username"、"字符宽度"设置为 20、"类型"设置为"单行"。

b. 将光标放在第 2 行第 2 列单元格内，在"插入"栏的"表单"面板中，单击文本字段按钮□，插入文本字段。在属性面板中，将"文本域"设置为"password"、"字符宽度"设置为 20、"类型"设置为"密码"，如图 6-4 所示。

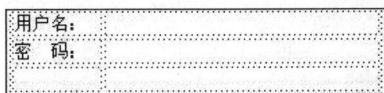

图 6-3 输入文字

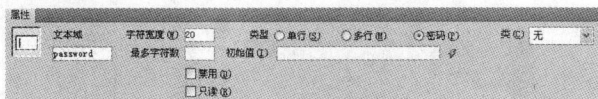

图 6-4 设置文本域属性

④ 将光标放在第 3 行第 2 列单元格内，在"插入"栏的"表单"面板中，单击按钮□，分别插入"提交"、"重置"按钮，如图 6-5 所示。

（3）绑定记录集。

① 在"绑定"面板中单击 ⁺ 按钮，选择"记录集（查询）"选项，弹出"记录集"对话框，在对话框中的"连接"下拉列表中选择"news"，"表格"下拉列表中选择"admin"，"列"勾选"全部"单选按钮，如图 6-6 所示。

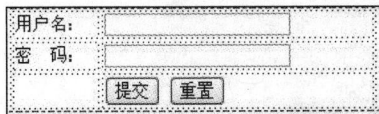

图 6-5 创建表单

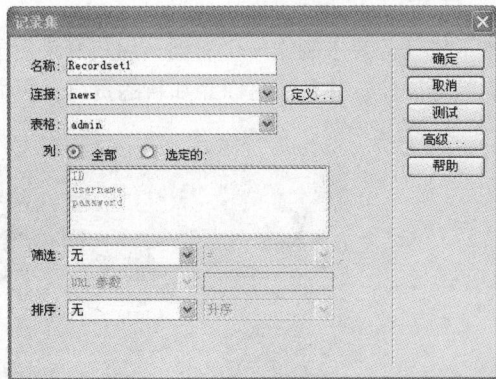

图 6-6 "记录集"设置对话框

② 单击"确定"按钮，创建记录集。

（4）添加服务器行为。

① 选中整个表单，或单击状态栏上的<form# form 1>标签，选择菜单中的"窗口"→"服务器行为"命令，打开"服务器行为"面板。

② 在面板中单击 ⁺ 按钮，在弹出的菜单中选择"用户身份验证"→"登录用户"选项，

如图 6-7 所示。

③ 在弹出的"登录用户"对话框中，在"使用连接验证"下拉列表内选择"news"，"表格"下拉列表中选择"admin"，"用户名列"下拉列表中选择"username"，"密码列"下拉列表中选择"password"，"如果登录成功，转到"文本框中输入"admin.asp"，"如果登录失败，转到"文本框中输入"login.asp"，单击"确定"按钮，创建"登录用户"服务器行为，如图 6-8 所示。

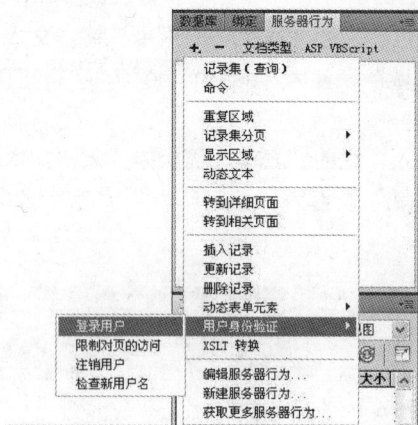

图 6-7　服务器行为面板　　　　　　图 6-8　"登录用户"对话框

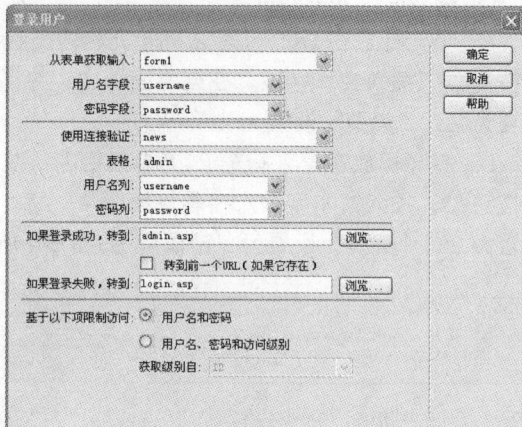

（5）保存文件。

工作任务二　资讯管理列表页面的制作

【任务概述】

本工作任务要求制作一个管理员用户登录后显示的页面，在该页面中可以对资讯进行修改、删除等操作，并且还可以添加新的资讯。页面效果如图 6-9 所示。

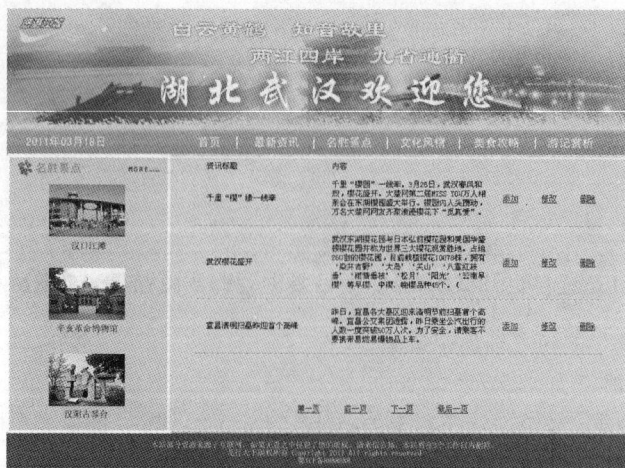

图 6-9　资讯管理列表页面

200

【操作过程】

（1）选择"文件"→"新建"→"模板中的页"→"创建"命令，新建一个网页，并命名为"admin.asp"。

（2）绑定记录集。

单击"绑定"面板中的 ➕ 按钮，在弹出的菜单中选择"记录集（查询）"选项，弹出"记录集"对话框，在对话框中的"连接"下拉列表中选择"news"，"表格"下拉列表中选择"News"，"列"勾选"选定的"单选按钮，在其列表框中按住 Ctrl 键选择 ID、title、content 和 time，单击"确定"按钮，创建记录集如图 6-10 所示。

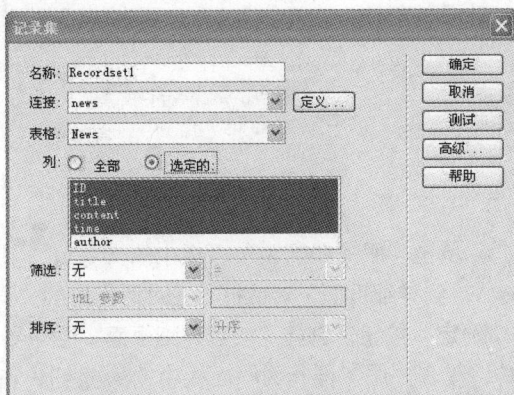

图 6-10　"记录集"设置对话框

（3）创建动态表格。

① 将光标放置在页面相应的位置，单击插入栏中的"数据"→"动态数据"→"动态表格"按钮，弹出"动态表格"对话框，在对话框中的"记录集"下拉列表中选择"Recordset 1"，将"显示"设置为 3 记录，"边框"设置为 0，"单元格边距"和"单元格间距"都设置为 2，单击"确定"按钮，插入动态表格，如图 6-11 和图 6-12 所示。

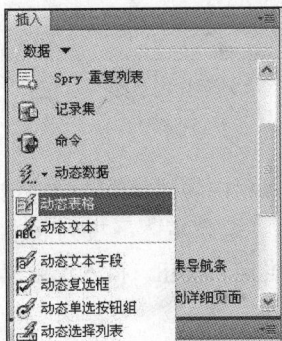

图 6-11　插入动态表格

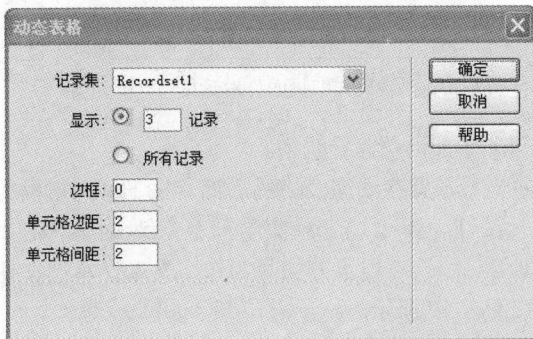

图 6-12　"动态表格"对话框

② 将动态表格的第 1 行单元格中的内容换为文字，将第 4 列单元格中的内容删除，输入文字。

③ 选中表格中的第 2 行，单击"服务器行为"面板 ➕ 按钮，在弹出的菜单中选择"重

复区域"选项，如图 6-13 所示。

重复	资讯标题	内容			
{Recordset1.ID}	{Recordset1.title}	{Recordset1.content}	添加	修改	删除

图 6-13　动态表格

④ 给文字增加链接或服务器行为。

a. 选中文字"添加"，在"属性"面板的"链接"文本框中输入"addnews.asp"，如图 6-14 所示。

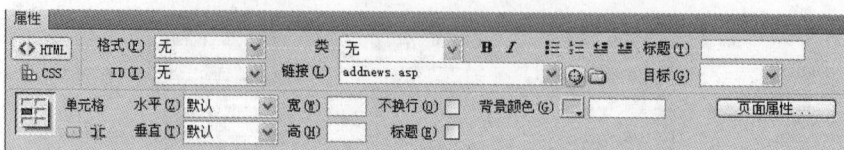

图 6-14　设置链接

b. 选中文字"修改"，单击"服务器行为"面板中的 ➕ 按钮，在弹出的菜单中选择"转到详细页面"选项，弹出"转到详细页面"对话框。在对话框中的"详细信息页"文本框中输入"modify.asp"，单击"确定"按钮，创建"转到详细页面"服务器行为，如图 6-15 所示。

c. 选中文字"删除"，单击"服务器行为"面板中的 ➕ 按钮，在弹出的菜单中选择"转到详细页面"选项，弹出"转到详细页面"对话框。在对话框中的"详细信息页"文本框中输入"del.asp"，单击"确定"按钮，创建"转到详细页面"服务器行为，如图 6-16 所示。

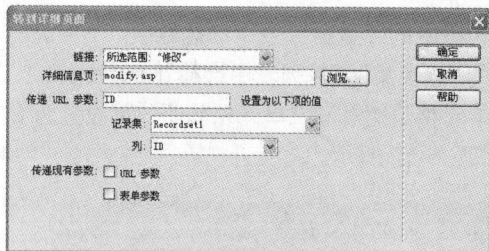

图 6-15　"转到详细页面"对话框

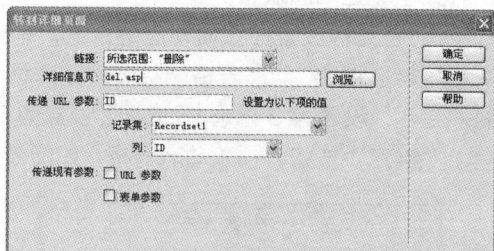

图 6-16　"转到详细页面"对话框

（4）添加记录集导航条。

将光标放置在动态表格的后面，按 Enter 键换行，单击插入栏中的"数据"→"记录集导航"按钮，弹出"记录集导航条"对话框，在对话框中的"记录集"下拉列表中选择"Recordset 1"，"显示方式"勾选"文本"单选按钮，单击"确定"按钮，插入记录集导航条，如图 6-17 所示。

（5）设置"如果记录集不为空则显示区域"。

选中动态表格和记录集导航条，单击"服务器行为"面板中的 ➕ 按钮，在弹出的菜单中选择"显示区域"→"如果记录集不为空则显示区域"选项，弹出"如果记录集不为空则显示区域"对话框，在对话框的"记录集"下拉列表中选择"Recordset 1"，单击"确定"按钮，创建"如果记录集不为空则显示区域"服务器行为，如图 6-18 所示。

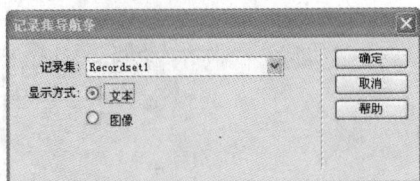

图 6-17　"记录集导航条"对话框　　　图 6-18　添加"如果记录集不为空则显示区域"服务器行为

（6）添加"如果记录集为空则显示区域"。

① 将光标放置在记录集导航条的后面，按 Enter 键换行，输入文字"暂时没有资讯，请添加!"，并在属性面板中的"链接"文本框中输入"addnews.asp"，如图 6-19 所示。

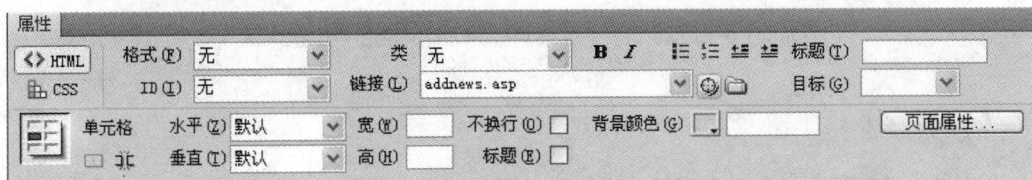

图 6-19　设置链接

② 选中文字，单击"服务器行为"面板中的 + 按钮，在弹出的菜单中选择"显示区域"→"如果记录集为空则显示区域"选项，在弹出对话框中的"记录集"下拉列表中选择"Recordset 1"，单击"确定"按钮，创建"如果记录集为空则显示区域"服务器行为，如图 6-20 所示。

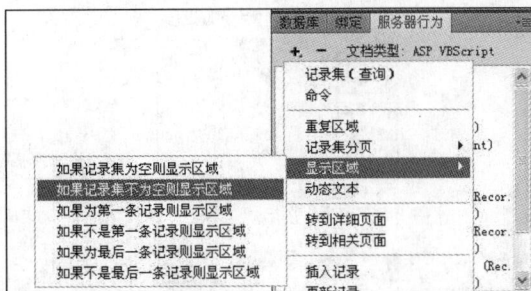

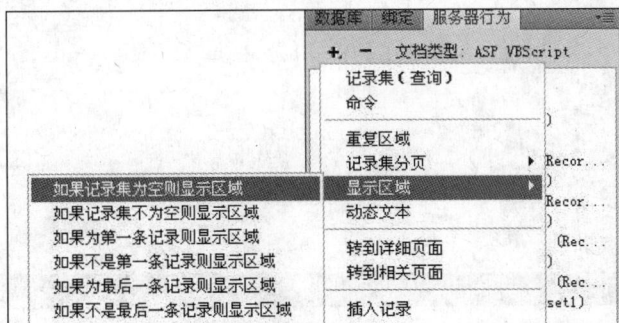

图 6-20　添加"如果记录集为空则显示区域"服务器行为

（7）添加"限制对页的访问"服务器行为。

该功能可以禁止没有权限的人员进入此页面，从而增加了网页的安全性。

打开"服务器行为"面板，在面板中单击 + 按钮，选择"用户身份验证→限制对页的访问"，弹出"限制对页的访问"对话框，在对话框中的"如果访问被拒绝，则转到"中输入"login.asp"，单击"确定"按钮，创建"限制对页的访问"服务器行为，如图 6-21、图 6-22 所示。

（8）保存文件。

203

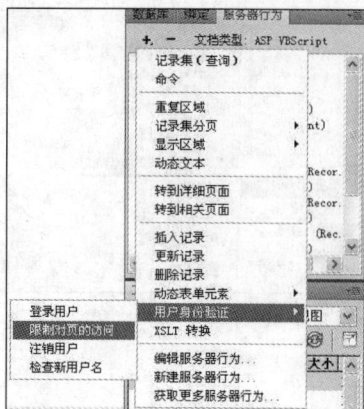

图 6-21　添加"限制对页的访问"服务器行为　　　　　图 6-22　"限制对页的访问"对话框

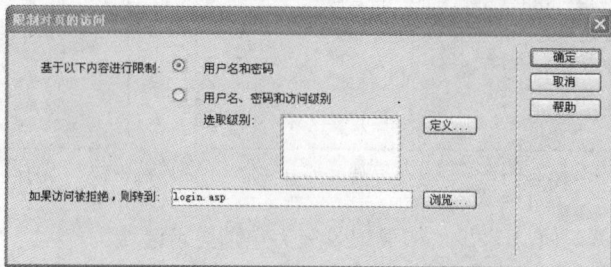

工作任务三　资讯添加页面的制作

【任务概述】

本工作任务要求制作一个页面，通过表单添加资讯标题、来源、详细内容，页面效果如图 6-23 所示。

图 6-23　资讯添加页面

【核心知识】

插入页由两个构造块组成：一个允许用户输入数据的 HTML 表单；另一个更新数据库的"插入记录"服务器行为。当用户在单击表单上的"提交"时，服务器行为会在数据库表中插入记录。

插入页的制作有两种方法。

（1）一次操作生成插入页。

使用"插入"→"数据"→"插入记录表单"命令对象在一次操作中添加表单和服务器

行为"插入记录"这两个构造块。

① 在"设计"视图中打开页面，然后选择"插入"→"数据对象"→"插入记录"→"插入记录表单向导"命令，打开插入记录表单对话框，如图 6-24 所示。

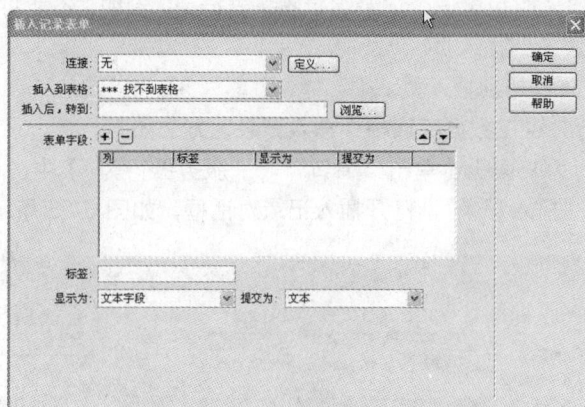

图 6-24 "插入记录表单"对话框

② 在"连接"弹出菜单中，选择一个到数据库的连接。

③ 在"插入到表格"弹出菜单中，选择应向其插入记录的数据库表。

④ 在"插入后，转到"框中，输入将记录插入表后要打开的页面，或单击"浏览"按钮浏览到该文件。

⑤ 在"表单字段"区域中，指定要包括在插入页面的 HTML 表单上的表单对象，以及每个表单对象应该更新数据库表格中的哪些列。

默认情况下，Dreamweaver 为数据库表中的每个列创建一个表单对象。如果数据库为创建的每个新记录都自动生成唯一的 ID，则需删除对应于该键列的表单对象，方法是在列表中将其选中，然后单击减号"−"按钮。这消除了表单重复输入 ID 值的风险。

⑥ 可以更改 HTML 表单上表单对象的顺序，方法是在列表中选中某个表单对象，然后单击对话框右侧的向上或向下箭头。

⑦ 指定每个数据输入域在 HTML 表单上的显示方式，方法是单击"表单域"表格中的一行，然后在表格下面的框中输入以下信息。

a. 在"标签"框中，输入显示在数据输入字段旁边的描述性标签文字。默认情况下，Dreamweaver 在标签中显示表列的名称。

b. 在"显示为"弹出菜单中，选择一个表单对象作为数据输入字段。可以选择"文本字段"、"文本区域"、"菜单"、"复选框"、"单选按钮组"和"文本"。对于只读项，可选择"文本"。隐藏字段插入在表单的结尾。

c. 在"提交为"弹出菜单中，选择数据库表接受的数据格式。例如，表列只接受数字数据，则选择"数字"。

d. 设置表单对象的属性。选择作为数据输入字段的表单对象不同，选项也将不同。对于文本字段、文本区域和文本，可以输入初始值。对于菜单和单选按钮组，将打开另一个对话框来设置属性。对于选项，选择"已选中"或"未选中"选项。

⑧ 单击"确定"按钮。

Dreamweaver 将 HTML 表单和"插入记录"服务器行为添加到页面。表单对象布置在一个基本表格中，可以使用 Dreamweaver 页面设计工具自定义该表格，注意：要确保所有表单对象都保持在表单的边界内。

（2）使用 Dreamweaver 表单工具和"服务器行为"面板分别添加制作。

注意：插入页一次只能包含一个记录编辑服务器行为。例如，不能将"更新记录"或"删除记录"服务器行为添加到插入页。

① 将 HTML 表单添加到插入页。

② 添加服务器行为以在数据库表格中插入记录，方法如下。

a. 在"服务器行为"面板（单击"窗口"→"服务器行为"）中，单击加号"+"按钮并从弹出菜单中选择"插入记录"，打开插入记录对话框，如图 6-25 所示。

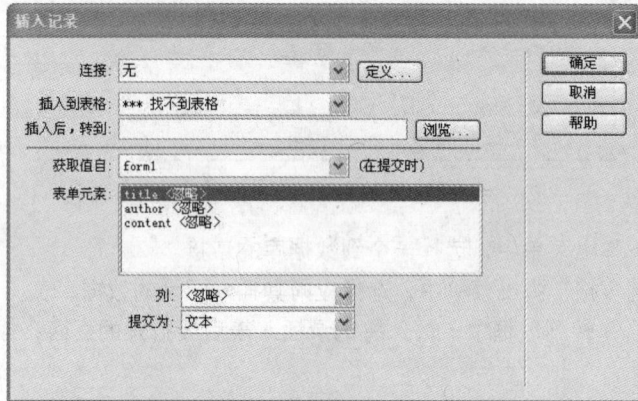

图 6-25　"插入记录"对话框

b. 在"连接"弹出菜单中，选择一个到数据库的连接。

c. 在"插入到表格"弹出菜单中，选择应向其插入记录的数据库表。

d. 在"插入后，转到"框中，输入将记录插入表后要打开的页面，或单击"浏览"按钮浏览到该文件。

e. 在"获取值自"弹出菜单中，选择用于输入数据的 HTML 表单。

f. 指定要向其中插入记录的数据库列，从"值"弹出菜单中选择将插入记录的表单对象，然后从"提交为"弹出菜单中为该表单对象选择数据类型。数据类型是数据库表中的列所需的数据种类（如文本、数字、布尔型选项值）。

g. 为表单中的每个表单对象重复设置过程。

h. 单击"确定"按钮。

Dreamweaver 将服务器行为添加到特定页面，该页面允许用户通过填写 HTML 表单并单击"提交"按钮在数据库表中插入记录。

若要编辑服务器行为，可打开"服务器行为"面板（单击"窗口"→"服务器行为"），然后双击"插入记录"行为。

③ 测试添加页。在浏览器中先预览结果页"admin.asp"，当单击结果页上的"添加"链接时，将显示添加页。

【操作过程】

（1）选择"文件"→"新建"→"模板中的页"→"创建"命令，新建一个网页，并命名为"addnews.asp"。

（2）制作表单。

① 选择"插入"→"表单"→"表单"命令，或选择"插入"栏上的"表单"类别，然后单击"表单"图标▢，页面中出现一个红色的轮廓线。

② 插入表格。

a. 选择"插入"→"表格"命令，打开表格设置对话框，插入一个 4 行 2 列的表格，如图 6-26 所示。

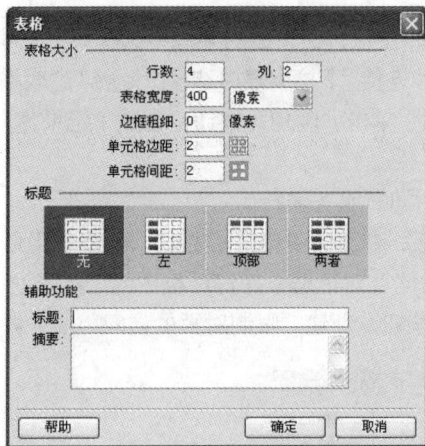

图 6-26　插入表格

b. 在属性面板中设置表格边框为 0、间距为 2、填充为 2、居中对齐，如图 6-27 所示。

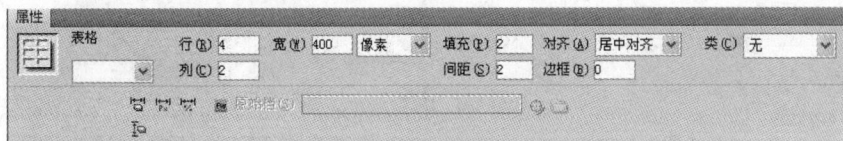

图 6-27　表格属性设置

c. 分别在单元格中输入文字，如图 6-28 所示。

③ 插入各个表单对象。

a. 将光标放在第 1 行第 2 列单元格内，在"插入"栏的"表单"面板中，单击文本字段按钮▢，插入文本字段。在属性面板中，将"文本域"设置为"title"、"字符宽度"设置为 50、"类型"设置为"单行"。

b. 将光标放在第 2 行第 2 列单元格中，在"插入"栏的"表单"面板中，单击文本字段按钮▢，插入文本字段。在属性面板中，将"文本域"设置为"author"、"字符宽度"设置为 25、"类型"设置为"单行"。

c. 将光标放在第 3 行第 2 列单元格，在"插入"栏的"表单"面板中，单击文本字段按钮▢，插入文本字段。在属性面板中，将"文本域"设置为"content"、"字符宽度"设置为 50、"行数"为 8，"类型"设置为"多行"。

d. 将光标放在第 4 行第 2 列单元格内，在"插入"栏的"表单"面板中，单击按钮▢，分别插入"提交"、"重置"按钮，如图 6-29 所示。

網页设计综合应用技术

图 6-28　输入文字

图 6-29　插入表单

（3）创建记录集。

在"绑定"面板中单击 **+** 按钮，在弹出的菜单中选择"记录集（查询）"选项，弹出"记录集"对话框，在对话框中的"连接"下拉列表中选择"news"，"表格"下拉列表中选择"News"，"列"勾选"全部"单选按钮，单击"确定"按钮，创建了记录集，如图 6-30 所示。

（4）添加服务器行为。

① 创建"限制对页的访问"服务器行为。

打开"服务器行为"面板，在面板中单击 **+** 按钮，选择"用户身份验证"→"限制对页的访问"，弹出"限制对页的访问"对话框，在对话框中的"如果访问被拒绝，则转到"中输入"login.asp"，单击"确定"按钮，创建"限制对页的访问"服务器行为，如图 6-31 所示。

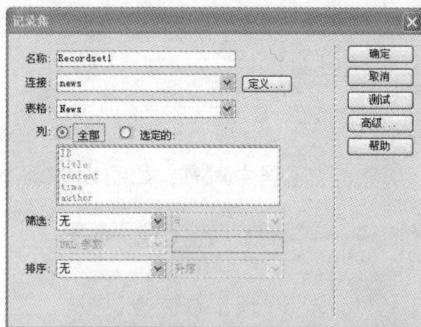

图 6-30　"记录集"对话框

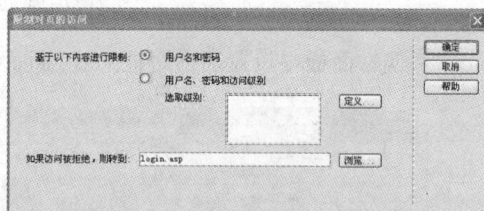

图 6-31　"限制对页的访问"对话框

② 创建"插入记录"服务器行为。

打开"服务器行为"面板，在面板中单击 **+** 按钮，选择"插入记录"选项，弹出"插入记录"对话框，在对话框的"连接"下拉列表中选择"news"，"插入到表格"下拉列表中选择"News"，"插入后，转到"文本框中输入"admin.asp"，单击"确定"按钮，创建"插入记录"服务器行为，如图 6-32 所示。

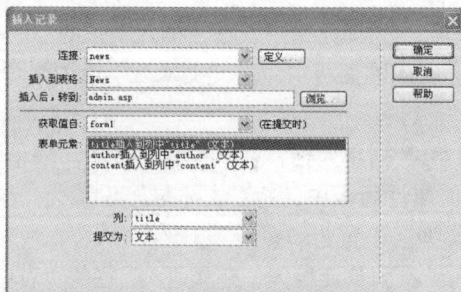

图 6-32　"插入记录"对话框

208

（5）保存文件。

工作任务四 资讯修改页面的制作

【任务概述】

本工作任务要求当需要更改页面上添加的资讯时，可以通过表单反馈并进行修改，页面效果如图 6-33 所示。

图 6-33 资讯修改页面

【核心知识】

数据更新的功能通常由结果页和更新页组成。用户可以使用结果页检索记录，通过"转到详细页"转到更新页，再使用更新页修改记录。

更新页具有 3 个构造块：一个用于从数据库表中检索记录的过滤记录集；一个允许用户修改记录数据的 HTML 表单；一个用于更新数据库表的"更新记录"服务器行为。

1. 创建检索记录的过滤记录集

在结果页将记录 ID 传递给更新页后，更新页必须读取参数，从数据库表中检索该记录，然后将它临时存储在记录集中。

① 在 Dreamweaver 中创建更新页。

② 在"绑定"面板（单击"窗口"→"绑定"）中，单击加号"+"按钮并选择"记录集"。

③ 对记录集进行命名，并使用"连接"和"表格"弹出菜单指定要更新数据所在的位置。

④ 单击"所选"，并选择一个键列（通常是记录 ID 列）和包含要更新的数据列。

⑤ 配置"筛选"区域，以便键列的值等于结果页传递的相应 URL 参数的值。

这种过滤器会创建一个只包含结果页所指定记录的记录集。例如，键列包含记录 ID 信息且名为 PRID，结果页在名为 id 的 URL 参数中传递相应的记录 ID 信息，则"筛选"区域的外观应如图 6-34 所示。

⑥ 单击"确定"按钮。

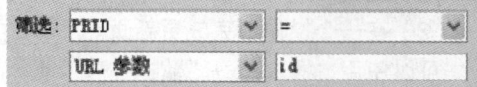

图 6-34 记录集中的筛选设置

当用户在结果页上选择一个记录时，更新页将生成一个只包含所选记录的记录集。

2．更新页的制作

更新页的制作有以下两种方法。

（1）逐块完成更新页。

● 将 HTML 表单添加到更新页。

● 在表单中显示记录。

● 添加服务器行为来更新数据库表。

① 在"服务器行为"面板（单击"窗口"→"服务器行为"）中，单击加号"+"按钮并从弹出菜单中选择"更新记录"，即会出现"更新记录"对话框，如图 6-35 所示。

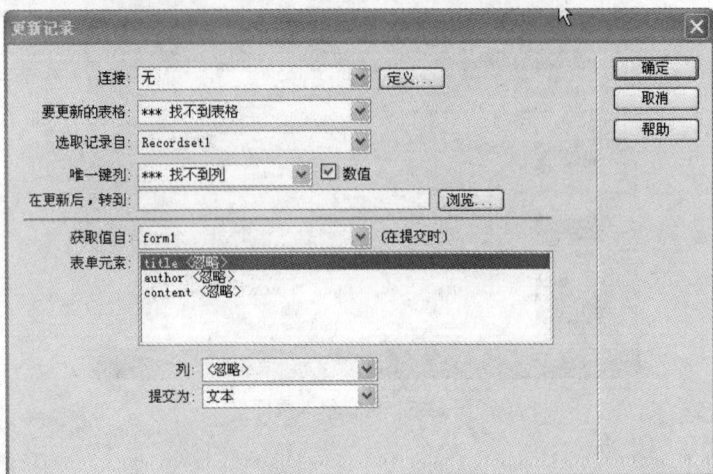

图 6-35 "更新记录"对话框

② 在"数据源"或"连接"弹出菜单中，选择一个到数据库的连接。

③ 在"要更新的表格"弹出菜单中，选择包含要更新记录的数据库表。

④ 在"选取记录自"弹出菜单中，指定包含显示在 HTML 表单上的记录的记录集。

⑤ 在"唯一键列"弹出菜单中，选择一个键列（通常是记录 ID 列）来标识数据库表中的记录。如果该值是一个数字，则选择"数值"选项。键列通常只接受数值，但有时候也接受文本值。

⑥ 在"更新后，转到"或"如果成功，则转到"框中，输入在表格中更新记录后将要打开的页，或单击"浏览"按钮浏览到该文件。

⑦ 指定要更新的数据库列，从"值"弹出菜单中选择将更新该列的表单对象，然后从"提交为"弹出菜单中为该表单对象选择数据类型。数据类型是数据库表中的列所需的数据种类（文本、数字、布尔型选项值）。为表单中的每个表单对象重复该过程。

⑧ 单击"确定"按钮。

Dreamweaver 将服务器行为添加到页，该页允许用户通过修改显示在 HTML 表单中的信息并单击"提交"按钮更新数据库表中的记录。

（2）在一个操作中完成更新页。

可以使用"插入"→"数据"→"更新记录表单"命令对象在一次操作中添加允许用户修改记录数据的 HTML 表单和服务器行为"更新记录"这两个构造块。

① 在"设计"视图中打开该页，并选择"插入"→"数据对象"→"更新记录"→"更新记录表单向导"命令，即会出现"更新记录表单"对话框，如图 6-36 所示。

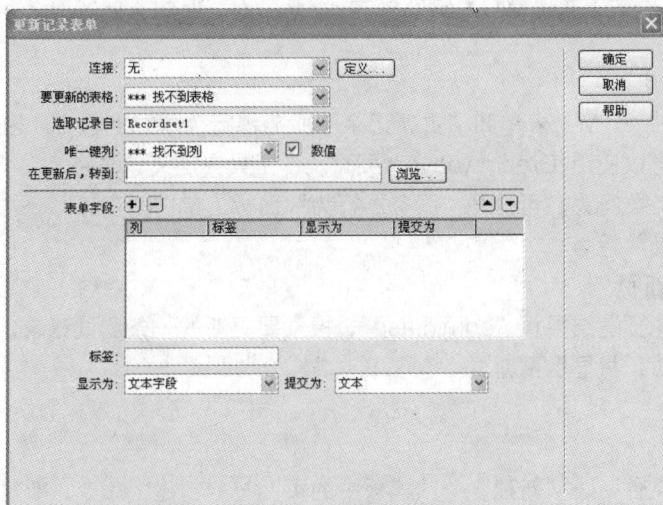

图 6-36 "更新记录表单"对话框

② 在"连接"弹出菜单中，选择一个到数据库的连接。

③ 在"要更新的表格"弹出菜单中，选择包含要更新记录的数据库表。

④ 在"选取记录自"弹出菜单中，指定包含显示在 HTML 表单中的记录集。

⑤ 在"唯一键列"弹出菜单中，选择一个键列（通常是记录 ID 列）来标识数据库表中的记录。如果该值是一个数字，则选择"数值"选项。键列通常只接受数值，但有时候也接受文本值。

⑥ 在"在更新后，转到"框中，输入在表格中更新记录之后要打开的页面。

⑦ 在"表单字段"区域中，指定每个表单对象应该更新数据库表中的哪些列。

默认情况下，Dreamweaver 为数据库表中的每个列创建一个表单对象。如果数据库为创建的每个新记录都自动生成唯一键 ID，则需删除对应于该键列的表单对象，方法是在列表中将其选中，然后单击减号"−"按钮。这消除了表单的用户重复输入 ID 值的风险。

⑧ 也可以更改 HTML 表单上表单对象的顺序，方法是在列表中选中某个表单对象，然后单击对话框右侧的向上或向下箭头。

⑨ 指定每个数据输入域在 HTML 表单上的显示方式，方法是单击"表单域"表格中的某一行，然后在表格下面的框中输入以下信息。

a. 在"标签"框中，输入显示在数据输入字段旁边的描述性标签文字。默认情况下，Dreamweaver 在标签中显示表列的名称。

b. 在"显示为"弹出菜单中，选择一个表单对象作为数据输入字段。可以选择"文本字段"、"文本区域"、"菜单"、"复选框"、"单选按钮组"和"文本"。对于只读项，可选择"文本"。还可以选择"密码字段"、"文件字段"和"隐藏字段"。隐藏字段插入在表单的结尾。

c. 在"提交为"弹出菜单中，可选择数据库表所需的数据格式。例如，表列只接受数字数据，则选择"数字"。

d. 设置表单对象的属性。选择作为数据输入字段的表单对象不同，选项也将不同。对于文本字段、文本区域和文本，可以输入初始值。对于菜单和单选按钮组，将打开另一个对话框来设置属性。对于选项，选择"已选中"或"未选中"选项。

⑩ 通过选择另一个表单域行并输入标签、"显示为"值和"提交为"值来设置其他表单对象的属性。

⑪ 单击"确定"。

该数据对象将 HTML 表单和"更新记录"服务器行为添加到页中。表单对象布置在一个基本表格中，可以使用 Dreamweaver 页面设计工具自定义该表格。

若要编辑服务器行为，可打开"服务器行为"面板（单击"窗口"→"服务器行为"），并双击"更新记录"行为。

3. 测试更新页

在浏览器中先预览结果页"admin.asp"，搜索要更新的一条测试记录，当单击结果页上的"修改"链接时，将显示更新页。

【操作过程】

（1）选择"文件"→"新建"→"模板中的页"→"创建"命令，新建一个网页，并命名为"modify.asp"。

（2）创建记录集。

单击"绑定"面板中的 + 按钮，在弹出的菜单中选择"记录集（查询）"选项，弹出"记录集"对话框，在对话框中的"连接"下拉列表中选择"news"，"表格"下拉列表中选择"News"，"列"勾选"全部"单选按钮，"筛选"下拉列表中分别选择"ID"、"="、"URL 参数"和"ID"。单击"确定"按钮，创建记录集，如图 6-37 所示。

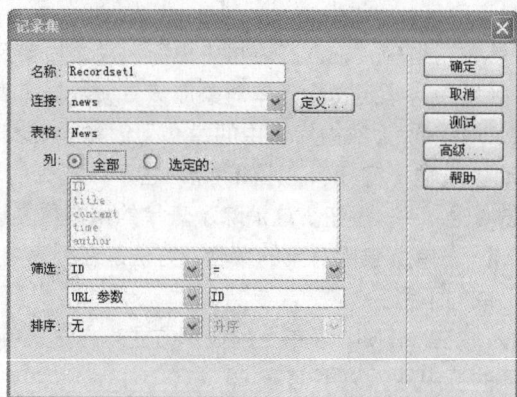

图 6-37 "记录集"对话框

（3）创建"限制对页的访问"服务器行为。

打开"服务器行为"面板，在面板中单击 + 按钮，选择"用户身份验证"→"限制对页的访问"命令，弹出"限制对页的访问"对话框，在对话框中的"如果访问被拒绝，则转到"中输入"login.asp"，单击"确定"按钮，创建"限制对页的访问"服务器行为，如图 6-38 所示。

（4）创建"更新记录表单"。

① 单击插入栏中的"数据"→"更新记录"→"更新记录表单向导"按钮，如图 6-39 所示。

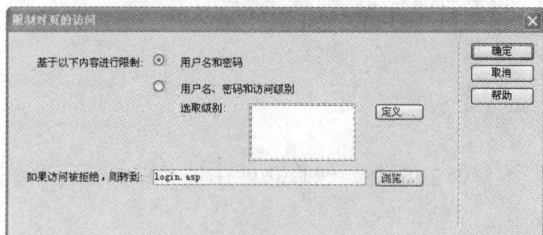

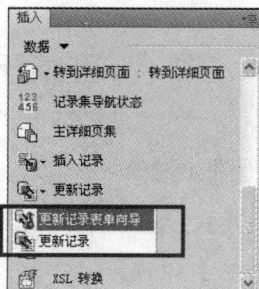

图 6-38 "限制对页的访问"对话框　　　　　　图 6-39 创建"更新记录表单向导"

② 在弹出"更新记录表单"对话框中的"连接"下拉列表中选择"news","要更新的表格"下拉列表中选择"News","选取记录自"下拉列表中选择"Recordset1","唯一键列"下拉列表中选择"ID","在更新后，转到"文本框中输入"admin.asp";"表单字段"列表框中选中"ID"字段，单击 ─ 按钮，将其删除；选中 title 字段，"标签"文本框中输入"资讯标题:","显示为"下拉列表中选择"文本字段","提交为"下拉列表中选择"文本";选中 author 字段，"标签"文本框中输入"来源:","显示为"下拉列表中选择"文本字段","提交为"下拉列表中选择"文本";选中 content 字段，"标签"文本框中输入"内容:","显示为"下拉列表中选择"文本区域","提交为"下拉列表中选择"文本";选中 time 字段，"显示为"下拉列表中选择"隐藏域","提交为"下拉列表中选择"日期",如图 6-40 所示。

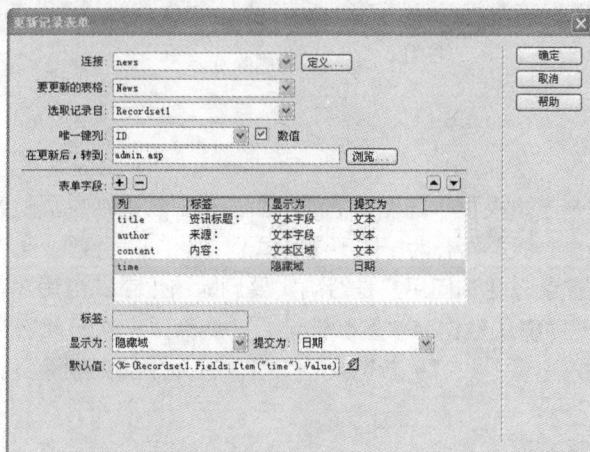

图 6-40 "更新记录表单"对话框

③ 单击"确定"按钮，插入更新记录表单，如图 6-41 所示。

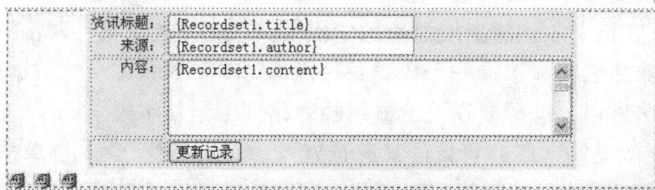

图 6-41 更新记录表单

（5）保存文件。

工作任务五　资讯删除页面的制作

【任务概述】

本工作任务要求制作一个能删除资讯信息的页面，删除功能由表单中的按钮来完成。页面效果如图 6-42 所示。

图 6-42　资讯删除页面

【核心知识】

删除页通常是一个与结果页一同使用的详细页。用户创建结果页检索记录，在结果页上添加链接"转到详细页"服务器行为来打开删除页。

删除页将显示该记录，并询问用户是否确实要删除该记录。当用户单击表单按钮确认该操作后，Web 应用程序将从数据库中删除该记录。删除页一次只能包含一个记录编辑服务器行为，不能将"插入记录"或"更新记录"服务器行为添加到删除页。

1．生成删除页

生成删除页的步骤有以下 4 步。

（1）创建 HTML 表单。

（2）检索要在表单中显示删除的记录。

① 在"绑定"面板（单击"窗口"→"绑定"）中，单击加号"+"按钮并从弹出菜单中选择"记录集（查询）"，将出现简单的"记录集"或"数据集"对话框。

② 为该记录集命名，并选择一个数据源和包含用户可删除记录的数据库表。

③ 在"列"区域中，选择要在页上显示的表格列（记录字段）。

若只显示记录的某些字段，可单击"已选定"，然后按住 Ctrl 键单击（Windows）或按住 Command 单击（Macintosh）列表中的列，以选择所需字段。

④ 完成"筛选"部分，以便查找和显示结果页所传递的 URL 参数中指定的记录。

a. 从"筛选"区域的第 1 个弹出菜单中，选择记录集中的列，该列包含的值与带有"删除"链接的页所传递的 URL 参数值相匹配。例如，URL 参数包含一个记录 ID 号，则选择包含记录 ID 号的列。

　　b. 从第 1 个菜单旁边的弹出菜单中选择等号（如果尚未选定）。

　　c. 从第 3 个弹出菜单中选择"URL 参数"，包含"删除"链接的页使用 URL 参数向删除页传递信息。

　　d. 在第 4 个文本框中，输入由带有"删除"链接的页传递的 URL 参数的名称。

　　⑤ 单击"确定"按钮，记录集随即出现在"绑定"面板中。

（3）在表单中显示要删除的记录。

　　① 在"绑定"面板上选择记录集列（记录字段）并将它们拖动到删除页。要确保在表单边框内插入只读动态内容。

　　② 将记录 ID 列绑定到隐藏表单域。

　　a. 确保启用了"不可见元素"（单击"查看"→"可视化助理"→"不可见元素"），然后单击代表隐藏表单字段的黄色盾牌图标。在属性检查器中，单击"值"框旁边的闪电图标。

　　b. 在"动态数据"对话框的记录集中选择记录 ID 列。

（4）添加服务器行为以从数据库中删除记录。

　　① 在"服务器行为"面板（单击"窗口"→"服务器行为"）中，单击加号"+"按钮，然后选择"删除记录"，如图 6-43 所示。

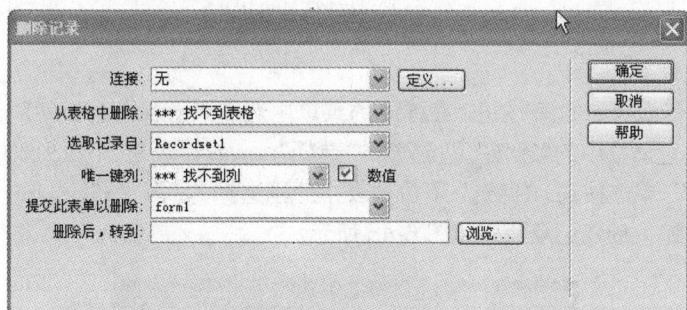

图 6-43　"删除记录"对话框

　　② 在"连接"弹出菜单中，选择一个到该数据库的连接，这样服务器行为就可以连接到受影响的数据库。

　　③ 在"从表格中删除"弹出菜单中，选择包含要删除记录的数据库表格。

　　④ 在"选取记录自"弹出菜单中，指定包含要删除的记录集。

　　⑤ 在"唯一键列"弹出菜单中，选择一个键列（通常是记录 ID 列）来标识数据库表中的记录。

　　如果该值是一个数字，则选择"数值"选项。键列通常只接受数值，但有时候也接受文本值。

　　⑥ 在"提交此表单以删除"弹出菜单中，指定"提交"按钮的 HTML 表单。

　　⑦ 在"删除后，转到"框中，指定打开的页。

　　可以指定向用户显示简短的成功消息的页，或者指定一个在其中列出剩余记录的页，使用户可以验证该记录是否已被删除。

　　⑧ 单击"确定"按钮。

2．测试删除页

在浏览器中先预览结果页"admin.asp"，搜索要删除的一次性测试记录，当单击结果页上的"删除"链接时，将显示删除页。单击删除页上的"确认"按钮可从数据库中删除该记录。

【操作过程】

（1）选择"文件"→"新建"→"模板中的页"→"创建"命令，新建一个网页，并命名为"del.asp"。

（2）插入表单。

将光标放置在页面相应的位置，选择菜单中的"插入记录"→"表单"→"表单"命令，插入表单。将光标放置在表单中，选择菜单中的"插入记录"→"表单"→"按钮"命令，插入按钮，在属性面板中的"值"文本框中输入"删除资讯"，"动作"设置为"提交表单"。

选择"插入"栏上的"表单"类别，单击"表单"图标▢，再单击按钮▢，插入"提交"按钮，如图6-44所示。

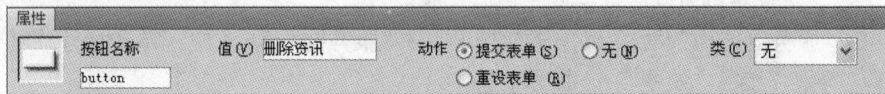

图6-44　按钮属性设置

（3）创建记录集。

单击"绑定"面板中的 ➕ 按钮，在弹出的菜单中选择"记录集（查询）"选项，弹出"记录集"对话框，在对话框中的"连接"下拉列表中选择"news"，"表格"下拉列表中选择"News"，"列"勾选"全部"单选按钮，"筛选"下拉列表中分别选择"ID"、"="、"URL 参数"和"ID"，单击"确定"按钮，创建记录集，如图6-45所示。

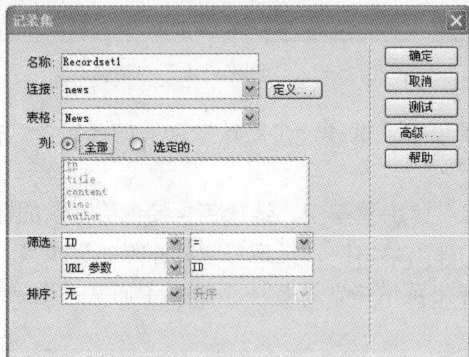

图6-45　"记录集"对话框

（4）创建"限制对页的访问"服务器行为。

打开"服务器行为"面板，在面板中单击 ➕ 按钮，选择"用户身份验证"→"限制对页的访问"，弹出"限制对页的访问"对话框，在对话框中的"如果访问被拒绝，则转到"中输入"login.asp"，单击"确定"按钮，创建"限制对页的访问"服务器行为，如图6-46所示。

（5）创建"删除记录"服务器行为。

① 打开"服务器行为"面板，在面板中单击 + 按钮，选择"删除记录"选项。

② 在弹出"删除记录"对话框里，"连接"下拉列表中选择"news"，"从表格中删除"下拉列表中选择"News"，"删除后，转到"文本框中输入"admin.asp"，如图 6-47 所示。

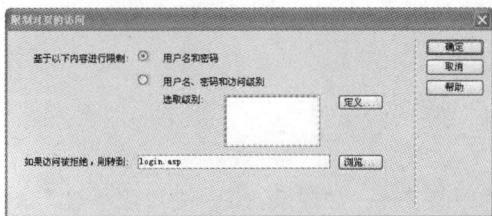
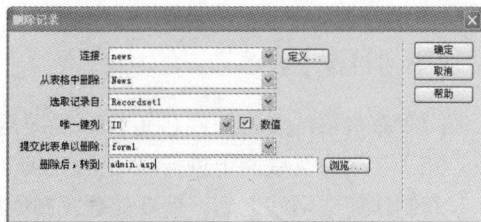

图 6-46 "限制对页的访问"对话框   图 6-47 "删除记录"对话框

③ 单击"确定"按钮，创建"删除记录"服务器行为，如图 6-48 所示。

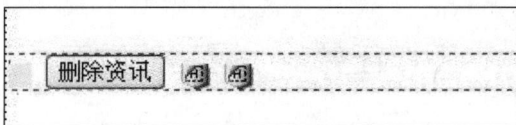

图 6-48 创建"删除记录"服务器行为

（6）保存文件。

小 结

本模块讲解了网站后台管理系统功能的实现，该系统由管理员用户登录页面、资讯管理列表页面、资讯添加页面、资讯修改页面、资讯删除页面组成。其中，制作管理员用户登录页面，主要利用插入用户名和密码两个文本域及通过创建"登录用户"服务器行为来实现。添加资讯的页面和修改资讯的页面由两种方法制作，一是主要利用插入表单对象和"插入记录"→"更新记录"服务器行为来分块构造实现，二是利用"插入记录表单"→"更新记录表单"一次性实现。删除资讯信息的页面主要利用创建记录集和"删除记录"服务器行为来实现。为了禁止没有权限的人员进入资讯管理列表页面、资讯添加页面、资讯修改页面、资讯删除页面，在制作这些页面时创建了"限制对页的访问"服务器行为，从而增加了网页的安全性。

思考与练习

（1）Dreamweaver 动态网页可以添加哪些服务器行为？各自能实现什么功能？

（2）请说出添加记录动态页面和修改记录动态页面的两种实现方法。

（3）如何增加管理页面的安全性？

模块七　网站的发布与推广

【学习目标】

（1）掌握网站发布软件 CuteFTP 的应用。

（2）了解在互联网上进行网站推广的方法。

在制作完成网站之后，就要处理发布网站的一些工作，如联系 ISP、安排服务器、申请域名及 ICP 备案等。同时，发布网站也具有一定的技术性。

发布网站之后，还必须考虑到网站的推广、维护、更新等问题。特别是网站的推广，要尽快通过各种宣传手段，提高网站的知名度，增加网站的访问量。

工作任务一　网站的发布

【任务概述】

本工作任务要求使用 CuteFTP 软件将做好的网站上传到虚拟主机上，实现网站的发布。

【核心知识】

FTP（File Transfer Protocol，文件传输协议），是专门用来传输文件的协议。CuteFTP是 FTP 客户程序之一，其界面友好、操作简便，是 FTP 应用软件中比较优秀的一款。它有很多有用的功能，如目录比较、目录上传和下载、远端文件编辑以及设计 IE 风格的工具条。

安装运行 CuteFTP 软件，打开 CuteFTP 窗口，里面有 4 个主要的工作区，如图 7-1 所示。

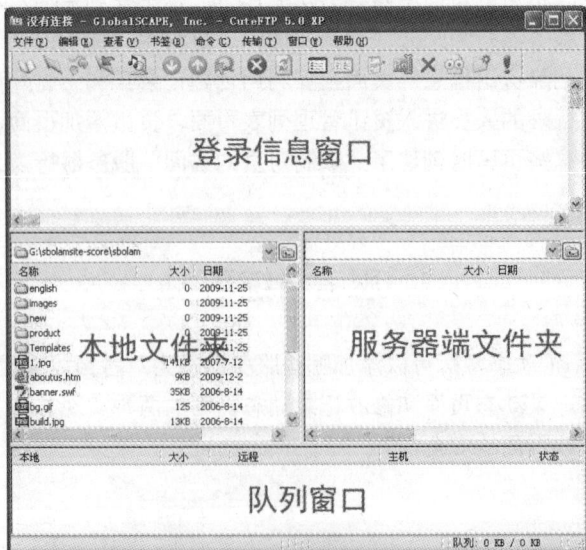

图 7-1　CuteFTP 窗口

① 登录信息窗口：FTP 命令行状态显示区，所有的与 FTP 站点的交互信息均在这个窗口里面显示。通过它可以知道当前的连接状态，文件是否成功下载，已下载文件的传输速度和所用时间，操作正在进行的上传、下载或列文件目录等。之前的操作可以通过滚动条来进一步查询。

② 中间的两个窗口类似于 Windows 的资源管理器。左边的窗口是本地文件、目录的列表；右边的窗口是远端（FTP 服务器）上的文件、目录列表。

③ 队列窗口：队列窗口中显示的是所有排队等候下载的文件列表，正在传输的文件列在最前面；如果有的文件在传输过程中出了错误，也会显示在列表的最前面。

如果想得心应手地使用 CuteFTP，就应该掌握工具栏的操作。绝大部分常用的操作都可以通过工具栏来完成。

站点管理器：可以打开地址簿以选择另外一个 FTP 站点地址连接。

快速连接：可以弹出一个对话框，要求输入一个 FTP 站的地址，如图 7-2 所示。

图 7-2 快速连接窗口

断开连接：当完成了对一个 FTP 站点的访问时，单击这个按钮断开与该站点的连接。如果正在试图与 FTP 站点建立连接，单击按钮可以中止连接尝试。

重新连接：当对一个 FTP 站点的连接被中断（可能是因为网络拥挤或者长时间没有操作，对方主动断开）的时候，按这个按钮可以重新与该 FTP 站点建立连接，并且 CuteFTP 会自动切换到断开连接前的目录。

上传/下载文件：选中一个或多个文件/目录，单击按钮立即进行上传/下载。

刷新目录/文件列表：当需要将当前的文件目录列表更新时可以刷新列表。CuteFTP 在每一个上传/下载操作完成时都会自动刷新文件/目录列表。

【操作过程】

（1）本地计算机上网站的测试检查

当站点中的网页达到一定数量，各网页之间的链接数量比较多时，可能会因为各种原因产生错误或无效链接。因此，在完成站点的设计工作后，要对网站的超链接进行检查，并修正错误。

① 在 Dreamweaver 中，单击菜单"站点"→"检查站点范围的链接"命令，执行站点超链接检查工作，检查工作完成后，弹出"链接检查器"面板，将列出错误或无效的超链接，选中错误的链接并编辑，如图 7-3 所示。

② 打开站点"Connections"文件夹中的数据库连接文件，在数据库路径中使用Server.MapPath 函数将自动获得服务器上的物理路径，为上传网站准备。修改代码如下。

```
"Provider=Microsoft.Jet.OLEDB.4.0;Data
Source="&Server.MapPath(" data/ News.mdb ")
```

（2）FTP 站点的创建

① 运行 CuteFTP，单击菜单"文件"→"站点管理器"命令，也可以单击工具栏中的，

进入"站点设置"窗口。

② 选择"新建",进入建立站点窗口,如图 7-4 所示。

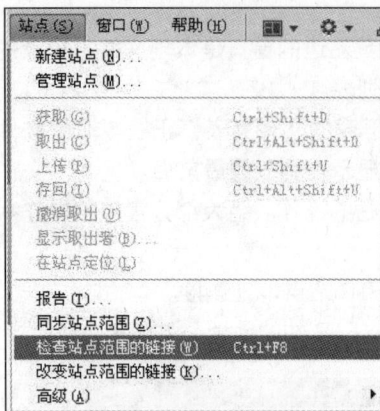

图 7-3 检查站点范围的链接

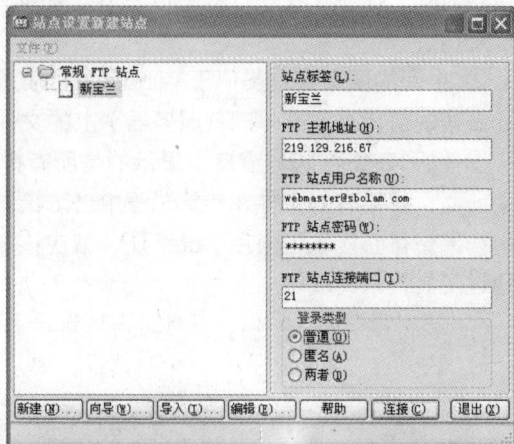

图 7-4 建立 FTP 新站点

a. 站点标签(L):可以输入一个便于记忆的名字。

b. FTP 主机地址(H):FTP 服务器的主机地址。

c. FTP 站点用户名称(U):填写用户名。

d. FTP 站点密码(W):填写密码。

e. FTP 站点连接端口(T):CuteFTP 软件会根据用户选择自动更改相应的端口地址,一般包括 FTP(21)、HTTP(80)。

(3)FTP 站点的连接

当所有设置完成后,单击"连接"建立站点连接,就可以成功与服务器连接,如图 7-5 所示。

图 7-5 建立 FTP 连接

（4）上传/下载文件

① 选中需要上传/下载的文件。在选取文件的时候按下 Ctrl 键，可以选中/取消该文件；在选取文件的时候按下 Shift 键，可以选中/取消连续的多个文件。

② 选择下面的一种方式上传/下载。

a. 在"本地文件夹"窗口中将选中的文件用鼠标拖动到右边的"FTP 服务器"窗口；反之，在"FTP 服务器"窗口中将选中的文件用鼠标拖动到右边的"本地文件夹"窗口。

b. 单击鼠标右键，选择"下载"（Download）或"上传"（Upload）。

c. 单击工具栏中的 下载或 上传快捷图标。

工作任务二　网站的推广

【任务概述】

本工作任务要求了解在互联网上进行网站宣传、推广的方法。

【核心知识】

网站的推广方式一般可以分为两大类：一类是利用网下传媒宣传；另一类是在互联网上利用各种网络资源进行宣传。利用网下传媒推广企业网站，就是要设法让网址、域名或网站名称在尽可能多的地方出现，如名片、企业宣传册、报刊广告、传真等。网上发布信息的渠道也有很多，主要包含了供求信息平台、网络分类广告、在线黄页服务、网络社区、搜索引擎登记等。

1．供求信息平台

有许多 B2B 网站是专门为企业提供信息发布的网站。其中有付费的信息发布网站，如阿里巴巴（www.alibaba.cn）、慧聪（www.hc360.com），也有免费供求信息发布网，如中国小商品城（www.onccc.com）。

2．网络分类广告

网络分类广告是网络广告中的一种，也是企业发布信息的地方，如新浪分类信息（http://classadnew.sina.com.cn/）。

3．在线黄页服务

在线黄页服务其实就是企业名录和简介，通常具有一个或几个网页，企业可以用来发布基本信息，如中国黄页在线（http://www.51huangye.cn/）、本地搜（http://www.locoso.com/）。

4．网络社区

网络社区是指包含 bbs、社区、博客以及其他社会性网络社区等在内的网上交流空间。企业可以充分的利用这些地方适度发布免费信息。

5．搜索引擎登记

搜索引擎登记是提高网站访问量最有效的方法，可以在各类搜索引擎中登记自己的网站，如 Google、百度、雅虎等。

百度搜索的推广流程如下。

（1）搜索：网民在百度搜索自己关注的关键词信息，如图 7-6 所示。

图 7-6　输入关键字搜索

（2）推广：企业的推广信息展现在关键词对应的搜索结果页，如图 7-7 所示。

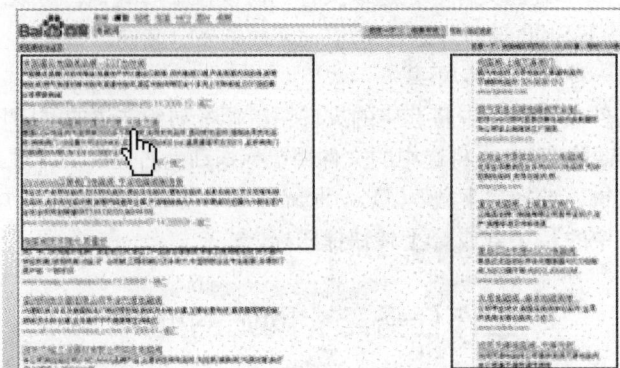

图 7-7　搜索结果页

（3）单击：用户单击推广信息进入企业网站，如图 7-8 所示。

图 7-8　访问

（4）成交：通过沟通了解，双方达成交易，如图 7-9 所示。

图 7-9　成交

百度推广是依托百度搜索引擎平台，独创了按单击次数付费的网络推广方式，即竞价排名。企业在百度预付一定金额，注册一定数量的关键词，如果有多家网站同时注册一个关键字，则搜索结果按照竞价的高低来排序。当访问者寻找相关信息时，企业的推广信息就会出现在相应的搜索结果中。竞价排名单击计费系统每 15min 统计 1 次单击情况，扣除企业的相应费用，如图 7-10、图 7-11 所示。

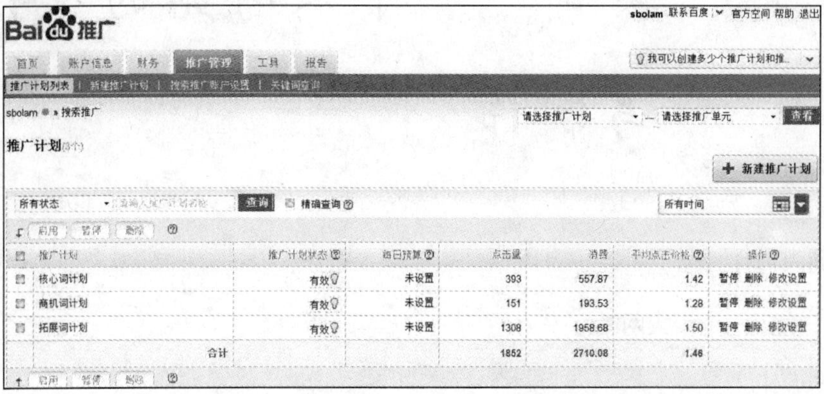

图 7-10 百度推广示例

图 7-11 百度推广示例

小 结

本模块介绍了网站发布软件 CuteFTP 的应用及在互联网上进行网站推广的方法。为了获得更大的回报，网站的推广一定要制订有效的策略。除此之外，还应当重视推广方法在不同推广阶段的适用性等。在宣传方法上，要综合运用网上和网下各种媒体与方式，全方位、多方面地推广企业的网站，提高企业网站的访问量。

思考与练习

（1）在网站发布之前应解决哪些问题？
（2）在互联网上进行网站推广有哪些方法？

模块八 实训——个人网站的设计与制作

【实训内容】

规划与建设一个个人网站。

【实训要求】

一、技能目标

（1）独立完成网站的规划，确定网站的建设主题、网站内容及结构。

（2）确定网页的版式和色彩。

（3）能应用 Photoshop 编辑、处理素材。

（4）能应用 Flash 制作网站 banner。

（5）应用 Dreamweaver 建立站点，进行 CSS 页面布局，应用模板制作站点内的 3 个页面，并实现超级链接。

（6）应用 Dreamweaver+IIS-ASP+Access 技术，设计一个简易留言簿，实现填写留言、存储留言、显示留言、管理留言和登录验证等功能。

二、设计目标

（1）站点结构清晰合理，网页文件命名、图片文件命名遵循一定的规则。

（2）页面用户界面良好，网页 Logo、导航条、版权等基本要素齐全，页面布局、分区、各栏目的位置根据其重要性合理设置。

（3）页面美观大方，网页中所使用的图片清晰、美观、无锯齿，动画运行连贯。网页背景色、图标色、文字搭配协调，字体、字号的运用符合网页基本规范。

（4）可以适当利用行为、插件等增加页面的动态效果。

（5）制作的网页具有统一的整体风格、内容充实、图文并茂，页面之间链接正确。

【实训步骤】

工作任务一 网站规划

本工作任务要求规划个人网站，网站名称为"芙蓉树下"，网站主题为个人宣传介绍，设置个人简介、我的家乡、我的学校、我的收藏、心情日记、给我留言 6 个栏目。网页采用骨骼型版式，分为三行两栏式布局，色彩以蓝色为主调。网页效果如图 8-1 所示。

图 8-1　网页效果图

工作任务二　应用 Photoshop 编辑、处理素材

一、页眉图片的制作

（1）下载分辨率高于 800px×600px 的背景图片，用 Photoshop 打开。

（2）剪裁画面：选择工具箱中的裁剪工具 ，将鼠标在图形上拖曳，然后按 Enter 键。

（3）改变图片大小：选择"图像"→"图像大小"命令，打开"图像大小"对话框。设置改变分辨率为 75，宽度为 780px，高度会自动随之改变。

（4）保存文件为"banner.psd"。

二、网页内部图片的处理

用 Photoshop 打开收集的用于网页中的图片，选择"图像"→"图像大小"命令，在"图像大小"对话框中设置图片尺寸宽度在 200 像素以内，放在页面左栏的图片宽度为 180 像素。

工作任务三　设计制作网页 Logo、banner

（1）在图片上添加网站名称，如图 8-2 所示。

① 打开文件"banner.psd"，单击工具箱中的文字工具 T，输入文字"芙蓉树下"，参数为：方正宋黑简体、40、平滑、颜色为#ccffee；

② 选中属性栏中的"创建文字变形"按钮 ，设置变形文字样式为"波浪"，按 Enter 键，确定文字的输入。

③ 选择文字图层，单击图层菜单中的图标 添加图层样式，选择投影、斜面和浮雕。

④ 保存文件为"pic.jpg"。

（2）设计网站宣传语的呈现方式。

① 可以将网站宣传语写在图片中，单击工具箱中的文字工具 T，输入文字"活力青春"，参数为：方正少儿简体、36、平滑、颜色为#ccffcc；再单击工具箱中的文字工具 T，输入文字"精彩无限"；参数为：方正少儿简体、40、平滑、颜色为#ffcc66；保存文件为"banner.jpg"。

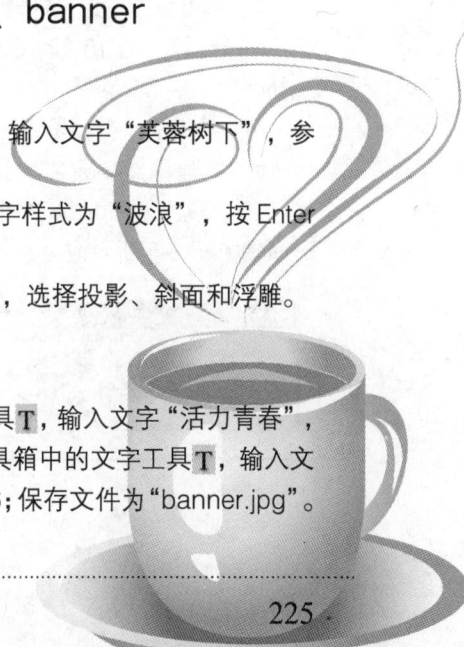

225

图片效果如图 8-3 所示。

图 8-2　输入网站名称

图 8-3　网页 Banner 背景图

制作好的图片将在 Dreamweaver 中以背景图的形式呈现，然后插入透明的 Flash 动画以增加动态效果。

② 同时，也可以在 Flash 中制作文字的动画效果。

a. 单击初始界面中"新建"下的"Flash 文件（ ActionScript 3.0 ）"选项，新建一个 Flash 文件。

b. 设置文档属性：执行"修改"→"文档"命令，或单击属性面板上的"编辑"按钮，打开"文档属性"对话框，设置文档的宽为 780 像素、高为 145 像素，背景颜色为白色。

c. 执行"文件"→"导入"→"导入到舞台"命令，将处理好的背景图片"pic.jpg"导入到舞台。在属性面板中设置与舞台对齐。

d. 右键单击第一层的第 40 帧，在弹出的快捷菜单中选择"插入帧"，以延长背景的显示时长。

e. 单击 新建一个图层，选中第一空白关键帧，选择 T 文本工具，在舞台上输入文字"活力青春"。在属性面板中设置文字为方正少儿简体、36，颜色为#ccffcc。

f. 右击文字，在弹出的快捷菜单中选择"转换为元件"。在弹出的"转换为元件"对话框中，选择"类型"为"图形"，单击"确定"按钮，如图 8-4 所示。

g. 右键单击文字层的第 15 帧，在弹出的快捷菜单中选择"插入关键帧"。

h. 单击第 1 帧，选择帧中的文字元件实例，在属性面板中展开"色彩效果"→"样式"，选择 Alpha，鼠标拖动设置滑块设置 Alpha 值为 10%，并拖动鼠标将实例拖动到舞台某位置。

i. 单击第 15 帧，选择帧中的文字元件实例，在属性面板中设置色彩效果的 Alpha 值为 100%，并拖动鼠标将实例向左拖动到舞台另一位置。

j. 分别右键单击文字层的第 35 帧、第 40 帧，在弹出的快捷菜单中选择"插入关键帧"。

k. 单击第 40 帧，选择帧中的文字元件实例，在属性面板中设置色彩效果的 Alpha 值为 0。

l. 分别在 1～15 帧、35～40 帧中，单击鼠标右键，在弹出的快捷菜单中选择"创建传统补间"。

m. 按 Enter 键预览，可以看到文字从右向左移动、淡入，停留一段时间后，再淡出。

n. 新建"文字层 2"，选择 T 文本工具输入文字"精彩无限"，设置文字为方正少儿简体、40、颜色为#ffcc66；将文字转换为图形元件，制作淡入、从左向右移动再淡出的效果。时间轴如图 8-5 所示。

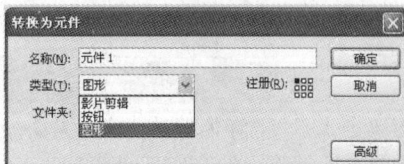

图 8-4　"转换为元件"对话框

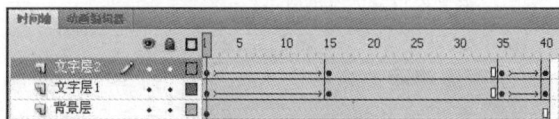

图 8-5　时间轴

工作任务四　建立站点

（1）打开 Dreamweaver CS4，选择"站点"→"新建站点"命令。

（2）在弹出的站点设置对话框中设置站点名称，如"mysite"，在本地计算机上的存储路径为"E:\mysite"，不使用服务器技术，建立一个静态站点。网站的信息如图 8-6 所示。

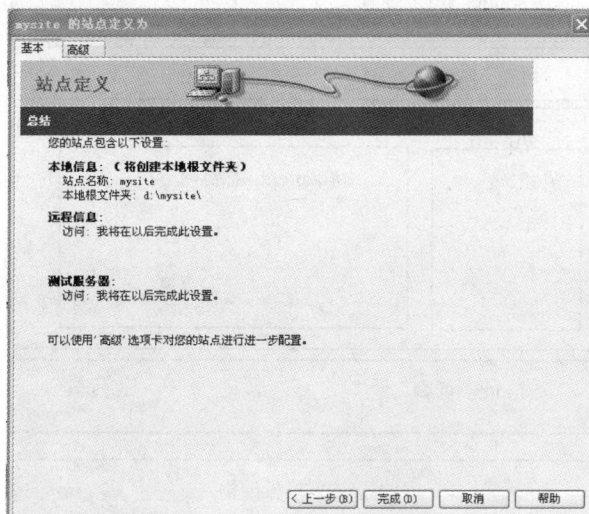

图 8-6　站点信息总结

（3）设置站点文件夹。

① 选择"窗口"→"文件"命令，打开"文件"面板（如果"文件"面板已经显示在窗口中，则不需要这个步骤）。

② 建立存放站点内图像的文件夹。在"文件"面板中打开站点"mysite"，在站点根目录上单击右键，选择"新建文件夹"命令，并将文件夹更名为"img"，如图 8-7 所示。

③ 将本实例所需要的图像素材、动画（.swf 文件）复制到"img"文件夹中，并刷新站点内容，如图 8-8 所示。

图 8-7　更改站点内文件夹名称

图 8-8　移动素材到 img 文件夹中

工作任务五 使用 DIV 技术构造网页模板

（1）规划模板结构，如图 8-9 所示。

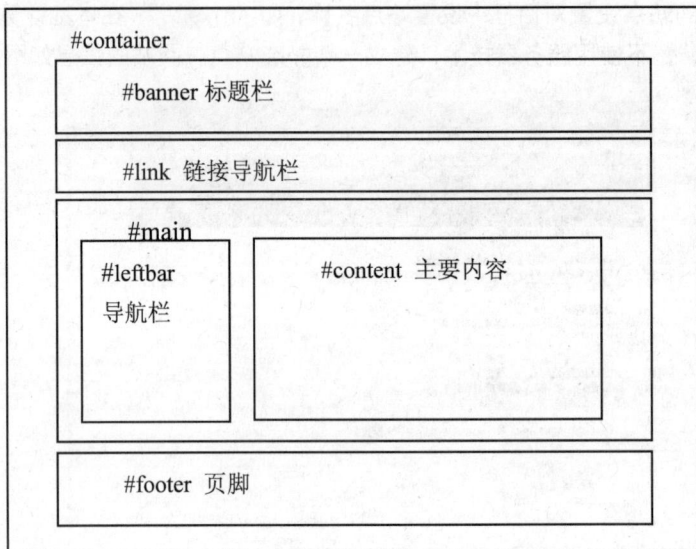

```
#container
┌─────────────────────────────────────────────┐
│  #banner 标题栏                                │
│                                               │
│  #link 链接导航栏                              │
│                                               │
│  #main                                        │
│  ┌──────────┐  ┌─────────────────────────┐   │
│  │ #leftbar │  │ #content 主要内容         │   │
│  │ 导航栏    │  │                          │   │
│  │          │  │                          │   │
│  └──────────┘  └─────────────────────────┘   │
│                                               │
│  #footer 页脚                                  │
└─────────────────────────────────────────────┘
```

图 8-9 模板结构

（2）新建模板文件。

① 打开"资源"面板。选择"窗口→资源"命令，打开"资源"面板（如果"资源"面板已经显示在窗口中，则不需要这个步骤）。

② 新建模板文件。在"资源"面板左侧按钮栏上单击"模板"按钮，然后在右侧的下方空白处单击右键，在弹出的菜单中选择"新建模板"命令，并将文件改名为"moban.dwt"，如图 8-10、图 8-11 所示。

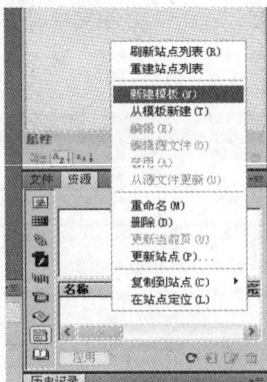

图 8-10 新建模板文件

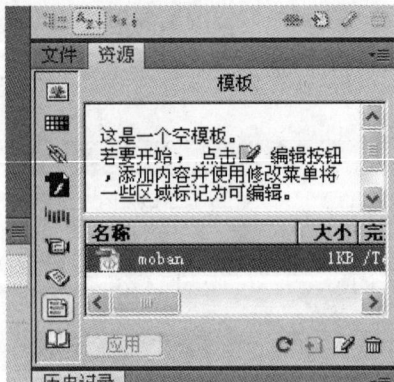

图 8-11 更改模板名字

（3）插入模板中的各个块。

① 双击打开模板文件"moban.dwt"。

② 选择"窗口"→"插入"命令，打开"插入"面板（如果"插入"面板已经显示在

窗口中，则不需要这个步骤）。

③ 在"插入"面板将插入类型更改为"布局"。

④ 插入 DIV 块"container"。将光标置于空白页面上，单击插入面板中的"插入 Div 标签"按钮，在弹出的"插入 Div 标签"对话框中输入 ID 为"container"，清除块"container"的内容，如图 8-12 所示。

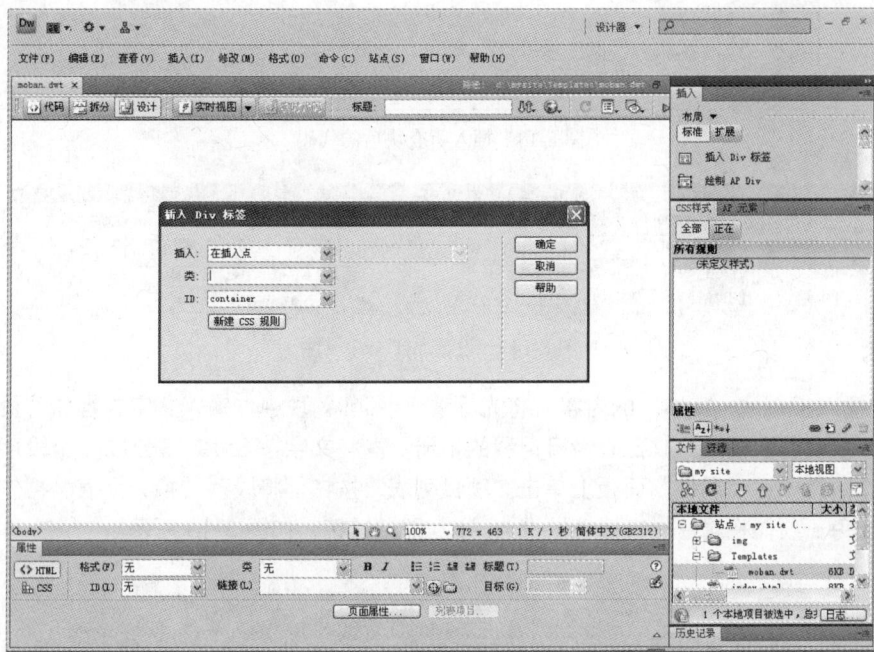

图 8-12 插入块 container

⑤ 同理插入 DIV 块 banner、link、main、footer。

⑥ 将光标置于"main"块中，单击插入面板中的"插入 Div 标签"按钮，在弹出的"插入 Div 标签"对话框中输入 ID 为"leftbar"，清除块"leftbar"的内容。

⑦ 将光标置于"leftbar"块后，单击插入面板中的"插入 Div 标签"按钮，在弹出的"插入 Div 标签"对话框中输入 ID 为"content"，清除块"content"的内容。

⑧ 将光标置于"leftbar"块中，单击插入面板中的"插入 Div 标签"按钮，在弹出的"插入 Div 标签"对话框中输入 ID 为"shipin"，清除块"shipin"的内容。

⑨ 将光标置于"shipin"块后，单击插入面板中的"插入 Div 标签"按钮，在弹出的"插入 Div 标签"对话框中输入 ID 为"gonggao"，清除块"gonggao"的内容。

⑩ 将光标置于"gonggao"块后，单击插入面板中的"插入 Div 标签"命令，在弹出的"插入 Div 标签"对话框中输入 ID 为"friendlink"，清除块"friendlink"的内容。

⑪ 插入所有块后的代码如图 8-13 所示。

（4）插入模板各个 DIV 块的内容。

① 插入 DIV 块"banner"的内容。将光标置于"banner"块中，选择"插入"→"媒体"→"swf"命令。在弹出的"选择文件"对话框中选择"img"文件夹中的"banner.swf"文件。选中插入的 swf 文件，在"属性"面板上设置它的宽度为"780"、高度为"145"、wmode 模式为"透明"，如图 8-14 所示。

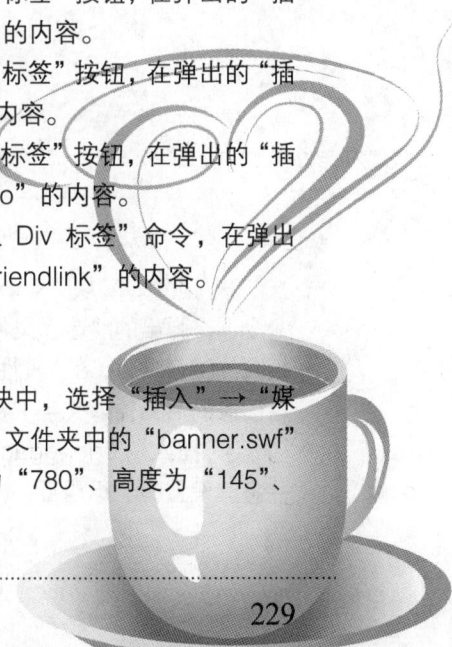

```
 8   <meta http-equiv="Content-Type" content="text/html; charset=gb2312">
     <!-- TemplateBeginEditable name="head" -->
 9   <!-- TemplateEndEditable -->
10   </HEAD>
11
12   <BODY>
13   <div id="container">
14      <div id="banner"></div>
15      <div id="link"></div>
16      <div id="main">
17         <div id="leftbar">
18            <div id="shipin"></div>
19            <div id="gonggao"></div>
20            <div id="friendlink"></div>
21         </div>
22         <div id="content"></div>
23      </div>
24      <div id="footer"></div>
25   </div>
26   </BODY>
27   </HTML>
```

图 8-13　插入所有块后的代码

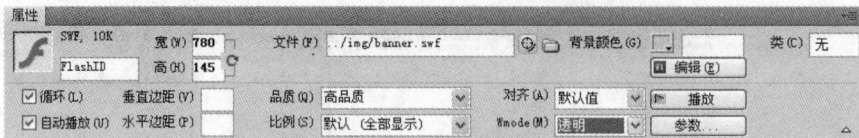

图 8-14　设置 swf 文件属性

② 插入 DIV 块 "link" 的内容。将光标置于 "link" 块中，输入文字内容 "首页个人简介我的家乡我的学校我的收藏心情日记我的相册"。将文字按 Enter 键分成 7 个段落，再选中这 7 个段落，在 "属性" 面板上单击 "项目列表" 按钮，将段落转换为列表。再依次选中列表中的每一项，将属性栏链接地址设为 "#" 即空链接，如图 8-15 所示。

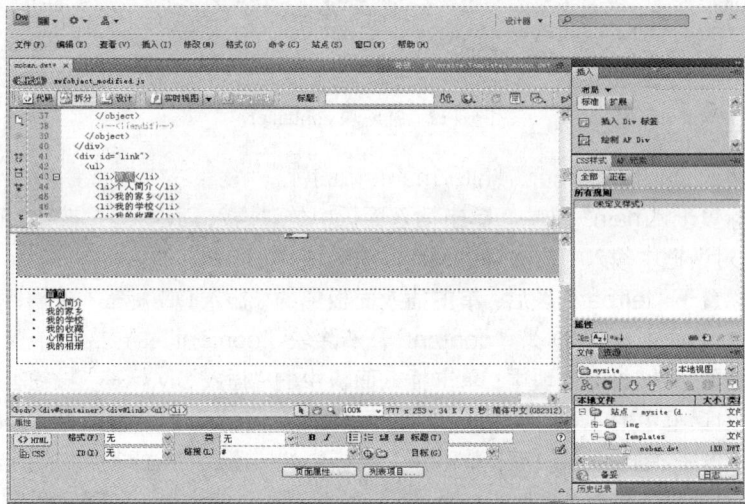

图 8-15　给文字 "首页" 建立空链接

③ 插入 DIV 块 "shipin" 的内容。将光标置于 "shipin" 块中，选择 "插入" → "图像" 命令，在弹出的 "选择文件" 对话框中，选择 "img" 文件夹内的 "shipin.png" 文件。选中插入的图像文件，在 "属性" 面板上设置它的宽度为 "120"，高度为 "120"，链接地址为 "#"。在图像的后面输入文字 "视频专辑"，并设置为 "标题五"。

④ 插入块 "gonggao" 的内容。将光标置于 "gonggao" 块中，输入文字 "公告信息"，并将其设置为 "标题五"。在该标题后输入 6 个段落文字，选中 6 个段落，在 "属性" 面板

上单击"项目列表"按钮，将段落转换为列表。依次选中列表中的每一项，在"属性"面板的链接地址栏中输入"#"，给列表项设置空链接。切换到代码视图，在列表标记<ul>前面添加代码 <marquee scrollamount="2" direction="up">，在标记 </ul> 后面添加代码 </marquee>，将整个列表设置为由下至上的滚动方式显示。

⑤ 插入 DIV 块 "friendlink" 的内容。将光标置于 "friendlink" 块中，输入文字 "友情链接"，并将其设置为 "标题五"。将光标置于该标题后，选择 "插入" 面板中的插入内容为 "表单"，单击 "表单" 按钮。在弹出的表单设置对话框中设置表单名称为 "friendlink"；将光标置于表单的红色虚线框内，单击 "插入" 面板中的 "跳转菜单" 按钮。在弹出的 "插入跳转菜单" 对话框中设置两个菜单项的内容，如图 8-16 所示。

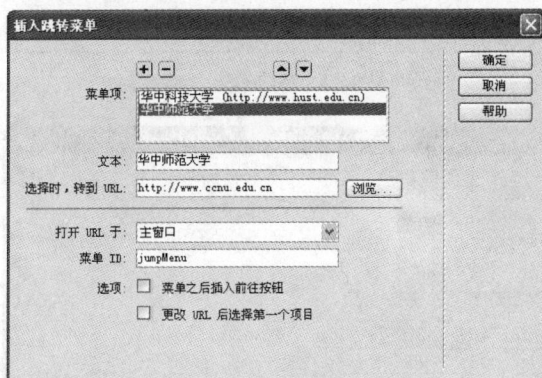

图 8-16 设置跳转菜单项目

⑥ 插入块 "content" 的内容。将光标置于 "content" 块中，选择 "插入" → "模板对象" → "可编辑区域" 命令，设置新建可编辑区域名称为 "content"。

⑦ 插入块 "footer" 的内容。将光标置于 "footer" 块中，输入文字内容。将光标置于文字 "版权所有" 后，将 "插入" 面板的插入内容更改为 "文本"，单击 "版权" 按钮，插入 "版权" 字符。选中电子邮箱地址 "****@126.com"，在 "属性" 面板的 "链接" 地址栏上输入 "emailto：****@126.com"，给文字创建电子邮件链接。

工作任务六 创建 CSS 样式表文件

（1）新建样式表文件。

① 选择 "文件" → "新建" 命令，在弹出的 "新建文档" 对话框中选择 "页面类型" 为 "CSS"，完成后单击 "创建" 按钮，如图 8-17 所示。

② 选择 "文件" → "保存" 命令，将文件保存在本地站点根目录下，命名为 "moban.css"。

（2）链接外部样式表文件 "moban.css"。

① 打开文件 "moban.dwt"。

② 选择 "窗口" → "CSS 样式" 命令，打开 "CSS" 样式面板（如果 "CSS 样式" 面板已经显示在窗口中，则不需要这个步骤）。

③ 链接样式表文件。在 "CSS 样式" 面板上的空白处单击右键，在菜单中选择 "附加样式表" 命令，选择文件 "moban.css"，如图 8-18 所示。

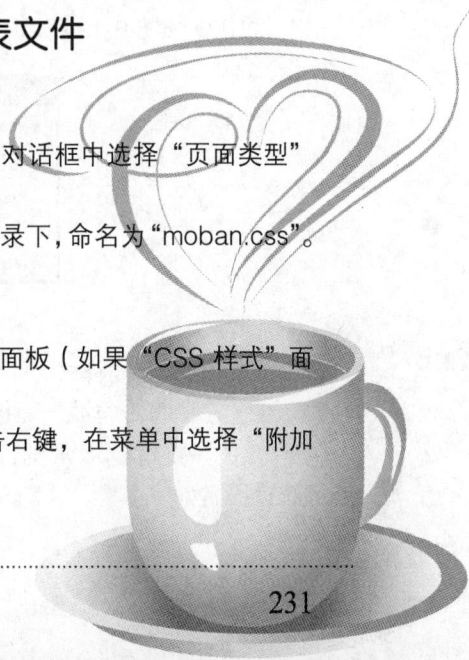

231

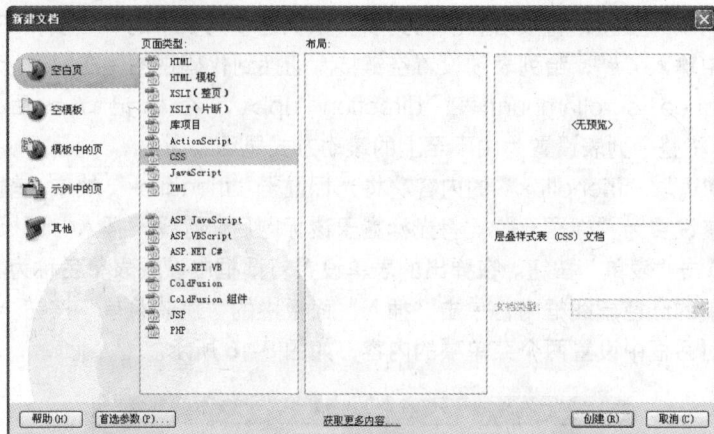

图 8-17　新建 CSS 文件

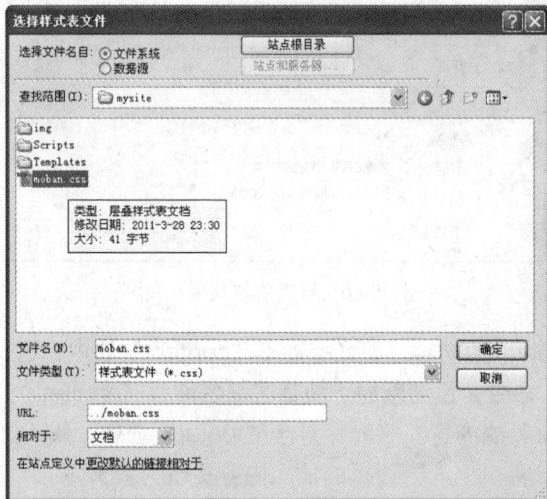

图 8-18　选择 CSS 样式文件

④ 在"链接外部样式表"对话框中选择"添加为"的方式为"链接",完成后单击"确定"按钮,如图 8-19 所示。

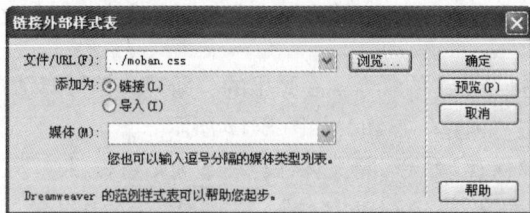

图 8-19　设置添加方式为"链接"

(3)定义全局样式。

① 在"CSS 样式"面板上的"moban.css"上单击右键,在菜单中选择"新建"命令。在弹出的"新建 CSS 规则"对话框中选择选择器类型为"复合内容(基于选择的内容)",在"选择器名称"中输入"*",完成后单击"确定"按钮,如图 8-20 所示。

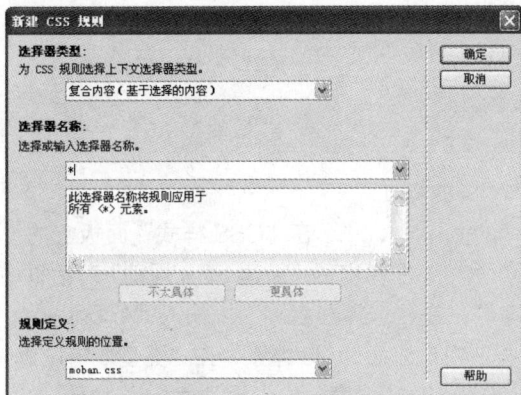

图 8-20 添加全局样式

② 在"*的 CSS 规则定义"对话框中的"方框"选项卡中设置填充 padding 和边距 margin 的值全都为 0，完成后单击"确定"按钮，如图 8-21 所示。

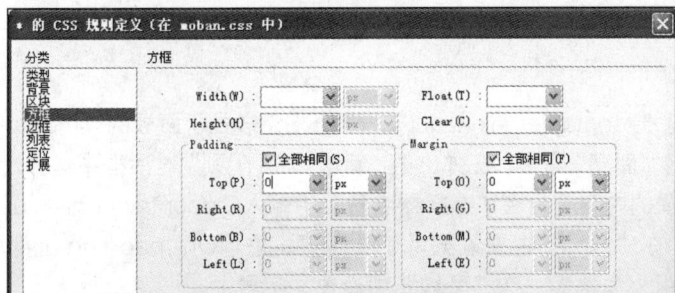

图 8-21 设置全局样式

（4）定义 DIV 块"container"的样式。在"CSS 样式"面板的"moban.css"上单击右键，在菜单中选择"新建"命令。在弹出的"新建 CSS 规则"对话框中选择选择器类型为"ID（仅应用于一个 HTML 元素）"，在"选择器名称"中输入"#container"，并在"方框"中设置宽为 780px、边距 margin 的值左右自动；在"背景"设置中设置背景颜色为 #D7E7FF。

生成的源代码如下所示。

```
#container {
    width: 780px;
    margin-right: auto;
    margin-left: auto;
    background-color: #D7E7FF;
}
```

（5）定义 DIV 块"banner"的样式。在"CSS 样式"面板上的"moban.css"上单击右键，在菜单中选择"新建"命令。在弹出的"新建 CSS 规则"对话框中选择选择器类型为"复合内容（基于选择的内容）"，在"选择器名称"中输入"#container #banner"，完成后单击"确定"按钮并在"方框"中设置 margin 的底部边距为 1 像素；在"背景"中设置背景图像及不重复。

生成的源代码如下所示。

```
#container #banner {
    background-image: url (img/banner.jpg);
    background-repeat: no-repeat;
    margin-bottom: 1px;
}
```

（6）定义 DIV 块 "link" 的样式。

① 添加样式 "#container #link ul"。在 "CSS 样式" 面板上的 "moban.css" 上单击右键，在菜单中选择 "新建" 命令。在弹出的 "新建 CSS 规则" 对话框中选择选择器类型为 "复合内容（基于选择的内容）"，在 "选择器名称" 中输入 "#container #link ul"，完成后单击 "确定" 按钮，并在 "方框" 中设置高为 25 像素，在 "类型" 中设置字号为 13 像素，在 "背景" 中设置背景颜色为#3979A8，"列表" 中设置列表标记为无。

生成的源代码如下所示。

```
#container #link ul {
    font-size: 13px;
    background-color: #3979A8;
    height: 25px;
    list-style-type: none;
}
```

② 添加样式 "#container #link ul li"。在 "CSS 样式" 面板的 "moban.css" 上单击右键，在菜单中选择 "新建" 命令。在弹出的 "新建 CSS 规则" 对话框中选择选择器类型为 "复合内容（基于选择的内容）"，在 "选择器名称" 中输入 "#container #link ul li"，完成后单击 "确定" 按钮，并在 "方框" 中设置宽为 111 像素、左浮动、padding 上部填充间距为 8 像素、下部填充间距为 3 像素；在 "区块" 中设置义字居中。

生成的源代码如下所示。

```
#container #link ul li {
    text-align: center;
    float: left;
    width: 111px;
    padding-top: 8px;
    padding-bottom: 3px;
}
```

③ 添加样式 "#container #link ul li a"。在 "CSS 样式" 面板的 "moban.css" 上单击右键，在菜单中选择 "新建" 命令。在弹出的 "新建 CSS 规则" 对话框中选择选择器类型为 "复合内容（基于选择的内容）"，在 "选择器名称" 中输入 "#container #link ul li a"，完成后单击 "确定" 按钮，并在 "类型" 中设置文字颜色白色、加粗、无装饰线；在 "区块" 中设置呈现方式为 block。

生成的源代码如下所示。

```
#container #link ul li a {
    font-weight: bold;
    color: #FFF;
    text-decoration: none;
    display: block;
}
```

④ 添加样式 "#container #link ul li a：hover"。在 "CSS 样式" 面板的 "moban.css" 上单击右键，在菜单中选择 "新建" 命令。在弹出的 "新建 CSS 规则" 对话框中选择选择器类型为 "复合内容（基于选择的内容）"，在 "选择器名称" 中输入 "#container #link ul li a：hover"，完成后单击 "确定" 按钮，并在 "类型" 中设置文字有下划线。

生成的源代码如下所示。

```
#container #link ul li a:hover {
    text-decoration: underline;
}
```

（7）定义 DIV 块 "leftbar" 的样式。

① 添加样式 "#container #main #leftbar"。在 "CSS 样式" 面板上的 "moban.css" 上单击右键，在菜单中选择 "新建" 命令。在弹出的 "新建 CSS 规则" 对话框中选择选择器类型为 "复合内容（基于选择的内容）"，在 "选择器名称" 中输入 "#container #main #leftbar"，完成后单击 "确定" 按钮，并在 "方框" 中宽为 140px、左浮动、padding 右部填充间距为 15px、左部填充间距为 25px；在 "背景" 中设置颜色为#D7E7FF。

生成的源代码如下所示。

```
#container #main #leftbar {
    background-color: #D7E7FF;
    float: left;
    width: 140px;
    padding-right: 15px;
    padding-left: 25px;
}
```

② 添加样式 "#container #main #leftbar h5"。在 "CSS 样式" 面板的 "moban.css" 上单击右键，在菜单中选择 "新建" 命令。在弹出的 "新建 CSS 规则" 对话框中选择选择器类型为 "复合内容（基于选择的内容）"，在 "选择器名称" 中输入 "#container #main #leftbar h5"，完成后单击 "确定" 按钮，并在 "类型" 中设置字号为 13px、加粗，颜色为#3979A8。

生成的源代码如下所示。

```
#container #main #leftbar h5 {
    font-size: 13px;
    font-weight: bold;
    color: #3979A8;
}
```

③ 添加样式 "#container #main #leftbar #shipin"。在 "CSS 样式" 面板的 "moban.css" 上单击右键，在菜单中选择 "新建" 命令。在弹出的 "新建 CSS 规则" 对话框中选择选择器类型为 "复合内容（基于选择的内容）"，在 "选择器名称" 中输入 "#container #main #leftbar #shipin"，完成后单击 "确定" 按钮，并在在 "区块" 中设置居中；在 "方框" 中设置 margin 的上边距为 20px、下边距为 30px。

生成的源代码如下所示。

```
#container #main #leftbar #shipin {
    text-align: center;
    margin-top: 20px;
```

```
        margin-bottom: 30px;
    }
```

④ 添加样式"#container #main #leftbar #shipin img"。在"CSS 样式"面板上的"moban.css"上单击右键，在菜单中选择"新建"命令。在弹出的"新建 CSS 规则"对话框中选择选择器类型为"复合内容（基于选择的内容）"，在"选择器名称"中输入"#container #main #leftbar #shipin img"，完成后单击"确定"按钮，并在"边框"中设置线型为实线、宽度为 1px、颜色为#3979A8。

生成的源代码如下所示。

```
#container #main #leftbar #shipin img {
    border: 1px solid #3979A8;
}
```

⑤ 添加样式"#container #main #leftbar #gonggao marquee"。在"CSS 样式"面板上的"moban.css"上单击右键，在菜单中选择"新建"命令。在弹出的"新建 CSS 规则"对话框中选择选择器类型为"复合内容（基于选择的内容）"，在"选择器名称"中输入"#container #main #leftbar #gonggao marquee"，完成后单击"确定"按钮，并在"方框"中设置高度为 100px。

生成的源代码如下所示。

```
#container #main #leftbar #gonggao marquee {
    height: 100px;
}
```

⑥ 添加样式"#container #main #leftbar #gonggao marquee ul li"。在"CSS 样式"面板上的"moban.css"上单击右键，在菜单中选择"新建"命令。在弹出的"新建 CSS 规则"对话框中选择选择器类型为"复合内容（基于选择的内容）"，在"选择器名称"中输入"#container #main #leftbar #gonggao marquee ul li"，完成后单击"确定"按钮，并在"列表"中设置无标号；在"背景"中设置图像及不重复、居左 3px；在"类型"中设置字号为 12px、行高为 18px；在"方框"中设置 padding 的左填充间距为 15px。

生成的源代码如下所示。

```
#container #main #leftbar #gonggao marquee ul li {
    font-size: 12px;
    line-height: 18px;
    background-image: url (img/quick_dot.jpg) ;
    background-repeat: no-repeat;
    background-position: left 3px;
    padding-left: 15px;
    list-style-type: none;
}
```

⑦ 添加样式"#container #main #leftbar #gonggao marquee ul li a"。在"CSS 样式"面板上的"moban.css"上单击右键，在菜单中选择"新建"命令。在弹出的"新建 CSS 规则"对话框中选择选择器类型为"复合内容（基于选择的内容）"，在"选择器名称"中输入"#container #main #leftbar #gonggao marquee ul li a"，完成后单击"确定"按钮，并在"类型"中设置无下划线。

生成的源代码如下所示。

```
#container #main #leftbar #gonggao marquee ul li a {
    color: #000;
    text-decoration: none;
}
```

⑧ 添加样式 "#container #main #leftbar #gonggao marquee ul li a:hover"。在 "CSS 样式" 面板的 "moban.css" 上单击右键，在菜单中选择 "新建" 命令。在弹出的 "新建 CSS 规则" 对话框中选择选择器类型为 "复合内容（基于选择的内容）"，在 "选择器名称" 中输入 "#container #main #leftbar #gonggao marquee ul li a:hover"，完成后单击 "确定" 按钮，并在 "类型" 中设置有下划线。

生成的源代码如下所示。

```
#container #main #leftbar #gonggao marquee ul li a:hover {
    text-decoration: underline;
}
```

⑨ 添加样式 "#container #main #leftbar #friendlink"。在 "CSS 样式" 面板上的 "moban.css" 上单击右键，在菜单中选择 "新建" 命令。在弹出的 "新建 CSS 规则" 对话框中选择选择器类型为 "复合内容（基于选择的内容）"，在 "选择器名称" 中输入 "#container #main #leftbar #friendlink"，完成后单击 "确定" 按钮，并在 "方框" 中设置上间距 30px、下间距 20px。

生成的源代码如下所示。

```
#container #main #leftbar #friendlink {
    margin-top: 30px;
    margin-bottom: 20px;
}
```

（8）定义 DIV 块 "content" 的样式。

① 添加样式 "#container #main #content"。在 "CSS 样式" 面板的 "moban.css" 上单击右键，在菜单中选择 "新建" 命令。在弹出的 "新建 CSS 规则" 对话框中选择选择器类型为 "复合内容（基于选择的内容）"，在 "选择器名称" 中输入 "#container #main #content"，完成后单击 "确定" 按钮，并在 "方框" 中设置宽为 530px，左浮动，填充间距上、右、下为 30px，左为 40px；在 "背景" 中设置颜色为#E9FBFF、背景图及不重复、居右下方。

生成的源代码如下所示。

```
#container #main #content {
    background-color: #E9FBFF;
    background-image: url (img/self.jpg);
    background-repeat: no-repeat;
    background-position: right bottom;
    float: left;
    width: 530px;
    padding-top: 30px;
    padding-right: 30px;
    padding-bottom: 30px;
    padding-left: 40px;}
```

　　② 添加样式 "#container #main #content h3"。在 "CSS 样式" 面板的 "moban.css" 上单击右键,在菜单中选择 "新建" 命令。在弹出的 "新建 CSS 规则" 对话框中选择选择器类型为 "复合内容 (基于选择的内容)",在 "选择器名称" 中输入 "#container #main #content h3",完成后单击 "确定" 按钮,并在 "类型" 中设置字体大小为 18px、颜色为 "#3979A8"、无下划线;在 "方框" 中设置 margin 下边距为 10px。

　　生成的源代码如下所示。

```
#container #main #content h3 {
    font-size: 18px;
    color: #3979A8;
    text-decoration: underline;
    margin-bottom: 10px;
}
```

　　③ 添加样式 "#container #main #content p"。在 "CSS 样式" 面板的 "moban.css" 上单击右键,在菜单中选择 "新建" 命令。在弹出的 "新建 CSS 规则" 对话框中选择选择器类型为 "复合内容 (基于选择的内容)",在 "选择器名称" 中输入 "#container #main #content p",完成后单击 "确定" 按钮,并在 "类型" 中设置字体大小为 12px、行高为 18px。

　　生成的源代码如下所示。

```
#container #main #content p {
    font-size: 12px;
    line-height: 18px;
}
```

　　(9) 定义 DIV 块 "footer" 的样式。

　　① 添加样式 "#container #footer"。在 "CSS 样式" 面板的 "moban.css" 上单击右键,在菜单中选择 "新建" 命令。在弹出的 "新建 CSS 规则" 对话框中选择选择器类型为 "复合内容 (基于选择的内容)",在 "选择器名称" 中输入 "#container #footer",完成后单击 "确定" 按钮,并在 "方框" 中设置清除 "both",填充为上、下 5px;在 "类型" 中设置字体大小 12px;在 "区块" 中设置文本居中;在 "背景" 中设置背景颜色为 "B0CFF"。

　　生成的源代码如下所示。

```
#container #footer {
    font-size: 12px;
    background-color: #B0CFFF;
    text-align: center;
    clear: both;
    padding-top: 5px;
    padding-bottom: 5px;
}
```

　　② 添加样式 "#container #footer a"。在 "CSS 样式" 面板的 "moban.css" 上单击右键,在菜单中选择 "新建" 命令。在弹出的 "新建 CSS 规则" 对话框中选择选择器类型为 "复合内容 (基于选择的内容)",在 "选择器名称" 中输入 "#container #footer a",完成后单击 "确定" 按钮,并在 "类型" 中设置文本装饰为无,颜色为 "#000"。

　　生成的源代码如下所示。

```
#container #footer a {
```

```
    color: #000;
    text-decoration: none;
}
```

工作任务七　通过模板制作静态网页

（1）通过模板制作首页 index.html。

① 从模板新建文件。选择"文件"→"新建"命令，在打开的对话框中选择"模板中的页"→"mysite"→"moban"，完成后单击"创建"按钮。

② 设置标题。在标题栏输入"首页"。

③ 添加首页文字内容。将文字复制粘贴到 DIV 块"content"中。

④ 设置首页文字属性。依次选中标题文字，在"属性"面板上将其设置为"标题三"，如图 8-22 所示。

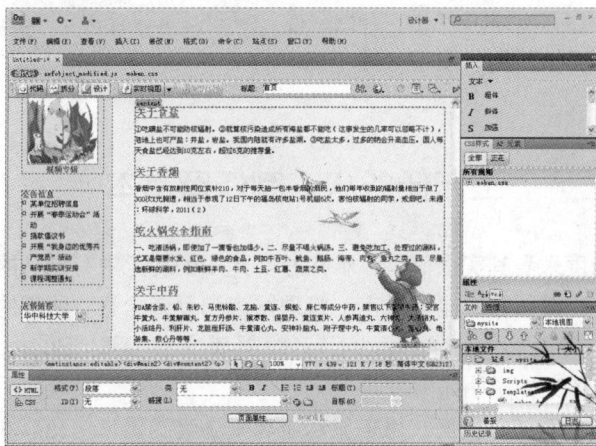

图 8-22　设置"标题三"

⑤ 选择"文件"→"保存"命令，将文件保存在本地站点根目录下，命名为"index.html"。

（2）通过模板制作"个人简介"页面 jianjie.html。

① 从模板新建文件。选择"文件"→"新建"命令，在打开的对话框中选择"模板中的页"→"mysite"→"moban"，完成后单击"创建"按钮。

② 设置标题。在标题栏输入"个人简介"。

③ 添加页面内容。将文字素材复制粘贴到 DIV 块"content"中。

④ 设置标题文字属性。选中文字"个人简介"，在"属性"面板上将其设置为"标题三"。

⑤ 选择"文件"→"保存"命令，将文件保存在本地站点根目录下，命名为"jianjie.html"。

（3）通过模板制作"我的学校"页面 xuexiao.html。

① 从模板新建文件。选择"文件"→"新建"命令，在打开的对话框中选择"模板中的页"→"mysite"→"moban"，完成后单击"创建"按钮。

② 设置标题。在标题栏输入"我的学校"。

③ 添加页面内容。将文字素材复制粘贴到 DIV 块"content"中。

④ 设置标题文字属性。选中文字"学校简介"，在"属性"面板上将其设置为"标题三"。

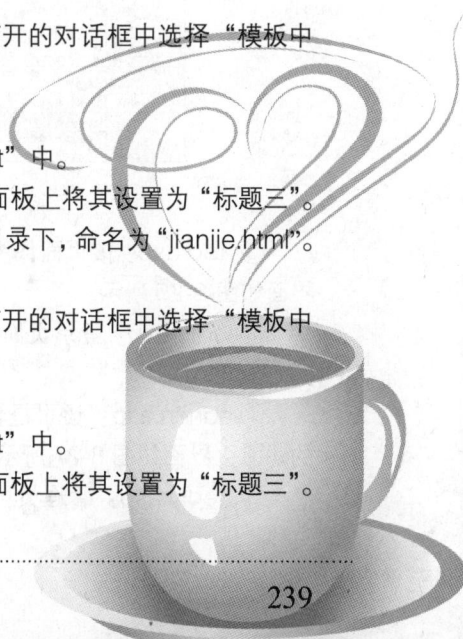

⑤ 选择"文件"→"保存"命令，将文件保存在本地站点根目录下，命名为"xuexiao.html"。

（4）添加站点内页面的超级链接。

① 打开模板文件"moban.dwt"。

② 选择链接导航栏的文字"首页"，在"属性"面板链接地址栏输入"../index.html"，或者通过单击右方的"浏览文件"按钮选择页面。

③ 选择链接导航栏的文字"个人简介"，在"属性"面板链接地址栏输入"../jianjie.html"，或者通过单击右方的"浏览文件"按钮选择页面。

④ 选择链接导航栏的文字"我的学校"，在"属性"面板链接地址栏输入"../xuexiao.html"，也可以通过单击右方的"浏览文件"按钮选择页面。

⑤ 选择链接导航栏的文字"给我留言"，在"属性"面板链接地址栏输入待做页面名称"../guest/note.asp"。

⑥ 选择"修改"→"模板"→"更新页面"命令，在弹出的更新页面对话框中单击"开始"按钮，更新完毕后单击"关闭"按钮，如图 8-23 所示。

⑦ 保存模板文件。

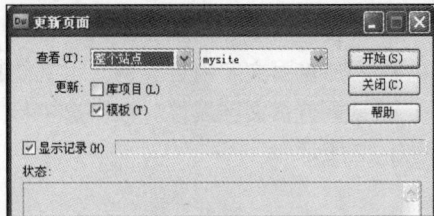

图 8-23　更新页面

工作任务八　制作留言本

留言本从程序角度来看其实很简单，难在朴实无华的功能中有创意的表现。该留言本的功能包括填写留言、存储留言、显示留言、管理留言和登录验证。所需的文件将放入站点的文件夹 guest 中（路径为 mysite\guest），数据库文件 MMSBoard.mdb 存放路径为 mysite\guest\data，各文件说明如下。

① note.asp：留言系统首页面，用来显示所有来访者的留言信息。本页面按时间的降序排序显示留言，以保证最新的留言在留言本的最上面，如图 8-24 所示。

图 8-24　note.asp 页面效果图

② add.asp：该页面作为客户填写留言的界面，允许用户输入留言、保存留言到数据库，界面如图 8-25 所示。

③ login.asp：登录页面，进入管理系统前要经过该页面的验证，提供登录服务，界面如图 8-26 所示。

④ admin.asp：该页是管理员管理留言系统的首页面，提供管理员回复链接和删除留言的功能，界面如图 8-27 所示。

⑤ reply.asp：管理员可以在该页中回复客户的留言，可以通过 admin.asp 页面上的一

个链接打开这个页面，界面如图 8-28 所示。

图 8-25 add.asp 页面效果图

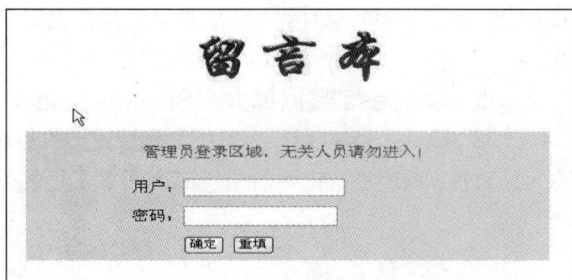

图 8-26 login.asp 页面效果图

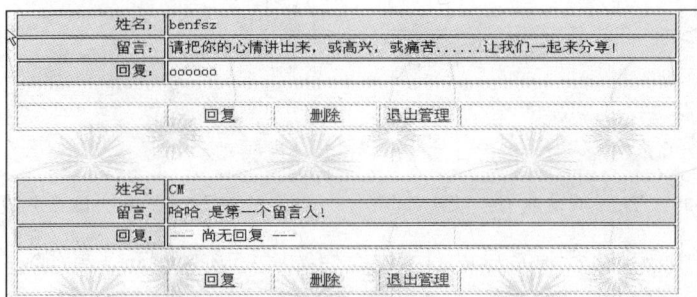

图 8-27 admin.asp 页面效果图

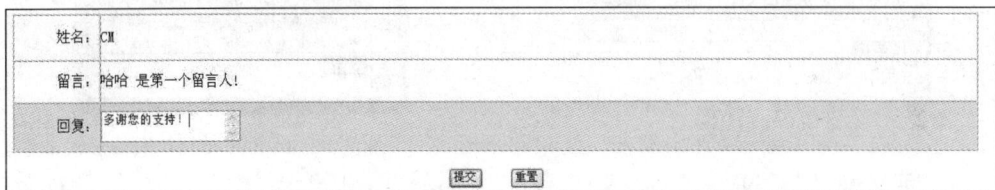

图 8-28 reply.asp 页面效果图

⑥ del.asp：该页被用来管理和删除留言，界面如图 8-29 所示。

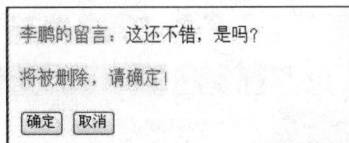

图 8-29 del.asp 页面效果图

留言本实现过程如下。

1. 配置 IIS，并在 Dreamweaver 中定义站点

（1）如前所述，在 IIS 中配置动态网页运行的环境。如可建立虚拟目录"我的网站"，定位于本地计算机上的"mysite"文件夹。

（2）在 Dreamweaver 中编辑站点。

① 启动 Dreamweaver，单击菜单"站点"→"编辑站点"，打开"管理站点"对话框。

② 在对话框选择之前建立的"mysite"站点，再单击"编辑"按钮，进入"站点定义"对话框，重新定义使用 ASP VBScript 服务器技术，设置本地测试的 URL（如 http://localhost/mysite/），将站点重设为动态站点。

图 8-30　表 tGuestBook 的设计视图

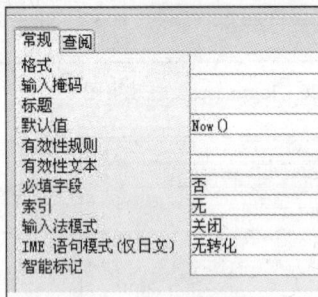

2. 设计 Access 数据库 MMSBoard.mdb

（1）表 tGuestBook 用于存储留言和管理员的回复信息，该表各字段属性及说明如图 8-30、图 8-31、图 8-32 所示。

图 8-31　fTime 的设置

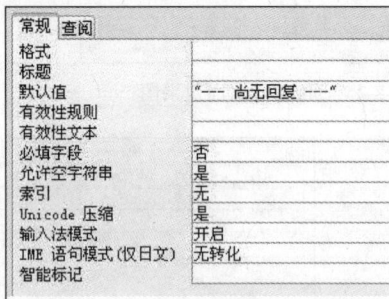

图 8-32　fReplyContent 的设置

（2）表 tAdmin 用于存储管理员的用户名和密码，该表各字段属性及取值如图 8-33、图 8-34 所示。

图 8-33　tAdmin 的设计视图

图 8-34　tAdmin 的属性取值

3. 定义系统 DSN

（1）在"控制面板"中打开"管理工具"窗口，双击"数据源（ODBC）"图标，打开"ODBC 数据源管理器"，单击"系统 DSN"标签，出现"系统 DSN"对话框，单击"添加"按钮，出现定义新数据源对话框。

（2）选择数据源类型，单击"完成"按钮，如图 8-35 的所示。

图 8-35　"创建新数据源"对话框

（3）出现"ODBC Microsoft Access 安装"对话框，在"数据源名"文本域中输入 Myboard，单击"选择"按钮选择留言板站点中的数据库，如图 8-36、图 8-37 所示。

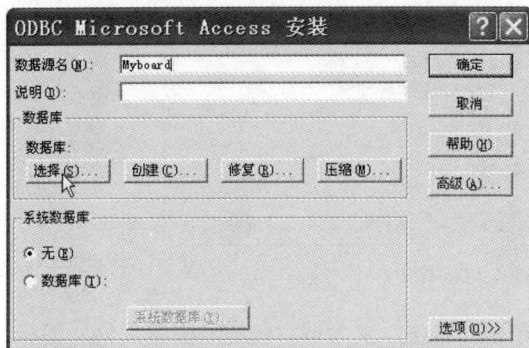

图 8-36　"ODBC Microsoft Access 安装"对话框

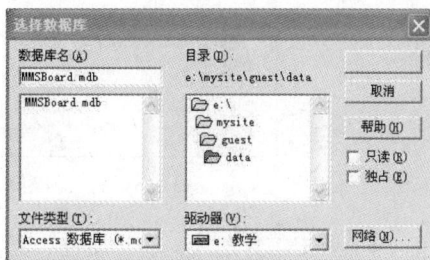

图 8-37　"选择数据库"对话框

（4）单击"确定"按钮，回到"数据源名称（DSN）"对话框，在"连接名称"中输入 connGuestbook；在"数据源名称（DSN）"下拉列表框中选择定义的系统 DSN（Myboard）。

4. 留言本首页 note.asp 的制作

（1）选择"文件"→"新建"，新建一个网页，并命名为"note.asp"，插入"留言本"图像、建立一个 3 行 6 列和一个 1 行 7 列的表格，输入文字、插入小图标，如图 8-38 所示。

图 8-38　插入表格

（2）单击"应用程序"面板中的"绑定"选项卡，单击 ⊞ 按钮，从中选择"记录集（查询）"，打开"记录集"对话框，设置"名称"为 rsGuestbook、"连接"connGuestbook、"表格"tGuestBook、"列"全选，单击"确定"按钮，生成记录集 rsGuestbook，如图 8-39 所示。

图 8-39　"记录集"对话框

（3）绑定"姓名"、"留言"、"回复"和"留言时间"等动态字段到相应位置，如图8-40所示。

图8-40　插入动态字段

（4）单击信封图片，在"属性"面板中单击"链接"文本域右侧的"浏览文件"图标，在弹出的"选择文件"对话框中，单选"数据源"项，在"域"中展开已经建立的数据集中选择"fE-mail"，这时在下面的URL文本域中会显示该动态数据的代码，用户需要在这段代码的最前端加入"mailto："使之成为"mailto：<%=（rsGuestBook.Fields.Item（"fE-mail"）.Value）%"（这样做是为了浏览者单击后可以立即发送邮件），如图8-41所示。

（5）单击"确定"按钮后，仍然选择信封图片，在"绑定"面板中单击数据源fName，在"绑定到"下拉列表框中选择 image.alt 项，单击"绑定"按钮将留言者姓名的动态数据绑定到图片的"替代"属性中，如图8-42所示。

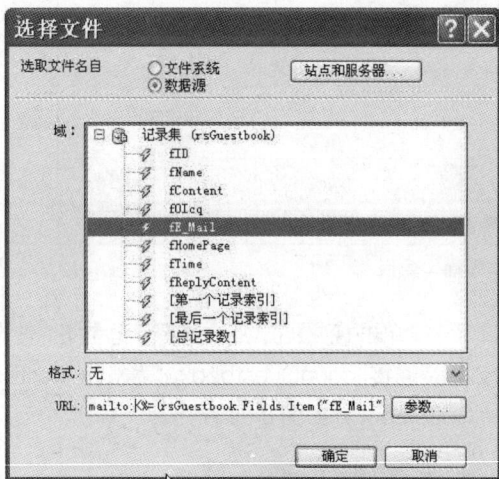

图8-41　"选择文件"对话框

图8-42　绑定字段

（6）在"属性"面板的"替代"文本域中添加"发送邮件给"，使之成为"发送邮件给<%：rsGuestBook.Fields.Item（"fName"）.Value）%>"，如图8-43所示。

（7）对于主页图片链接的处理和信封图片基本相同，在"替代"文本域中绑定"fName"动态数据后加入"前往某某人的主页"文字，这里的文字需要分别添加在"fName"动态数据的两边。

（8）选中OICQ图片，在"属性"面板的"替代"文本域中填写如下内容。

```
<%=（ rsGuestbook.Fields.Item （ "fName" ） .Value ） %> 的 QQ 号是 <%=
(rsGuestbook.Fields.Item（"fOIcq"）.Value)%>
```

（9）选中添加了动态内容的单元格，在"服务器行为"面板中单击 ⊞ 按钮，选择"重复区域"菜单项，在"重复区域"对话框的"记录集"下拉列表框中选择 rsGuestBook 项，单选"显示"的第 1 项，在"记录"文本域中填写 10，如图 8-44 所示。

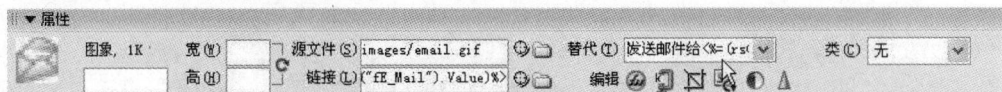

图 8-43 "属性"面板

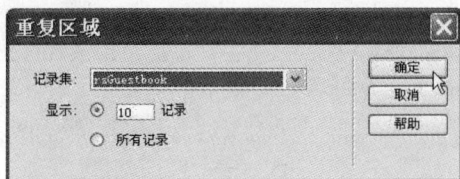

图 8-44 "重复区域"对话框

（10）单击"确定"按钮后可以看到在选定的表格上方出现灰色的"重复"标签，表示重复区域设置完成。

（11）在留言数量超过 10 条时，可利用"记录集导航条"对象在页面内添加翻页按钮。单击"插入"面板"数据"类别里的"记录集导航条"对象的图标，如图 8-45 所示。

（12）在弹出的对话框中将"记录集"设置为 rsGuestBook，"显示方式"设为"图像"，如图 8-46 所示。

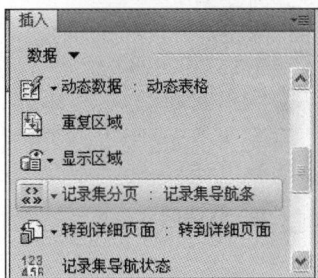

图 8-45 选择"记录集导航条"

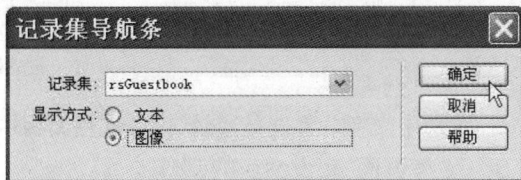

图 8-46 "记录集导航条"对话框

（13）为了清楚地表示当前页记录的位置，利用"记录集导航状态"对象在页面上建立导航信息。单击"插入"面板中"数据"类别下的"记录集导航状态"图标，如图 8-47 所示。

（14）在弹出"记录集导航状态"对话框中，将"记录集"设置为"rsGuestBook"。单击"确定"按钮，如图 8-48 所示。

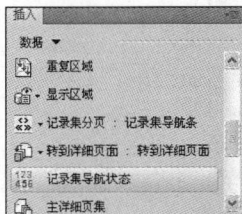

图 8-47 选择"记录集导航状态"

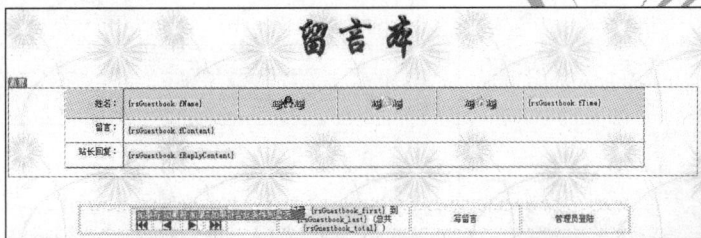

图 8-48 页面效果

如果网友在留言时没有填写 OICQ、E-mail 或者主页地址栏，那么相应的图片就不应该显示出来。解决方案如下。

选中 OICQ 图标，然后在代码编辑窗口中添加如下代码。

```
<%if ( (rsGuestbook.Fields.Item ("fOIcq") .Value) <>"") then%>
<img src="images/oicq.gif" alt="<%= (rsGuestbook.Fields.Item ("fName") .Value)
%>的QQ号是<%= (rsGuestbook.Fields.Item ("fOIcq") .Value) %>" border="0">
    <%end if%>
```

同样的办法，处理 E-mail 图标主页图标，代码如下。

```
<%if ( (rsGuestbook.Fields.Item ("fE_Mail") .Value) <>"") then%>
<a href="mailto:<%= (rsGuestbook.Fields.Item ("fE_Mail") .Value) %>">
 <img src="images/email.gif" alt="发送邮件给
<%= (rsGuestbook.Fields.Item ("fName") .Value) %>" border="0"> </a>
<%end if%>
```

处理主页图标，代码如下。

```
<%if ( (rsGuestbook.Fields.Item ("fHomePage") .Value) <>"") then%>
<a href="<%= (rsGuestbook.Fields.Item ("fHomePage") .Value) %>">
<img src="images/home.gif" alt="前往<%= (rsGuestbook.Fields.Item ("fName") .Value)
%>的主页" border="0"></a>
<%end if%>
```

（15）选中文字"写留言"，在属性面板中设置链接到文件"add.asp"，如图 8-49 所示。

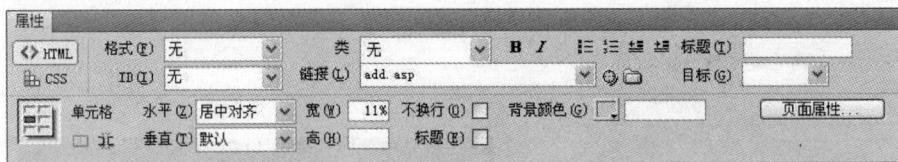

图 8-49　设置链接

（16）选中文字"管理员登录"，在属性面板中设置链接到文件"login.asp"。

5．留言页面 add.asp 的制作

（1）制作用于添加留言的表单，如图 8-50 所示。

图 8-50　制作表单

（2）选中页面中的表单，选择"窗口"→"行为"命令，打开"行为"面板，在弹出的菜单中选择"检查表单"项。

（3）系统弹出"检查表单"对话框，"命名的栏位"列表内显示了表单内所有文本框的名字。设置姓名为必填项，留言内容为必填项，QQ号码必须是数值，E-mail地址的格式必须合法，如图8-51所示。

（4）单击"确定"按钮返回页面。

（5）在"绑定"面板中单击 + 按钮，选择"记录集（查询）"选项，弹出"记录集"对话框，在对话框中的"连接"下拉列表中选择"connGuestbook"，"表格"下拉列表中选择"tGuestBook"，"列"勾选"全部"单选按钮。

（6）打开"服务器行为"面板，单击 + 按钮，在弹出的菜单中选择"插入记录"项，在对话框中的"连接"下拉列表中选择"connGuestbook"，"插入到表格"下拉列表中选择"tGuestBook"，"插入后，转到"文本框中输入"note.asp"，单击"确定"按钮，即完成了插入记录功能的添加，如图8-52所示。

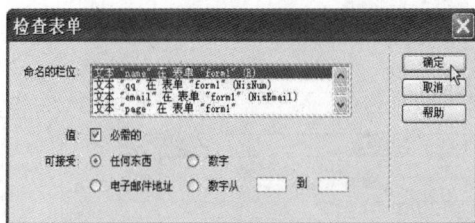

图8-51 "检查表单"对话框

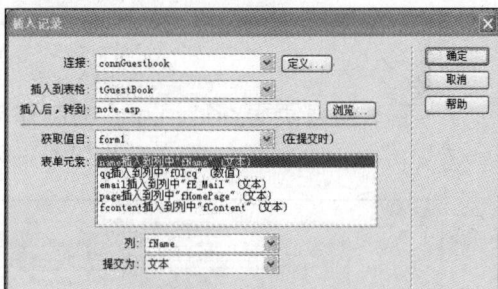

图8-52 "插入记录"对话框

6. 管理员登录页面 login.asp 的制作

（1）制作表单，用户名和密码的文本域ID分别设置为Aadmin和Apassword，如图8-53所示。

图8-53 制作表单

（2）在"绑定"面板中单击 + 按钮，选择"记录集（查询）"选项，弹出"记录集"对话框，在对话框中的"连接"下拉列表中选择"connGuestbook"，"表格"下拉列表中选择"tAdmin"，"列"勾选"全部"单选按钮。

（3）在"服务器行为"面板中单击 + 按钮，在弹出的菜单中选择"用户身份验证"→"登录用户"。在弹出的"登录用户"对话框的"使用连接验证"下拉列表中选择"connGuestbook"，"表格"下拉列表中选择"tAdmin"，"用户名列"下拉列表中选择"fAdmin"，"密码列"下拉列表中选择"fPassword","如果登录成功，转到"文本框中输入"admin.asp","如果登录失败，转到"文本框中输入"login.asp"，单击"确定"按钮，创建"登录用户"服务器行为，如图 8-54 所示。

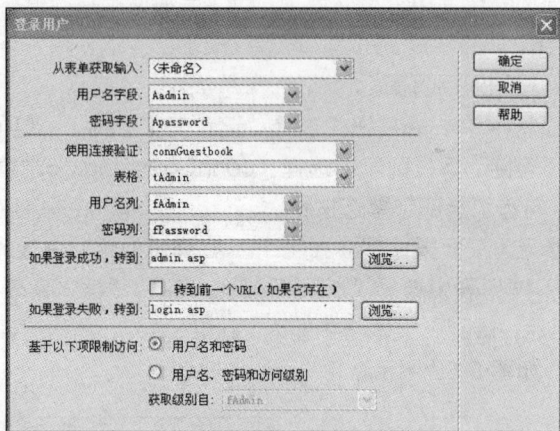

图 8-54 "登录用户"对话框

7. 管理留言页面 admin.asp 的制作

管理留言页面 admin.asp 的效果如图 8-55 所示。

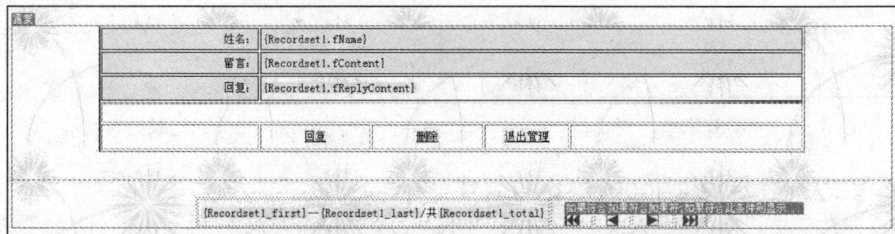

图 8-55 页面效果

（1）插入一个 6 行 2 列的表格，并将最后一行的单元格拆分，输入文字。

（2）打开"绑定"面板，在面板中单击 + 按钮，在弹出的菜单中选择"记录集（查询）"选项，弹出"记录集"对话框，在对话框中的"连接"下拉列表中选择"connGuestbook"，"表格"下拉列表中选择"tGuestBook"，"列"勾选"全部"单选按钮。

（3）插入动态字段。

（4）选中整个表格，打开"服务器行为"面板单击 + 按钮，在弹出的菜单中选择"重复区域"选项。

（5）选择插入栏的"数据"，插入记录集导航状态和记录集导航条。

（6）为文字"回复"添加"转到详细页面"服务器行为，如图 8-56 所示。

（7）为文字"删除"添加"转到详细页面"服务器行为，如图 8-57 所示。

（8）保存文档，预览效果即可。

8. 删除留言页面 del.asp 的制作

（1）制作表单，插入一个提交按钮和一个重置按钮。

（2）单击"绑定"面板中的 + 按钮，在弹出的菜单中选择"记录集（查询）"选项，弹出"记录集"对话框，在对话框的"连接"下拉列表中选择"connGuestbook"，"表格"下拉列表中选择"tGuestBook"，"列"勾选"全部"单选按钮，"筛选"下拉列表中分别选择"fID"、"="、"URL 参数"和"fID"，单击"确定"按钮，创建记录集，如图 8-58 所示。

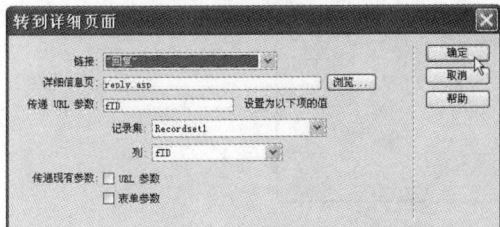

图 8-56 "转到详细页面"对话框　　　　图 8-57 "转到详细页面"对话框

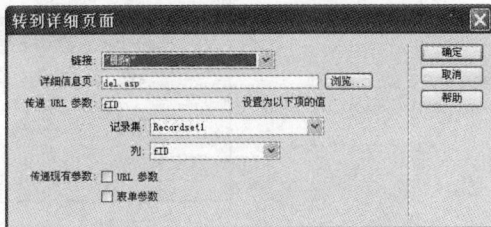

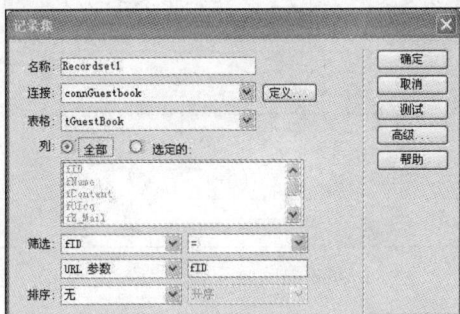

图 8-58 "记录集"对话框

（3）打开"服务器行为"面板，在面板中单击 ➕ 按钮，选择"删除记录"选项，在弹出"删除记录"对话框的"连接"下拉列表中选择"connGuestbook"，"从表格中删除"下拉列表中选择"tGuestBook"，"删除后，转到"文本框中输入"admin.asp"。单击"确定"按钮，创建"删除记录"服务器行为。

9. 回复留言页面 reply.asp 的制作

reply.asp 需要修改数据表中相应记录的 fReplyContent 字段值，所以需要向该页面添加一个"更新记录"服务器行为。

（1）制作表单，插入一个多行文本域、一个提交按钮、一个重置按钮，如图 8-59 所示。

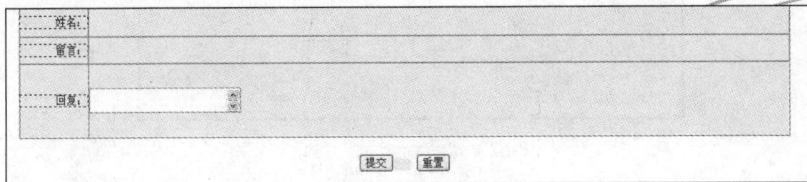

图 8-59 制作表单

（2）创建记录集：单击"绑定"面板中的 ➕ 按钮，在弹出的菜单中选择"记录集（查询）"选项，弹出"记录集"对话框，在对话框的"连接"下拉列表中选择"connGuestbook"，"表格"下拉列表中选择"tGuestBook"，"列"勾选"选定的"单选按钮，按住 Ctrl 键选中 fID、fName、fContent 这 3 个字段，"筛选"下拉列表中分别选择"fID"、"="、"URL 参数"和"fID"，单击"确定"按钮，创建记录集。设置如图 8-60 所示。

图 8-60 "记录集"对话框

（3）把定义的动态字段绑定到对应的字段和表单文本域中，如图 8-61 所示。

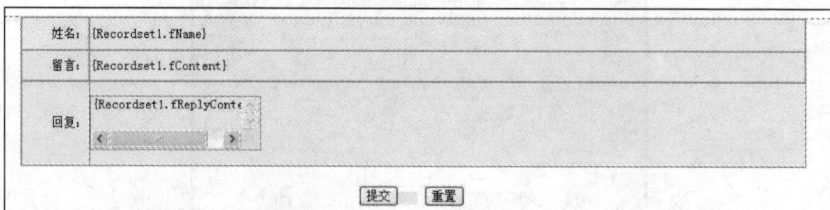

图 8-61 插入动态字段

（4）单击"服务器行为"面板中的 ⊞ 按钮，从弹出的菜单中选择"更新记录"服务器行为。在弹出"更新记录"对话框的"连接"下拉列表中选择"connGuestbook"，"要更新的表格"下拉列表中选择"tGuestBook"，"选取记录自"下拉列表中选择"Recordset 1"，"唯一键列"下拉列表中选择"fID"，"在更新后，转到"文本框中输入"admin.asp"，如图 8-62 所示。

图 8-62 "更新记录"对话框

10．其他制作技巧

（1）admin.asp、del.asp、reply.asp 文件都需要防止非授权用户的访问，所以都要添加服务器行为"限制对页的访问"来判断是否允许某用户登录。

在"服务器行为"面板中单击 ⊞ 按钮，在弹出的菜单中选择"用户身份验证"→"限制对页的访问"项，设置"如果访问被拒绝，则转到"文本框中输入"login.asp"，如图 8-63 所示。

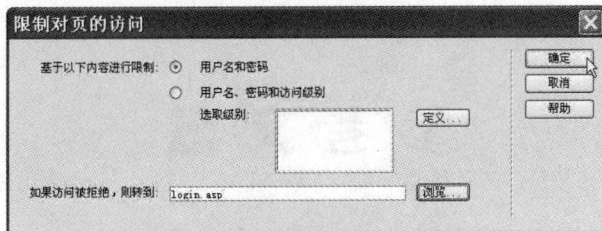

图 8-63 "限制对页的访问"对话框

（2）正确退出管理页面 admin.asp 的方法。

① 打开文件 admin.asp，选中文字"退出管理"。

② 在"服务器行为"面板中单击 ⊞ 按钮，在弹出的菜单中选择"用户身份验证"→"注销用户"项，"在完成后，转到"文本框中输入"note.asp"，如图 8-64 所示。

图 8-64 "注销用户"对话框

③ 单击"确定"按钮，完成退出登录页面制作。

工作任务九　网站测试

当站点中的网页达到一定数量后，各网页之间的链接数量比较多时，可能会因为各种原因产生错误或无效链接。因此，在完成站点的设计工作后，要对网站的超链接进行检查，并修正错误。

（1）单击菜单"站点"→"检查站点范围的链接"命令，执行站点超链接检查工作，如图 8-65 所示。

检查工作完成后，弹出"链接检查器"面板，将列出错误或无效的超链接，选中错误的链接并编辑，直至无误。

（2）打开站点"Connections"文件夹中的数据库连接文件，修改代码如下：

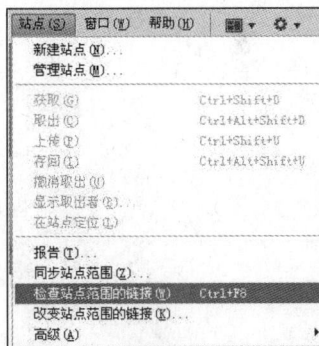

图 8-65 检查站点范围的链接

```
"Provider=Microsoft.Jet.OLEDB.4.0;Data
Source="&Server.MapPath (" data/MMSBoard.mdb")
```

使用 Server.MapPath 将自动获得服务器上的物理路径，为上传网站作准备。

小　　结

本实训以建设一个小型动态网站为任务导向，将完成职业岗位实际工作任务所需的知识、技能分解成若干工作任务。通过完成工作任务，将进一步掌握网站建设规范和基本流程。

参 考 文 献

[1] 何秀芳.《Dreamweaver CS3 典型网站设计从入门到精通》. 北京：人民邮电出版社，2007.

[2] 锐艺视觉.《Photoshop CS3 从入门到精通》. 北京：中国青年出版社，2008.

[3] 前沿电脑图像工作室.《精通 Flash8》. 北京：人民邮电出版社，2007.

[4] 顾群业.《网页设计》. 山东：山东美术出版社，2007.

[5] 前沿科技.《精通 CSS+DIV 网页样式与布局》. 北京：人民邮电出版社，2007.

[6] 张孝祥，张红梅.《JavaScript 网页开发——体验式学习教程》. 北京：清华大学出版社，2004.

高等职业教育课改系列规划教材目录

书　名	书　号	定　价
高等职业教育课改系列规划教材（公共课类）		
大学生心理健康案例教程	978-7-115-20721-0	25.00 元
应用写作创意教程	978-7-115-23445-2	31.00 元
演讲与口才实训教材	978-7-115-24873-2	30.00 元
高等职业教育课改系列规划教材（经管类）		
电子商务基础与应用	978-7-115-20898-9	35.00 元
电子商务基础（第3版）	978-7-115-23224-3	36.00 元
网页设计与制作	978-7-115-21122-4	26.00 元
物流管理案例引导教程	978-7-115-20039-6	32.00 元
基础会计	978-7-115-20035-8	23.00 元
基础会计技能实训	978-7-115-20036-5	20.00 元
会计实务	978-7-115-21721-9	33.00 元
人力资源管理案例引导教程	978-7-115-20040-2	28.00 元
市场营销实践教程	978-7-115-20033-4	29.00 元
市场营销与策划	978-7-115-22174-9	31.00 元
商务谈判技巧	978-7-115-22333-3	23.00 元
现代推销实务	978-7-115-22406-4	23.00 元
公共关系实务	978-7-115-22312-8	20.00 元
市场调研	978-7-115-23471-1	20.00 元
推销实务	978-7-115-23898-6	20.00 元
物流设备使用与管理	978-7-115-23842-9	25.00 元
电子商务实践教程	978-7-115-23917-4	24.00 元
国际贸易实务	978-7-115-24801-5	24.00 元
网络营销实务	978-7-115-24917-3	29.00 元
经济法	978-7-115-24145-0	36.00 元
银行柜员基本技能实训	978-7-115-24267-9	34.00 元
商品学知识与实践教程	978-7-115-24838-1	31.00 元
电子商务网站设计与建设	978-7-115-25186-2	33.00 元

书　名	书　号	定　价
高等职业教育课改系列规划教材（计算机类）		
网络应用工程师实训教程	978-7-115-20034-1	32.00 元
计算机应用基础	978-7-115-20037-2	26.00 元
计算机应用基础上机指导与习题集	978-7-115-20038-9	16.00 元
C 语言程序设计项目教程	978-7-115-22386-9	29.00 元
C 语言程序设计上机指导与习题集	978-7-115-22385-2	19.00 元
计算机网络项目教程	978-7-115-25274-6	29.00 元
项目引领式 SQL Server 数据库教程	978-7-115-25711-6	28.00 元
网页设计综合应用技术	978-7-115-26107-6	32.00 元
高等职业教育课改系列规划教材（电子信息类）		
电路分析基础	978-7-115-22994-6	27.00 元
电子电路分析与调试	978-7-115-22412-5	32.00 元
电子电路分析与调试实践指导	978-7-115-22524-5	19.00 元
电子技术基本技能	978-7-115-20031-0	28.00 元
电子线路板设计与制作	978-7-115-21763-9	22.00 元
单片机应用系统设计与制作	978-7-115-21614-4	19.00 元
PLC 控制系统设计与调试	978-7-115-21730-1	29.00 元
微控制器及其应用	978-7-115-22505-4	31.00 元
电子电路分析与实践	978-7-115-22570-2	22.00 元
电子电路分析与实践指导	978-7-115-22662-4	16.00 元
电工电子专业英语（第 2 版）	978-7-115-22357-9	27.00 元
实用科技英语教程（第 2 版）	978-7-115-23754-5	25.00 元
电子元器件的识别和检测	978-7-115-23827-6	27.00 元
电子产品生产工艺与生产管理	978-7-115-23826-9	31.00 元
电子 CAD 综合实训	978-7-115-23910-5	21.00 元
电工技术实训	978-7-115-24081-1	27.00 元
手机通信系统与维修	978-7-115-24869-5	17.00 元
高等职业教育课改系列规划教材（动漫数字艺术类）		
游戏动画设计与制作	978-7-115-20778-4	38.00 元
游戏角色设计与制作	978-7-115-21982-4	46.00 元
游戏场景设计与制作	978-7-115-21887-2	39.00 元
影视动画后期特效制作	978-7-115-22198-8	37.00 元

书　名	书　号	定　价
高等职业教育课改系列规划教材（通信类）		
交换机（华为）安装、调试与维护	978-7-115-22223-7	38.00 元
交换机（华为）安装、调试与维护实践指导	978-7-115-22161-2	14.00 元
交换机（中兴）安装、调试与维护	978-7-115-22131-5	44.00 元
交换机（中兴）安装、调试与维护实践指导	978-7-115-22172-8	14.00 元
综合布线实训教程	978-7-115-22440-8	33.00 元
TD-SCDMA 系统组建、维护及管理	978-7-115-23760-8	33.00 元
光传输系统（中兴）组建、维护与管理	978-7-115-24043-9	44.00 元
光传输系统（中兴）组建、维护与管理实践指导	978-7-115-23976-1	18.00 元
光传输系统（华为）组建、维护与管理	978-7-115-24080-4	39.00 元
光传输系统（华为）组建、维护与管理实践指导	978-7-115-24653-0	14.00 元
网络系统集成实训	978-7-115-23926-6	29.00 元
高等职业教育课改系列规划教材（汽车类）		
汽车空调原理与检修	978-7-115-24457-4	18.00 元
汽车传动系统原理与检修	978-7-115-24607-3	28.00 元
汽车电气设备原理与检修	978-7-115-24606-6	27.00 元
汽车动力系统原理与检修（上册）	978-7-115-24613-4	21.00 元
汽车动力系统原理与检修（下册）	978-7-115-24620-2	20.00 元
高等职业教育课改系列规划教材（机电类）		
钳工技能实训（第 2 版）	978-7-115-22700-3	18.00 元

· 如果您对"世纪英才"系列教材有什么好的意见和建议，可以在"世纪英才图书网"（http://www.ycbook.com.cn）上"资源下载"栏目中下载"读者信息反馈表"，发邮件至 wuhan@ptpress.com.cn。谢谢您对"世纪英才"品牌职业教育教材的关注与支持！